W0263747

Leitfäden der angewandten Informatik

Bauknecht/Zehnder: **Grundzüge der Datenverarbeitung**
4. Aufl. 297 Seiten. Kart. DM 38,–

Beth / Heß / Wirl: **Kryptographie**
205 Seiten. Kart. DM 28,80

Brüggemann-Klein: **Einführung in die Dokumentenverarbeitung**
200 Seiten. Kart. DM 34,–

Bunke: **Modellgesteuerte Bildanalyse**
309 Seiten. Geb. DM 49,80

Craemer: **Mathematisches Modellieren dynamischer Vorgänge**
288 Seiten. Kart. DM 42,–

Curth/Giebel: **Management der Software-Wartung**
184 Seiten. Kart. DM 34,–

Engels/Schäfer: **Programmentwicklungsumgebungen, Konzepte und Realisierung**
248 Seiten. Kart. DM 38,–

Frevert: **Echtzeit-Praxis mit PEARL**
2. Aufl. 216 Seiten. Kart. DM 36,–

Frühauf/Ludewig/Sandmayr: **Software-Projektmanagement und
-Qualitätssicherung.** 136 Seiten. Kart. DM 28,–

Gloor: **Synchronisation in verteilten Systemen**
239 Seiten. Kart. DM 42,–

Gorny/Viereck: **Interaktive grafische Datenverarbeitung**
256 Seiten. Geb. DM 52,–

Hofmann: **Betriebssysteme: Grundkonzepte und Modellvorstellungen**
253 Seiten. Kart. DM 38,–

Holtkamp: **Angepaßte Rechnerarchitektur**
233 Seiten. DM 38,–

Hultzsch: **Prozeßdatenverarbeitung**
216 Seiten. Kart. DM 28,80

Kästner: **Architektur und Organisation digitaler Rechenanlagen**
224 Seiten. Kart. DM 28,80

Kleine Büning/Schmitgen: **PROLOG**
2. Aufl. 311 Seiten. DM 38,–

Meier: **Methoden der grafischen und geometrischen Datenverarbeitung**
224 Seiten. Kart. DM 38,–

Meyer-Wegener: **Transaktionssysteme**
242 Seiten. DM 38,–

Mresse: **Information Retrieval – Eine Einführung**
280 Seiten. Kart. DM 42,–

Müller: **Entscheidungsunterstützende Endbenutzersysteme**
253 Seiten. Kart. DM 34,–

Mußtopf / Winter: **Mikroprozessor-Systeme**
302 Seiten. Kart. DM 38,–

Nebel: **CAD-Entwurfskontrolle in der Mikroelektronik**
211 Seiten. Kart. DM 38,–

Retti et al.: **Artificial Intelligence – Eine Einführung**
2. Aufl. X, 228 Seiten. Kart. DM 38,–

Leitfäden der angewandten Informatik
G. Engels/W. Schäfer
Programmentwicklungsumgebungen
Konzepte und Realisierung

Leitfäden der angewandten Informatik

Herausgegeben von

Prof. Dr. Hans-Jürgen Appelrath, Oldenburg
Prof. Dr. Lutz Richter, Zürich
Prof. Dr. Wolffried Stucky, Karlsruhe

Die Bände dieser Reihe sind allen Methoden und Ergebnissen der Informatik gewidmet, die für die praktische Anwendung von Bedeutung sind. Besonderer Wert wird dabei auf die Darstellung dieser Methoden und Ergebnisse in einer allgemein verständlichen, dennoch exakten und präzisen Form gelegt. Die Reihe soll einerseits dem Fachmann eines anderen Gebietes, der sich mit Problemen der Datenverarbeitung beschäftigen muß, selbst aber keine Fachinformatik-Ausbildung besitzt, das für seine Praxis relevante Informatikwissen vermitteln; andererseits soll dem Informatiker, der auf einem dieser Anwendungsgebiete tätig werden will, ein Überblick über die Anwendungen der Informatikmethoden in diesem Gebiet gegeben werden. Für Praktiker, wie Programmierer, Systemanalytiker, Organisatoren und andere, stellen die Bände Hilfsmittel zur Lösung von Problemen der täglichen Praxis bereit; darüber hinaus sind die Veröffentlichungen zur Weiterbildung gedacht.

Programmentwicklungs-umgebungen

Konzepte und Realisierung

Von Dr. rer. nat. Gregor Engels
Technische Universität Braunschweig

und Dr. rer. nat. Wilhelm Schäfer
STZ-Gesellschaft für Software Technologie mbH, Dortmund

Mit zahlreichen Figuren

B. G. Teubner Stuttgart 1989

Dr. rer. nat. Gregor Engels

Geboren 1955 in Gelsenkirchen. Von 1974 bis 80 Studium der Informatik mit Nebenfach Mathematik an der Universität Dortmund, anschließend wiss. Mitarbeiter am Fachbereich Mathematik/Informatik an der Universität Osnabrück bei Prof. Dr. M. Nagl, Promotion 1986. Von 1986 bis 87 Hochschulassistent am Fachbereich Mathematik der Universität Mainz bei Prof. Dr. J. Perl. Seit 1987 Hochschulassistent am Institut für Programmiersprachen und Informationssysteme, Abteilung Datenbanken, an der Technischen Universität Braunschweig bei Prof. Dr. H.-D. Ehrich.

Dr. rer. nat. Wilhelm Schäfer

Geboren 1954 in Kettwig bei Essen. Von 1974 bis 80 Studium der Informatik mit Nebenfach Mathematik an der Universität Dortmund, anschließend wiss. Mitarbeiter am Fachbereich Mathematik/Informatik an der Universität Osnabrück bei Prof. Dr. M. Nagl, Promotion 1986. Von 1986 bis 87 Assistenzprofessor an der McGill University in Montreal (Kanada). Seit 1987 Leiter einer Forschungsgrupe im STZ-Gesellschaft für Software Technologie mbH in Dortmund, die sich hauptsächlich im Rahmen europäischer Forschungsvorhaben mit Softwarewerkzeugen und deren Einsatz in der Praxis beschäftigt.

CIP-Titelaufnahme der Deutschen Bibliothek

Engels, Gregor:
Programmentwicklungsumgebungen   Konzepte und
Realisierung / von Gregor Engels u. Wilhelm Schäfer. –
Stuttgart : Teubner, 1989
  (Leitfäden der angewandten Informatik)
  ISBN 978-3-519-02487-3   ISBN 978-3-322-92748-4 (eBook)
  DOI 10.1007/978-3-322-92748-4
NE: Schäfer, Wilhelm:

Gesamtherstellung: Zechnersche Buchdruckerei GmbH, Speyer
Umschlaggestaltung: M. Koch, Reutlingen

Vorwort

Dieses Buch wendet sich sowohl an Informatiker in der Praxis als auch an Dozenten und Studenten der Informatik an Universitäten, die an einem umfassenden und detaillierten Einblick in das Themengebiet der Programmentwicklungsumgebungen bzw. Softwareentwicklungsumgebungen interessiert sind. Dieses Forschungsthema hat gerade in den letzten 10 Jahren eine theoretische Fundierung und auch praktische Relevanz erlangt. Auf immer mehr Messen und in immer größeren Anzeigen wird für Softwarewerkzeuge, die die Produktivität der Entwickler um das n-fache steigern sollen, geworben. Im Forschungssektor ist eine Vielzahl von Veröffentlichungen über "Umgebungen" auf einschlägigen, insbesondere Software-Engineering Konferenzen zu beobachten, was letztlich sogar zur Gründung einer eigenen internationalen Konferenzreihe führte, dem Symposium über "Practical Software Development Environments", das bisher in Pittsburgh (Pennsylvania), Palo Alto (Kalifornien) und Boston (Massachusetts) stattfand.

Das Buch ist entstanden auf der Grundlage der Dissertationen der beiden Autoren sowie mehrerer Spezialvorlesungen, die beide Autoren an den Universitäten Braunschweig, Dortmund und McGill (Montreal) in den letzten Jahren gehalten haben. Beide Autoren beschäftigen sich seit Anfang der 80er Jahre insbesondere im Rahmen des Forschungsprojektes IPSEN (Integrated Programming Support Environment) intensiv mit diesem Themengebiet.

Programmentwicklungsumgebungen stellen einen integrierten Satz von Software-Werkzeugen bereit, die einen Programmierer bei der Entwicklung eines Programms unterstützen. Hierzu gehören z.B. Werkzeuge zum Edieren, Analysieren, Testen oder Ausführen eines Programms. Es ist nicht Inhalt dieses Buches, im Stile einer Marktübersicht derartige existierende Umgebungen oder auch nur einzelne Werkzeuge vorzustellen und eventuell sogar zu vergleichen. Hierzu existiert eine Reihe anderer Bücher, die u.a. im Literaturverzeichnis dieses Buch aufgeführt sind und auf die der interessierte Leser zurückgreifen kann. Es ist vielmehr Ziel dieses Buches, die einer modernen Programmentwicklungsumgebung zugrundeliegenden Konzepte ausführlich darzustellen. Aus vielfältigen Gründen sind derartige Konzepte eher bei Umgebungen zu finden, die im Rahmen eines (universitären) Forschungsprojektes entstanden sind. Deshalb basieren die Darstellungen in diesem Buch auch in erster Linie auf solchen Forschungsprojekten.

Das Buch besteht im wesentlichen aus zwei Hauptteilen: Im ersten Teil werden die Anforderungen an Programmentwicklungsumgebungen dargestellt, d.h. insbesondere welche Funktionalität geeignete integrierte Werkzeuge für die Unterstützung der Tätigkeiten eines Programmierers anbieten sollten und wie die Ausnutzung dieser Funktionalität durch eine homogene Bildschirmgestaltung gewährleistet werden kann. Anschließend werden die für die Realisierung solcher Werkzeuge notwendigen und üblichen internen Repräsentationsformen von Programmen vorgestellt und miteinander verglichen. Darauf aufbauend werden die zugehörigen Ansätze zur formalen Spezifikation dieser internen Datenstrukturen erläutert und verglichen. Letztlich wird eine aus diesen Überlegungen abgeleitete Software-Architektur dargestellt, die mittlerweile als "de facto" Standardarchitektur für Programmentwicklungsumgebungen angesehen werden kann.

Im zweiten Teil des Buches wird dann gezeigt, wie diese Konzepte bei der Realisierung einer konkreten Programmentwicklungsumgebung angewandt werden können. Hierzu wird auf die im Projekt IPSEN entwickelte Programmentwicklungsumgebung detailliert eingegangen. Zuerst wird die Benutzerschnittstelle von IPSEN vorgestellt. Dann wird der Aufbau der IPSEN-spezifischen internen Datenstrukturen (attributierte, gerichtete Graphen) und deren Spezifikation durch eine operationale Spezifikationsmethode, die auf Graphersetzungssystemen beruht, erläutert. Abschließend wird die an IPSEN angepaßte Ausprägung der Standardarchitektur dargestellt und auf Implementierungsüberlegungen eingegangen.

Insbesondere wegen dieses zweiten Teils ist das Buch auch für Software-Entwickler interessant, da an Hand des Beispiels einer konkreten Programmentwicklungsumgebung die Durchführung eines umfangreichen Softwareprojekts von der Anforderungsanalyse bis zur Implementierung detailliert beschrieben wird. Demgegenüber hat der erste Teil des Buchs eher Lehrbuchcharakter, da wesentliche Konzepte von modernen Programmentwicklungsumgebungen systematisch dargestellt werden.

Wir möchten an dieser Stelle nicht versäumen, all denen unseren Dank auszusprechen, ohne die dieses Buch niemals zustande gekommen wäre. Hier ist an erster Stelle unser "Doktorvater" Prof. Dr. Manfred Nagl zu nennen, der gleichzeitig auch Vater und Leiter des Projektes IPSEN ist. Er hat in uns die Begeisterung für dieses Thema geweckt und in langen harten und fruchtbaren Diskussionen unseren Werdegang nachhaltig beeinflußt. Danken möchten wir auch allen jetzigen und ehemaligen Mitgliedern des Projektes IPSEN, insbesondere unserem früheren Kollegen Dr. Claus Lewerentz (GMD Bonn), mit denen die Arbeit an diesem Thema sehr viel Spaß gemacht hat und ohne die IPSEN und damit zumindest auch der Teil III dieses Buches nie zustande gekommen wären. Ohne die Selbstverständlichkeit, mit der uns unsere jetzigen "Chefs" Prof. Dr. Hans-Dieter Ehrich (TU Braunschweig) und Prof. Dr. Herbert Weber (Universität Dortmund) jederzeit die Möglichkeit einräumten, unser Buch zu schreiben, hätten wir es wohl nicht rechtzeitig genug fertigstellen können, ohne daß es nicht schon bei Erscheinen veraltet gewesen wäre. Trotzdem müssen wir dem Teubner-Verlag und den Herausgebern der Reihe für ihre Geduld mit uns danken, denn trotz allem hat es natürlich viel länger gedauert als geplant. Ganz besonders ist in diesem Zusammenhang der uns betreuende Mitherausgeber Prof. Dr. Hans-Jürgen Appelrath (Universität Oldenburg) zu nennen, von dem nicht nur die Initiative zu diesem Buch ausging, sondern der uns durch hilfreiche und aufmunternde Unterstützung auch in schwierigen Phasen "am Ball hielt". Bei der Erstellung des Buches halfen uns Fr. Karin Ernst, die einen Teil des Manuskripts schrieb, Fr. Elisabeth Denkler, die einen großen Teil der Zeichnungen anfertigte, und Herr D. Boles (Universität Oldenburg), der sehr sorgfältig Korrektur der "fast letzten" Fassung gelesen hat. Letztlich möchten wir nicht das große Verständnis unserer Familien vergessen, ganz besonders von Rita, wenn am Wochenende 'mal wieder "das Buch" auf dem Programm stand.

Braunschweig und Dortmund, im August 1989

Gregor Engels und Wilhelm Schäfer

Inhaltsverzeichnis

I Einführung und Übersicht

1. Hintergrund: Vom Programmiersystem zur Softwareentwicklungsumgebung

Der ständig steigende Aufwand und die damit verbundene Kostenexplosion bei der Entwicklung komplexer und qualitativ hochwertiger Software bei ständig fallenden Hardwarekosten wird üblicherweise mit dem Stichwort **Softwarekrise** charakterisiert. Ausgehend von diesem Problem hat sich in der Informatik in den letzten 20 Jahren das Forschungsgebiet der **Softwaretechnik,** auch Software-Engineering genannt, herauskristallisiert. Die Forschung in diesem Gebiet zielt darauf ab, ingenieurmäßige Vorgehensweisen und Methoden für die Softwareerstellung zu entwickeln und einzusetzen.

Eine sehr naheliegende Idee ist hier, die entwickelten Methoden selbst wieder als Software zu realisieren, d.h. spezielle Programme, sogenannte **(Software-)Werkzeuge** zu entwickeln, die den Softwareentwickler bei seiner Arbeit unterstützen. Ein wesentlicher Schwerpunkt des Software-Engineering, der auch der Schwerpunkt dieses Buches ist, ist die Planung und Verwirklichung solcher Werkzeuge.

Erste einfache, allgemein bekannte Beispiele für solche Werkzeuge sind herkömmliche **Programmiersysteme,** bestehend aus Werkzeugen wie z.B. Editor, Compiler, Linker, Lader usw. Solche Programmiersysteme haben sich allerdings aufgrund verschiedener entscheidender Nachteile als bei weitem nicht ausreichend erwiesen.

Insbesondere weisen die einzelnen Werkzeuge oft eine sehr unterschiedliche Benutzerschnittstelle auf. Dies hat den Nachteil, daß der Softwareentwickler große Mühe bei dem Wechsel von einem Werkzeug zum anderen hat, da z.B. bei jedem Werkzeug die Kommandos auf unterschiedliche Art und Weise eingegeben werden müssen. Weiter sind die Werkzeuge in der Regel nicht aufeinander abgestimmt, d.h. die von ihnen angebotenenen Leistungen überlappen sich oder die von einem Werkzeug erzeugten Ausgaben sind von einem anderen entweder gar nicht oder nur durch umständliche und aufwendige zusätzliche Eingriffe des Benutzers weiter verwendbar. Beispiele für solche schlecht miteinander harmonierenden Werkzeuge sind die in vielen UNIX Implementierungen zur Verfügung stehenden Werkzeuge (vgl. /KR 84/). (Der "Pipe-Mechanismus" und der Austausch von Informationen über "ASCII-Files" stellen, wie wir noch sehen werden, keine ausreichenden Mechanismen für Werkzeugintegration dar.)

Um diesen Nachteilen systematisch zu begegnen, sind etwa in den letzten 10 Jahren mehr und mehr sogenannte **Programmentwicklungsumgebungen** (PEUen) (oder auch Programmierumgebungen) entstanden. Sie bestehen aus einem Satz integrierter Werkzeuge zur Unterstützung der Softwareentwicklung.

Integriert bedeutet zunächst recht global, daß sich alle Werkzeuge dem Softwareentwickler mit einer einheitlichen Benutzerschnittstelle präsentieren und daß sie intern alle auf hohen, d.h. weitgehend maschinenunabhängigen Datenstrukturen zur Repräsentation aller notwendigen Informationen bei der Softwareentwicklung arbeiten. ("ASCII-Files" sind in diesem Sinne noch keine hohen Datenstrukturen.) Solche hohen Datenstrukturen garantieren zum einen eine hohe Leistungsfähigkeit der einzelnen

Werkzeuge und ermöglichen zum anderen den notwendigen automatischen Austausch von Informationen zwischen den Werkzeugen ohne Eingriff des Benutzers. Aufbauend auf solchen Datenstrukturen (ggf. implementiert auf der Basis einer leistungsfähigen Datenbank) ermöglicht ein Satz integrierter Werkzeuge dem Benutzer, die einzelnen Aktivitäten der Softwareerstellung, wie Edieren, Übersetzen, Ausführen usw., miteinander verzahnt auszuführen. Das bedeutet zum Beispiel, daß Programme bereits während der Eingabe soweit wie möglich auf syntaktische Korrektheit untersucht werden und so auch noch unvollständige Programme zu Testzwecken bereits teilweise ausführbar sind und auch ausgeführt werden. Man spricht in einem solchen Fall von **inkrementeller Programmentwicklung.** Der wesentliche Unterschied zwischen dem herkömmlichen Vorgehen und inkrementeller Programmentwicklung läßt sich dadurch charakterisieren, daß der strenge Zyklus edieren - übersetzen - ausführen nicht mehr existiert.

Die Bedeutung, die PEUen in den letzten Jahren gewonnen haben, läßt sich weiter darauf zurückführen, daß leistungsfähige Bildschirmgeräte (Stichworte: großformatig, graphikfähig, hochauflösend) zur Verfügung stehen. Diese ermöglichen erst eine komfortable Unterstützung und somit einen sinnvollen Einsatz der inkrementellen Programmentwicklung. Diese durch starke Interaktion zwischen Rechner und Benutzer geprägte Vorgehensweise der Programmentwicklung löst damit zur Zeit auch im industriellen Bereich die "batchorientierte" Vorgehensweise (zunächst noch mit Hilfe von Lochkarten und dann mit einfachen zeilenorientierten Geräten ("teletypeoriented terminals")) ab.

Basierend auf den geschilderten Überlegungen sind in den letzten Jahren eine Reihe von PEUen für verschiedene Programmiersprachen entstanden, die teilweise bereits eine breite Anwendung finden (vgl. z.B. Interlisp /TM 81/, Smalltalk /GR 83/, COPE /CD 84/, Magpie /DM 84/, M2SDS /IT 85/, Rational /AD 86/).

Je nach dem der jeweiligen Sprache zugrundeliegenden Programmierparadigma (z.B. deklarativ, imperativ, objektorientiert) gibt es spezifische Unterschiede zwischen diesen PEUen. Weiter schwankt die Bandbreite ihres Leistungsumfangs von syntaxgestützten Editoren, die "nur" die Programmerstellung unterstützen, bis zu Systemen, die alle Aktivitäten der Programmentwicklung von der Eingabe über die Analyse bis zu Ausführung und Test unterstützen. Allen gemeinsam ist aber die Idee und Unterstützung der inkrementellen Programmentwicklung auf der Basis hoher interner Datenstrukturen und leistungsfähiger Bildschirmgeräte.

Allerdings reicht der Leistungsumfang solcher PEUen bei weitem nicht aus, um alle Probleme der oben erwähnten Softwarekrise in den Griff zu bekommen. Es ist deswegen naheliegend, entsprechend leistungsfähige Werkzeuge auch zur Unterstützung der Erstellung und Bearbeitung der anderen bei der Softwareentwicklung anfallenden Dokumente (z.B. Pflichtenhefte, Modularchitekturen (Entwürfe), Projektpläne, Benutzerhandbücher (vgl. /KK 79/, /So 85/)) zu entwickeln.

Auch hier existieren bereits eine Reihe von Werkzeugen, die einzelne Phasen des Softwarelebenszyklus unterstützen. Hierzu gehören z.B. spezielle Werkzeuge für die Unterstützung der Anforderungsanalyse (z.B. Entity-Relationship Editoren /ITC 87/ oder das Werkzeug PSL/PSA /TH 77/), Projektplanungssysteme für das Projektmanagement (z.B. DSEE /LC 77/), Werkzeuge, die die Erstellung und Bearbeitung einer Modularchitektur unterstützen (z.B. /CCM 88/, /Le 88b/), oder sogar komfortable

Textverarbeitungssysteme (Stichwort: Desktop Publishing), die die Anfertigung z.B. von Benutzerhandbüchern unterstützen (z.B. FrameMaker /FTC 88/).

Softwareentwicklung in diesem Sinne geht damit weit über die Entwicklung von Programmen in einer Programmiersprache hinaus. Um hier deutlich zu unterscheiden, werden wir im letzteren Fall immer von **Programmentwicklung** sprechen und mit **Softwareentwicklung** das Erstellen und Bearbeiten aller beim Softwareentwicklungsprozeß anfallenden Dokumente bezeichnen.

Naheliegenderweise besteht der nächste Schritt hin zu einer komfortablen Werkzeugunterstützung des gesamten Softwareentwicklungsprozesses aus einer angemessenen Integration von Werkzeugen für die unterschiedlichen Phasen. Leider sind viele der oben beispielhaft angegebenen Werkzeuge spezifische Einzellösungen für ein bestimmtes Problem bzw. die Bearbeitung eines speziellen Dokuments. Da sie oft auch aus industriellen Entwicklungen hervorgingen, war in diesen Fällen insbesondere das Ziel die schnelle Fertigstellung eines vermarktungsfähigen Produkts. Gemeinsame, durchdachte Konzepte für die verschiedenen Werkzeuge, verbunden mit einer Nutzung gemeinsamer Basissysteme (wie z.B. eines Datenbanksystems), die ihre Integration erleichtern würden, sind kaum vorhanden.

Erste zaghafte Integrationsversuche gehen deshalb in die Richtung, **Transformatoren** (oft herstellerspezifisch) zu entwickeln, die die Übergänge zwischen den Werkzeugen für verschiedene Phasen ermöglichen, in dem sie die Ausgabe eines Werkzeugs in eine für ein weiteres Werkzeug verständliche Eingabe übersetzen. Beispielsweise werden Editoren für die Anforderungsanalyse um einen Transformator ergänzt, der ein Programm in einer Programmiersprache erzeugt (z.B. PSL/PSA /TH 77/, IDE /WP 87/) oder aus einer Modularchitektur wird Pseudocode als Skelett eines dann vom Programmierer auszufüllenden Programms erzeugt (z.B. ProMod /Hu 87/, Prados /Hi 85/). Schematisch wird dieser Integrationsansatz in der folgenden Figur I.1 skizziert.

Dieser Integrationsansatz bringt allerdings einen entscheidenden Nachteil mit sich. Stellt ein Benutzer bei der Bearbeitung eines Dokuments fest (z.B. vom Typ D2 in Fig. I.1), daß eine Inkonsistenz oder ein Fehler vorliegt, der auf die in einem anderen Dokument enthaltene Information zurückzuführen ist (z.B. vom Typ D1 in Fig. I.1), so gibt es normalerweise keine automatische Unterstützung, die entsprechende Stelle in diesem letzteren Dokument zu lokalisieren, ggf. zu beheben und die dann notwendige Änderung im ersten Dokument (vom Typ D2) nachzuziehen. Die einzige Möglichkeit ist in der Regel, mit der Erstellung und Transformation der Dokumente wieder von vorne anzufangen. Dies ist natürlich insbesondere dann sehr umständlich, wenn die Dokumente umfangreich sind (, was der Normalfall ist,) und viele Transformationsschritte wiederholt werden müssen.

Dieser Vorgehensweise liegt die in herkömmlichen Lebenszyklusmodellen geprägte Vorstellung zugrunde, daß die Softwareerstellung ein im wesentlichen sequentiell ablaufender Prozeß der Erstellung der einzelnen Dokumente ist. Das heißt, ein Dokument wird in einer Phase vollständig erstellt und in einer darauf folgenden Phase dann als Eingabe zur Erstellung eines neuen Dokuments verwendet und so schnell bzw. gar nicht wieder verändert.

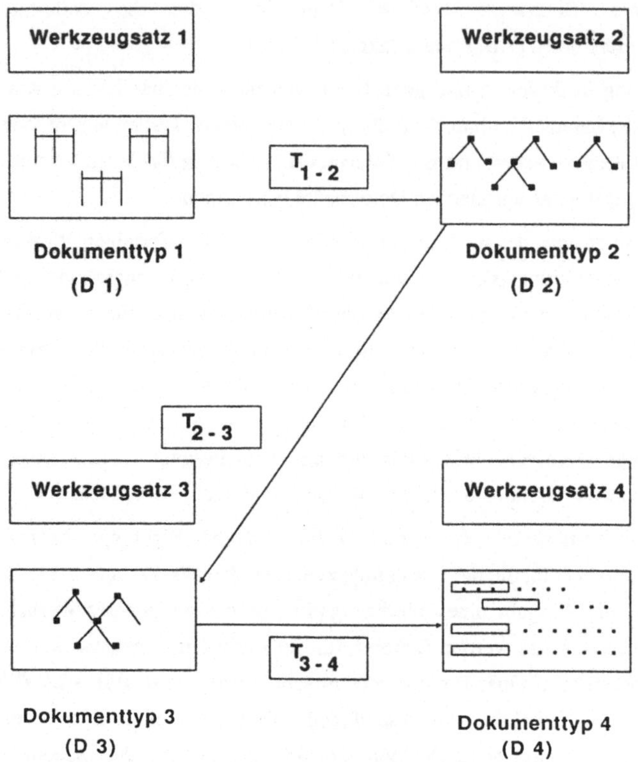

Fig. I.1: Integration von Werkzeugen durch Transformatoren (schematisch)

Diese Vorgehensweise ist aber keineswegs die von einem Softwareentwickler gewünschte. Das wird schon am Beispiel der inkrementellen Programmentwicklung deutlich (Ablösung des "Edierzyklus") und gilt erst recht bei der Übertragung auf die Softwareentwicklung. Die phasenorientierte Vorgehensweise preßt den Benutzer in eine Zwangsjacke, die die Akzeptanz der solche phasenorientierte Vorgehensweise erzwingenden Werkzeuge auf ein Minimum schrumpfen läßt.

Einem benutzerfreundlichen Vorgehen entspricht vielmehr die Unterstützung einer inkrementellen, miteinander verzahnten Erstellung und Bearbeitung der unterschiedlichen Dokumente (analog zum Programmieren), wie das folgende Beispiel veranschaulichen soll:

Wird die Schnittstelle eines Moduls in einer Architekturbeschreibung eingetragen, so kann in der entsprechenden Implementierung des Moduls sofort der Kopf der Prozedur und ein leerer Rumpf automatisch erzeugt werden. Diese Prozedur darf dann außerdem nur wieder gelöscht werden, wenn auch die entsprechende Schnittstellenoperation in der Architektur wieder gelöscht wird. In der entsprechenden Stelle der technischen Dokumentation des gesamten Softwaresystems könnte ein Vermerk eingetragen werden, daß eine neue Operation definiert wurde, die noch zu dokumentieren ist. So werden alle genannten Dokumente inkrementell und miteinander verzahnt erstellt und bearbeitet. Trotzdem bleibt immer die Konsistenz zwischen den Dokumenten automatisch gewahrt, d.h. hier zwischen Modularchitektur, Implementierung und technischer Dokumentation.

Im Gegensatz zu dem in Fig. I.1 skizzierten Transformationsansatz ist also vielmehr der in Fig. I.2 schematisch dargestellte, oft **inkrementelle Softwareentwicklung** genannte Ansatz der eigentlich wünschenswerte.

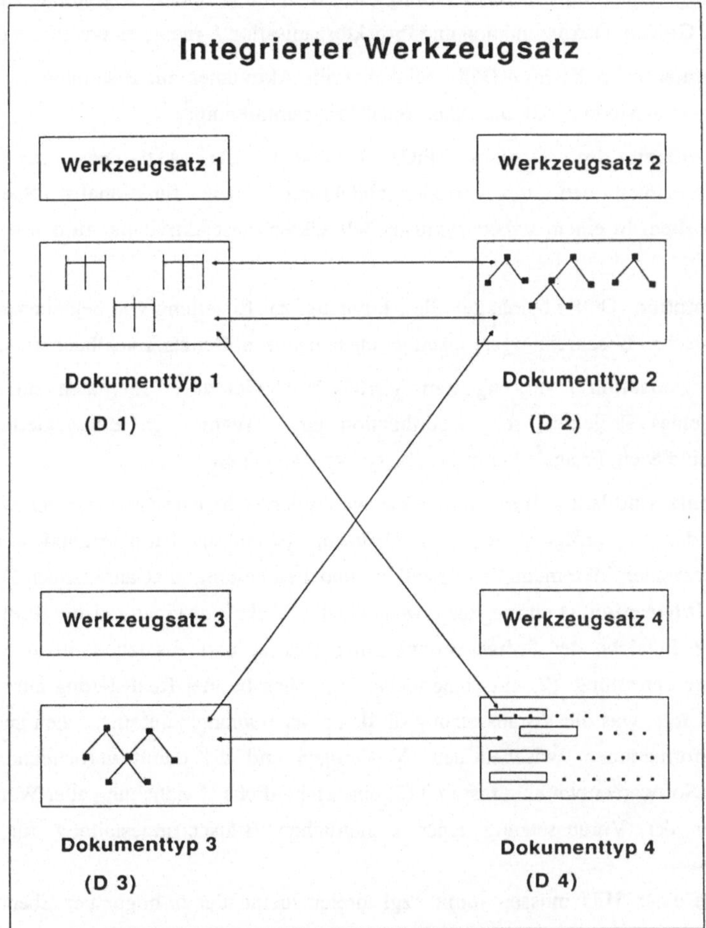

Fig. I.2: Unterstützung inkrementeller Softwareentwicklung (schematisch)

Obwohl der Begriff **Softwareentwicklungsumgebung** (SEU) oder Softwareproduktionsumgebung oft auch für den Verbund von Werkzeugen, die nach dem Transformationsansatz integriert wurden, verwendet wird, wollen wir im folgenden als das wesentliche Charakteristikum einer SEU die Unterstützung der inkrementellen Softwareentwicklung voraussetzen.

Die Unterstützung der Softwareentwicklung durch so definierte SEUen und damit insbesondere die Verzahnung der verschiedenen Aktivitäten des Softwarelebenszyklus und die inkrementelle Erstellung aller Dokumente führt dazu, daß die in üblichen Lebenszyklusmodellen geprägte Vorstellung der sequentiellen (oder auch phasenorientierten) Erstellung der einzelnen Dokumente, wie schon erwähnt, nicht mehr aufrecht erhalten werden kann. In Anlehnung an andere Autoren (vgl. /KD 76/, /HN 86/ u.a.) wollen wir deshalb den gesamten Softwareentwicklungsprozeß in die Bereiche Programmieren im Kleinen, Programmieren im Großen, Dokumentation und Projektorganisation / -management unterteilen:

- **Programmieren im Kleinen** (PiK) beinhaltet alle Aktivitäten zur Erstellung der Implementierung eines einzelnen Moduls, d.h. die "klassische" Programmierung.

- **Programmieren im Großen** (PiG) beinhaltet alle Aktivitäten zur Erstellung von Entwurfsspezifikationen, d.h. Modularchitekturen sowie funktionalen Spezifikationen und Pflichtenheften. In einem Lebenszyklusmodell zählen dieseAktivitäten zu den sogenannten frühen Phasen.

- **Dokumentation** (DOK) beinhaltet alle Aktivitäten zur Erstellung von begleitender Dokumentation wie technischen Beschreibungen, Installierungshinweisen, Benutzerhandbüchern, usw.

- **Projektorganisation / -management** (ORG) beinhaltet alle Aktivitäten zur Organisation des Ablaufs eines Projektes, d.h. Koordination eines Teams von Entwicklern, Verwalten von Meilensteinplänen, Freigabekontrolle, Zugriffskontrolle, usw.

Zusammenfassend läßt sich sagen, daß das wesentliche Charakteristikum einer SEU der hohe Grad der Integration der zur Verfügung stehenden Werkzeuge ist und die damit verbundene Unterstützung der miteinander verzahnten inkrementellen Erstellung und Bearbeitung aller anfallenden Dokumente. Dieser hohe Grad der **Integration** ist nur gegeben, wenn (1) die Werkzeuge einen Leistungsumfang anbieten, der möglichst viele Bereiche der Softwareentwicklung abdeckt und zusätzlich dokumentenübergreifende Zusammenhänge unterstützt, (2) ein einheitliches Vorgehen bei der Realisierung aller Werkzeuge einer SEU gewählt wurde, was die Voraussetzung für den oben erwähnten automatischen und effizienten Austausch von Informationen zwischen den Werkzeugen und die damit verbundene Möglichkeit der inkrementellen Softwareentwicklung ist und (3) eine einheitliche Handhabung aller Werkzeuge durch den Benutzer unter der Voraussetzung einer einheitlichen Bildschirmgestaltung für alle Werkzeuge gewährleistet ist.
Die Werkzeuge einer SEU müssen somit bzgl. dreier zueinander orthogonaler Ebenen integriert sein: Diese sind **Leistungsumfang, Realisierung** und **Benutzerschnittstelle.**

2. Stand der Technik von Softwareentwicklungsumgebungen

Mittlerweile existieren eine ganze Reihe von Prototypen solcher SEUen, wie man den einschlägigen Zeitschriften und Tagungsbänden entnehmen kann (vgl. etwa /He 84/, /He 87/, /ESEC 87/, /IEEE 87/, /He 88/, /SW 89/). Entlang der am Ende des letzten Abschnitts eingeführten Integrationsebenen wollen wir einen detaillierteren Überblick über die von diesen Prototypen zur Verfügung gestellte Funktionalität sowie ihre wesentlichen Implementierungsaspekte geben.

Tatsache ist, daß es bisher keine SEU gibt, die auch nur ansatzweise alle Bereiche des Softwareentwicklungsprozesses durch entsprechende Werkzeuge abdeckt. Dies liegt zum einen daran, daß eine solche SEU ein sehr umfangreiches und kompliziertes Softwareprodukt darstellt, das sicher nicht von einer kleinen Gruppe oder sogar einem kleineren Forschungs- oder Firmenkonsortium erstellt werden kann. Zum anderen sind aber auch bei den potentiellen Benutzern, den Softwareentwicklern, einheitliche Vorstellungen über den Softwareentwicklungsprozeß und damit die detaillierte Funktionalität der Werkzeuge nicht vorhanden. Es ist auch die Frage, ob es diese einheitlichen Vorstellungen je geben kann. Vielmehr muß es Möglichkeiten geben, Werkzeuge bzw. eine aus ihnen konfigurierte SEU flexibel an unterschiedliche Benutzerwünsche anpassen zu können. Es gibt demnach nicht die SEU, sondern es müssen eher Konzepte und Methodiken entwickelt werden, die die spezifische Konfigurierung von Werkzeugen und SEUen unterstützen.

Der Idealfall wäre sicherlich ein **SEU-Generator,** der von den Benutzern mit ihren spezifischen Wünschen gefüttert wird und daraus eine komplette SEU generiert. Generatoransätze in dem Bereich SEU, die zumeist aus im Compilerbau üblichen Methodiken abgeleitet werden, stecken allerdings noch in den Kinderschuhen und sind nur für ganz spezielle Werkzeuge einsetzbar (im wesentlichen syntaxgestützte Editoren). Solche Ansätze werden bzw. wurden z.B. in den Projekten Mentor (/DH 80/), Cornell Synthesizer Generator (/RT 81/) oder Program System Generator (PSG, /HS 84/) verfolgt.

Projekte, die anstreben, zumindest Konzepte und Methodiken zu entwickeln, um eine möglichst weitgehende Werkzeugunterstützung der Softwareentwicklung zu erzielen, sind z.B. Gandalf (/HN 86/), IPSEN (Integrated Programming Support Environment, /Na 85a/) oder Centaur (/BC 88/) und insbesondere eine Reihe von nationalen und internationalen Verbundprojekten, auf die wir weiter unten noch eingehen.

In Bezug auf die einheitliche Realisierung von Werkzeugen, die, wie erwähnt, Voraussetzung für eine Unterstützung der inkrementellen Softwareentwicklung ist, zeichnet sich langsam ein Trend im Hinblick auf allgemeine Konzepte für den Bau von SEUen ab. Beispielsweise ist die interne Darstellung von allen Dokumenten als **abstrakter Syntaxbaum** oder abstrakter Syntaxgraph inzwischen weitgehend Standard (vgl. /He 84/ und /He 87/). Weiter zeichnen sich erste Schnittstellenvereinbarungen für die SEUen zugrunde liegenden Basissoftwaresysteme ab, wie leistungsfähige Graphik- und Fenstersysteme und ein Projektdatenbanksystem. (Ein Projektdatenbanksystem unterstützt in einer SEU die Speicherung und Bearbeitung aller anfallenden Dokumente und ihrer Zusammenhänge.)

Im Bereich der Projektdatenbanksysteme ist inzwischen erkannt worden, daß herkömmliche Techniken, insbesondere der relationale Ansatz, sich als nicht ausreichend für den Einsatz in SEUen erwiesen haben. Dies betrifft besonders den Aspekt, daß, aufgrund der hohen Interaktion bei inkrementeller Softwareentwicklung, hohe Anforderungen an die Effizienz solcher Datenbanksysteme auch bei Änderungsoperationen gestellt werden, die von herkömmlichen Systemen nicht geleistet werden. Deswegen hat sich aus diesen Anforderungen (und aus vergleichbaren Anforderungen im Bereich CAD (Computer-Aided Design) und CIM (Computer-Integrated Manufacturing)) das Forschungsgebiet der sogenannten **Nichtstandarddatenbanken** entwickelt (vgl. z.B. /ST 87/ für eine Überblick).

Erste aus diesen Entwicklungen hervorgegangene Datenmodelle und sie realisierende Prototypen sind inzwischen im Einsatz (z.B. /CAIS 85/, /AD 87/, /CA 87/, /GM 87/, /Pen 87/, /LS 88/). Einige dieser Anstrengungen haben zu ersten Normungsvorschlägen geführt. Dies gilt besonders für die Projekte CAIS (/CAIS 85/) und PCTE (/GM 87/).

Erhebliche Unterschiede bestehen allerdings noch bei den Ansätzen zur Spezifikation der Funktionalität der Werkzeuge, die aufbauend auf einer Projektdatenbank realisiert werden. Aufgrund der komplexen Funktionalität der Werkzeuge ist eine formale Spezifikation unbedingte Voraussetzung für ihre Implementierung. Ansätze reichen von mehr deklarativen Beschreibungen wie attributierten Grammatiken unterschiedlicher Ausprägung (z.B. /RTD 83/, /BC 88/) über spezielle programmiersprachliche Konstrukte in imperativer Beschreibung ("Action Routines" /HN 86/) bis zu Graphgrammatiken (/ELS 87/). (Auf diesen Problemkreis werden wir im Laufe des Buches intensiv zu sprechen kommen und fassen uns hier deshalb sehr kurz.)

Ein weiterer wesentlicher Aspekt in diesem Bereich ist, daß industrielle Produkte von diesen Überlegungen und entwickelten Konzepten bisher nur wenig Gebrauch machen. Meist wird nur eine einfache Syntaxbaumdarstellung zur internen Darstellung von Programmen benutzt. Demzufolge liegt auch den meisten industriellen Entwicklungen im Bereich SEUen noch der in I.1 dargestellte Transformationsansatz zugrunde (vgl. etwa /Hi 85/, /Hu 87/, /WP 87/).

Die größte Einheitlichkeit, zumindest auf dem Papier, besteht im Bereich einer einheitlichen Benutzerschnittstelle für alle Werkzeuge. Diese Forderung wird von allen SEU-Entwicklern immer wieder betont und weitgehend berücksichtigt. Es ist allgemein akzeptiert, daß eine adäquate Unterstützung des Benutzers die Verwendung von **hochauflösenden,** möglichst großformatigen **Bildschirmen** ggf. mit einem mausähnlichen Eingabegerät sowie dadurch möglicher Techniken wie überlappende Fenster und komplexe Graphik voraussetzt.

Basis für eine solche Benutzerschnittstelle sind die schon erwähnten leistungsfähigen **Graphikpakete** und **Fenstersysteme** , für die es bereits erste internationale Standardisierungen sowie sogenannte de-facto Standards gibt, die sich einfach aus einer weiten industriellen Verbreitung ergeben.

Als ein wichtiges Beispiel für einen internationalen Standard eines Graphikpakets ist das Graphische Kernsystem (GKS, /EK 84/) zu nennen. De-facto Standards für Fenstersysteme (, die dann graphische E/A Möglichkeiten mit einschließen,) ergeben sich insbesondere aus der weiten Verbreitung von SUN Workstations für die Realisierung von SEUen und damit dem von SUN angebotenen SUN-Views (/SU 86/) bzw. SUN-News und seinem Nachfolger, einer der sogenannten OpenLook-Spezifikation folgenden Implementierung. Ein weiterer wichtiger Vertreter in diesem Bereich ist das System XWindows, das als "public-domain" Software frei verfügbar und deswegen ebenfalls weit verbreitet ist (/SG 86/).

Allerdings bestehen noch erhebliche Unterschiede in der detaillierten Konzeption der Benutzerschnittstellen von SEUen, d.h. wie Fenster im einzelnen auszusehen haben, welche Graphiken es gibt oder wie Kommandos eingegeben werden. Projekte, die zur Definition solcher Konzepte beigetragen haben, sind z.B. PECAN (/Re 84/), Smalltalk oder IPSEN (/EJS 88/, /Le 88a/).

Unter Kenntnis der oben skizzierten Probleme in den verschiedenen Integrationsebenen sind insbesondere in den letzten 3 Jahren eine Reihe von nationalen und internationalen **Verbundprojekten** initiiert worden, die ebenfalls als ultimatives Ziel den Bau einer SEU anstreben. Diese sind z.B. die nationalen Projekte UNIBASE (/Ti 87/) und POINTE (/Mer 88/), die ESPRIT Projekte ATMOSPHERE (/BOS 89/), SFINX (/DP 89/), PACT (/To 89/), das EUREKA Projekt ESF (/SW 88/, /FO 89/) sowie die amerikanischen Projekte STARS (/Co 83/) und Arcadia (/TB 87/).

Die wesentlichen Ziele dieser Projekte sind: (1) eine klarere Vorstellung über die für eine SEU anzustrebende Funktionalität zu gewinnen und dabei auch die Möglichkeiten generischer Ansätze zu untersuchen (vgl. insbesondere ESF, PACT, SFINX, STARS und Arcadia), (2) für die Realisierung von Werkzeugen und Benutzerschnittstellen einheitliche Konzepte und daraus resultierende Basissoftware zu entwickeln, die die Integration von darauf aufbauenden Werkzeugen selbst verschiedener Entwickler erleichtern sollen (vgl. insbesondere UNIBASE und POINTE). Diese zielen letztlich darauf ab, ein besonders an die Erfordernisse von Softwarewerkzeugen angepaßtes Betriebssystem zur Verfügung zu stellen, das als wesentliche Komponenten gerade die erwähnten Basissysteme enthält. Natürlich versuchen die unter (1) genannten Projekte auf solchen Schnittstellenvereinbarungen bzw. sie realisierender Software aufzusetzen oder sie sogar teilweise selbst zu entwickeln.

Der globale Ansatz aller dieser Projekte ist der, durch ein mehr oder weniger umfangreiches Konsortium, normalerweise bestehend aus Forschungsgruppen und Firmen, das vorhandene Wissen als auch die notwendigen Ressourcen zum Bau von SEUen zusammen zu führen. Allerdings sind solche Konsortien schon allein aufgrund ihrer Größe normalerweise sehr heterogen zusammengesetzt, so daß eine Einigung über ein gemeinsames Vorgehen zum Bau einer SEU oft nicht zustandekommt, oder besser bisher kaum zustandegekommen ist. (Ausnahmen sind hier die Projekte, die allerdings nur im Bereich der Basissysteme zu ersten Implementierungen und sogar Normungsvorschlägen gekommen sind, wie z.B. UNIBASE, CAIS und PCTE.)

Allgemein führen die Anstrengungen in diesen Konsortien pragmatisch zunächst in Richtung auf einen einheitlichen Werkzeugmarkt, der es ermöglichen soll, die Werkzeuge verschiedener Hersteller beim Kunden miteinander zu kombinieren. Dies geschieht beispielsweise dadurch, daß ganz bestimmte Schnittstellen oder Funktionen spezieller Werkzeuge verschiedener Hersteller angepaßt werden.

Allgemeiner noch läßt sich sagen, daß die in diesen Projekten erzielten Ergebnisse (bis auf die oben erwähnten Ausnahmen im Hinblick auf die Entwicklung von Basissoftware) mehr darin zu sehen sind, daß ein intensiver Gedanken- und Informationsaustausch zwischen Industrie und Forschung sowie den unterschiedliche Ansätze vertretenden Gruppen stattfindet. Dieser kann letztlich dazu führen, daß sich in Zukunft zumindest die Techniken zum Bau von SEUen weiter vereinheitlichen, bis vielleicht irgendwann einmal weltweite Standardtechniken für den Bau von SEUen existieren, wie dies im Bereich von Compilern oder Betriebssystemen schon heute der Fall ist.

3. Zielsetzung und Aufbau des Buches

Trotz der im letzten Abschnitt skizzierten Heterogenität der Ansätze gibt es durchaus bereits gefestigte Konzepte und Methoden, die insbesondere die Realisierung von Werkzeugen und die Konzeption von Benutzerschnittstellen betreffen. Zielsetzung dieses Buches ist es deshalb, im wesentlichen diese Ansätze vorzustellen und miteinander zu vergleichen.

Die Konzepte und Methoden zur Lösung der Integrationsproblematik auf den Ebenen einheitliche Realisierung von Werkzeugen und einheitliche Benutzerschnittstelle und damit die wesentlichen Techniken zum Bau von SEUen lassen sich schon anhand des einfacheren Beispiels einer PEU ausführlich darstellen. Der Grund ist der, daß Programme mit den anderen bei der Softwareentwicklung zu erstellenden Dokumente die wesentlichen Eigenschaften gemeinsam haben, die die Entwicklung der Werkzeuge und der Benutzerschnittstelle beeinflussen. Dies betrifft insbesondere die Eigenschaften, daß alle Dokumente in einer formalen Sprache beschrieben werden, aus denen die interne Repräsentation von Dokumenten und darauf arbeitenden Werkzeugen abgeleitet wird und, daß alle Dokumente in unterschiedlichen Repräsentationen für den Benutzer aufbereitet werden müssen und dann mit entsprechend komfortablen Werkzeugen am Bildschirm bearbeitet werden.

Die Diskussion der umfangreicheren und eben leider noch weitgehend unklaren Funktionalität einer SEU ist allein schon aus Platzgründen nicht Thema dieses Buches. Dies betrifft z.B. Fragen, wie Versions- und Variantenkontrolle aussieht, wie das Requirements Engineering durchgeführt wird und vieles mehr. Dagegen sind erste Überlegungen zur Realisierung der notwendigen Verzahnung von Dokumenten als Basis für die oben erläuterte inkrementelle Erstellung aller Dokumente im Softwareentwicklungsprozeß in Teil II dieses Buches enthalten. Dieses Buch beschäftigt sich somit im wesentlichen mit den Problemen und Lösungen der im ersten Kapitel definierten Integrationsebenen Realisierung und Benutzerschnittstelle. Es ist in diesem Sinne eine lehrbuchartige Einführung in die Konzepte und Techniken zum Bau von Software- bzw. Programmentwicklungsumgebungen. Leser, die ggf. auch an einer Übersicht über auf dem Markt existierende Produkte interessiert sind, verweisen wir auf z.B. /Ba 82/ bzw. /Öst 88/.

Wir beschreiben eine PEU aus zwei Sichten, nämlich aus der Sicht des Benutzers und der des Entwicklers. Der **Benutzer** ist derjenige, welcher die PEU benutzt, um seine eigenen Programme mit ihrer Unterstützung zu entwickeln. Der **Entwickler** ist derjenige, welcher die PEU selbst entwickelt, d.h. das Programm oder besser die gesamte Software schreibt, die eine solche PEU realisiert.
In diesem Buch steht natürlich die Sicht des Entwicklers im Vordergrund des Interesses, so daß ihre Beschreibung den wesentlich breiteren Raum einnimmt. Eine solche Beschreibung macht aber nur einen Sinn, wenn man zunächst die Anforderungen an eine PEU aus Benutzersicht detailliert beschreibt.

Da wir bei der Beschreibung der Benutzersicht natürlich nicht alle in einer PEU denkbaren Werkzeuge im Detail, d.h. unter Aufzählung aller denkbaren Kommandos, beschreiben können, orientieren wir unsere Beispiele an Werkzeugen, die die Entwicklung von Programmen mit Hilfe herkömmlicher anweisungsorientierter Sprachen wie Ada oder Modula-2 unterstützen. Die wesentlichen Techniken zum Bau dieser Werkzeuge sind aber analog auf Werkzeuge übertragbar, die

Softwareentwicklung in objektorientierten, funktionalen oder logischen Sprachen wie Smalltalk, LISP (/Mc 62/) oder PROLOG (/CM 84/) unterstützen.

Das Buch hat den folgenden Aufbau: Es besteht aus zwei weiteren umfangreichen Teilen sowie einem kleineren Schlußteil. Im ersten dieser Teile, dem Teil II des Buches, werden allgemein die vorhandenen Konzepte zum Bau von PEUen beschrieben. In Teil III wird anhand des konkreten Beispiels einer PEU, nämlich des Programmieren im Kleinen Anteils der SEU IPSEN (Integrated Programming Support Environment, /Na 85a/), gezeigt, wie die geschilderten Konzepte zum Bau einer konkreten existierenden PEU angewendet wurden. Im Schlußteil gehen wir auf die Erweiterung der geschilderten Konzepte zum Bau einer SEU ein.

Teil II ist somit für die Leser interessant, die einen Überblick über den Stand der Technik im Bereich der Entwicklung von PEUen erhalten möchten. Für diejenigen Leser, die daraufhin detaillierter die Entwicklung einer konkreten PEU anhand eines Fallbeispiels kennenlernen wollen, wird insbesondere auch der Teil III lesenswert sein.

Im einzelnen gehen wir in Kapitel II.1 auf die Sicht des Benutzers ein. Dabei beschreiben wir beispielhaft sowohl die Funktionalität einer PEU als auch die Möglichkeiten der Benutzerschnittstellengestaltung mit Hilfe moderner Bildschirme. Der Rest des Teils II beschreibt eine PEU aus der Entwicklersicht. In Kapitel II.2 erläutern wir verschiedene Möglichkeiten der Modellierung der hohen internen Datenstrukturen. Im zweiten Teil dieses Kapitels wird gezeigt, wie aufbauend auf diesen unterschiedlichen Datenstrukturen unterschiedliche Formen der formalen Spezifikation der Funktionalität der Werkzeuge entstehen. Wir stellen ausführlich spezifische Vor- und Nachteile der einzelnen Ansätze dar. In Kapitel II.3 zeigen wir, wie aus der Spezifikation die Modularchitektur einer PEU im Sinne einer Standardarchitektur entsteht, d.h. wir skizzieren die verschiedenen denkbaren Ansätze zur Realisierung der einzelnen Teilsysteme einer PEU und ihre Zusammenhänge.

In Kapitel III.1 beschreiben wir anhand eines umfangreichen Beispiels die Benutzerschnittstelle von IPSEN bezogen auf die Unterstützung des Programmierens im Kleinen. In III.2 wird die in IPSEN gewählte Darstellung von Programmen, der Modulgraph, erläutert und die Spezifikationsmethode, das sogenannte Graph Grammar Engineering vorgestellt. In III.3 letztlich wird die IPSEN-Architektur anhand der konkret entwickelten Module erläutert.

Das Buch schließt ab mit einem umfangreichen Literaturverzeichnis, einem Glossar, in dem die wichtigsten, in diesem Buch benutzten Begriffe kurz erläutert werden, und einem Stichwortverzeichnis. Im Anhang befinden sich Teile aus der Dokumentation des IPSEN-Projektes, u.a. die Schnittstellen einiger ausgewählter Module der IPSEN-Realisierung.

II Moderne Programmentwicklungsumgebungen: Anforderungen und konzeptionelle Überlegungen

Im Teil I dieses Buches haben wir erläutert, inwieweit sich eine PEU einerseits von den isolierten Werkzeugen eines Programmiersystems, andererseits aber auch von dem umfangreichen Werkzeugsatz einer Softwareentwicklungsumgebung unterscheidet. In diesem Teil II des Buches werden wir nun detailliert erläutern, welche Anforderungen an eine moderne PEU zu stellen sind und wie diese Anforderungen durch eine entsprechende Implementierung realisiert werden können. Hierzu werden wir im Kapitel 1 eine Reihe von Werkzeugen vorstellen, die einen Anwendungsprogrammierer bei einer komfortablen und zeiteffizienten Entwicklung eines Programms unterstützen und daher Bestandteil jeder modernen PEU sein sollten. Dazu gehören heutzutage auch Mindestanforderungen an die Benutzerschnittstelle einer PEU, die wir ebenfalls im Kapitel 1 diskutieren werden. In den nächsten beiden Kapiteln gehen wir dann auf die Realisierung einer PEU ein. Im Kapitel 2 erläutern wir verschiedene Datenmodelle zur internen Repräsentation eines Programms, die eine integrierte und effiziente Arbeitsweise der Werkzeuge ermöglichen. Im Kapitel 3 beschreiben wir eine Software-Architektur, die eine Standardarchitektur für die Realisierung einer modernen, integrierten PEU darstellt.

1. Anforderungen

Bei der Beschreibung der Anforderungen an eine moderne PEU unterscheiden wir zwischen der **Funktionalität** und der **Benutzerschnittstelle** einer PEU. Kurz gesagt, beschreibt die Funktionalität einer PEU, "was" im Rahmen der PEU unterstützt werden soll, d.h. im wesentlichen, welche Werkzeuge dem Benutzer, also z.B. einem Anwendungsprogrammierer zur Verfügung stehen sollten. Im Gegensatz dazu verstehen wir unter der Benutzerschnittstelle, "wie" dem Programmierer diese Unterstützung gewährt werden kann, d.h. zum Beispiel, wie Kommandonamen aufgebaut sind, auf welche Weise Kommandos aufgerufen werden können oder wie Ausgaben auf dem Bildschirm dargestellt werden.

Bei der Darstellung der Anforderungen an eine moderne PEU ist es nicht unser Ziel, im Stil einer Anforderungsdefinition eine vollständige Auflistung der Anforderungen an eine konkrete oder hypothetische PEU anzugeben. Wir wollen vielmehr die gesamte Bandbreite der Funktionalität und des Designs von Benutzerschnittstellen von PEUen erläutern und zum besseren Verständnis diese Darstellung an einigen Stellen durch konkrete Beispiele von Werkzeugen existierender PEUen ergänzen.

1.1. Die integrierten Werkzeuge

1.1.1. Grundlagen

Um den Benutzer einer PEU bei der Erstellung eines Programms (oder Moduls) möglichst weitgehend von allen Routinetätigkeiten zu befreien, die von der PEU automatisch ausgeführt werden können, ist es nötig, daß das System möglichst viel über die verwendete Programmiersprache weiß und weiterhin erkennt, welche Aktivitäten der Benutzer zur Zeit plant bzw. ausführt. Eine Grundvoraussetzung hierfür ist, daß sich alle Aktivitäten eines Benutzers und damit der Werkzeuge an der syntaktischen Struktur des zur Zeit bearbeiteten Programms orientieren. Diese Bearbeitungsform steht somit im krassen Gegensatz zur herkömmlichen Bearbeitung von Programmtexten, die z.B. mit zeilen- oder bildschirmorientierten Editoren durchgeführt wurde. Derartige Editoren kennen die zugrundeliegende syntaktische Struktur des Programmtextes nicht und können dem Benutzer deshalb nur Unterstützung auf einer repräsentationsabhängigen Ebene (z.B. Suchen/Ersetzen von Zeichenketten) geben. Bei einer **syntaxorientierten** oder auch **strukturorientierten** Bearbeitung eines Programms orientieren sich alle Aktivitäten des Benutzers an der Syntaxdefinition der zugrundeliegenden Programmiersprache. Das setzt natürlich eine formale Definition der Syntax (z.B. in (E)BNF - Notation, Syntaxdiagrammen o.ä.) voraus, die die Klasse der syntaktisch korrekten Programme einer Programmiersprache festlegt. Jede Eingabe eines Benutzers orientiert sich an dieser Syntaxdefinition, d.h. sie entspricht einer syntaktischen Einheit, einem sogenannten **Inkrement.** Diese deshalb oft auch **inkrementorientiert** genannte Bearbeitung eines Programms hat den Vorteil, daß jede Eingabe sofort auf ihre Korrektheit überprüft werden kann, der Benutzer ggf. zur Korrektur aufgefordert wird und dadurch zu jedem Zeitpunkt die syntaktische Korrektheit des bisher erstellten Programmtextes gewährleistet werden kann. Diese Vorgehensweise ermöglicht weiterhin, daß noch unvollständige Programme bereits weiter verarbeitet werden können (z.B. analysiert, übersetzt und ausgeführt werden können). Das bedeutet, daß, wie schon in Teil I angedeutet, die einzelnen Aktivititäten des Benutzers miteinander verzahnt ablaufen, und damit der herkömmliche Zyklus der Programmerstellung "edieren - übersetzen - compilieren" nicht mehr existiert. Die inkrementorientierte Bearbeitung von Programmen führt somit zu einer inkrementellen, d.h. schrittweisen Programmerstellung im Gegensatz zu einer jeweils vollständigen Programmerstellung "in einem Stück". Ein weiterer Vorteil der inkrementorientierten Bearbeitung liegt darin, daß die Bearbeitung weitgehend unabhängig von der konkreten Repräsentation des Programms ist. Das Programm kann in graphischer (z.B. Nassi-Shneiderman Darstellung) oder textueller Form auf dem Bildschirm präsentiert werden, ohne daß der Benutzer jeweils die Art und Weise der Bearbeitung ändern muß.

Ein weiteres Merkmal inkrementorientierter Bearbeitung zeigt sich bei der Definition des Cursors, d.h. der Kennzeichnung der aktuellen Bearbeitungsposition in einem Programm. Hier ist es bei textueller Repräsentation üblich, einen Zeichencursor (z.B. einen Strich, Dreieck o.ä.) zu wählen, der nur an der textuellen Repräsentation des Programms orientiert ist und nur ein einzelnes Zeichen auszeichnet. Bei der inkrementorientierten Bearbeitung ist die Darstellung des Cursors an der zugrundeliegenden Syntax orientiert. Das heißt, daß immer die Darstellung eines gesamten Inkrements, des sogenannten **aktuellen Inkrements,** besonders ausgezeichnet ist (z.B. durch eine andere Farbe, Schattierung o.ä.). Aus diesem Grund spricht man dann hier auch von einem **Flächencursor** im Gegensatz zu dem sonst üblichen Zeichencursor (siehe hierzu Fig. II.1).

Durch die inkrementorientierte Bearbeitung wird außerdem die Realisierung einer sehr komfortablen **kommandogesteuerten Benutzerschnittstelle** möglich. Kommandogesteuert bedeutet, daß der Benutzer durch explizite Eingabe eines Kommandos dem System mitteilt, was er zu tun beabsichtigt, und dadurch eine Reaktion der PEU auslöst. Im Gegensatz dazu würde er bei einer nicht kommandogesteuerten Benutzerschnittstelle beliebigen Text eingeben, aus dem die entsprechenden Kommandos (durch einen Parser) ermittelt werden müssen. Vorteil bei der kommandogesteuerten Vorgehensweise ist, daß die PEU aufgrund der Kenntnis des aktuellen Inkrements und der Intention des Benutzers wesentlich mehr Unterstützung anbieten kann. Beispielsweise kann ein Menü aller für das aktuelle Inkrement sinnvollen Kommandos angeboten werden oder bei der Eingabe eines Inkrements die konkrete Syntax (Schlüsselwörter) automatisch erzeugt werden. Nur in bestimmten Situationen, insbesondere bei der Eingabe lexikalischer Einheiten wie Bezeichner oder Ausdrücke, ist die nicht kommandogesteuerte Bearbeitung leichter handhabbar. Hierauf gehen wir bei der Beschreibung des syntaxgestützten Editors einer PEU in Abschnitt 1.1.2 noch genauer ein.

Basierend auf dem Konzept einer inkrementorientierten, kommandogesteuerten Bearbeitung von Programmen, ermöglichen **Werkzeuge** eine rechnergesteuerte Unterstützung der Entwicklung dieser Module oder Programme. Voraussetzung für eine weitreichende Unterstützung ist, wie bereits geschildert, eine möglichst formale Definition der Syntax der zugrundeliegenden Programmiersprache sowie möglichst präzise definierte Methoden für die beim PiK anfallenden Aktivitäten, wie z.B. das Erstellen oder Testen eines Moduls. Diese Methoden hängen natürlich direkt mit der zugrundeliegenden Programmiersprache zusammen, wie wir noch sehen werden.

Werkzeuge sind aber nicht nur die rechnergesteuerte Unterstützung einer speziellen Methode, sondern darüber hinaus eine Möglichkeit, die Vielzahl der für den Benutzer anfallenden Aktivitäten, d.h. der zur Verfügung stehenden Kommandos, übersichtlich zu strukturieren. Logisch zusammengehörige Kommandos werden zu einzelnen Werkzeugen zusammengefaßt. Eine derartige sinnvolle Strukturierung der beim PiK anfallenden Aktivitäten ist die Einteilung in die folgenden vier Werkzeuge:

- der **syntaxgestützte Editor** zum Erstellen und Verändern des Programmtextes,

- die **statische Analyse** zur Untersuchung bestimmter Eigenschaften des erstellten Programtextes,

- **Ausführung** und **Test** des erstellten Programms und

- die Unterstützung der Fehlersuche, das sogenannte **Debugging** des Programms.

Diese Werkzeuge werden wir detailliert in den nächsten vier Abschnitten erläutern.

Andere Einteilungen sind natürlich ebenso denkbar, insbesondere Verfeinerungen der hier vorgeschlagenen Strukturierung. Die von uns vorgeschlagene Einteilung hat den Vorteil, daß die entstehenden Werkzeuge zu einer Vielzahl existierender Werkzeuge korrespondieren, so daß sehr gut Vergleiche der hier beschriebenen Werkzeuge mit existierenden möglich sind.

Letztlich ist eine solche Einteilung auch unter dem Aspekt zu sehen, daß bei der Konzeption einer PEU immer ihre **Erweiterbarkeit** berücksichtigt werden muß. Funktionalität und Ausgestaltung einer PEU lassen sich niemals endgültig festlegen, da veränderte und erweiterte Programmiermethodiken neue Anforderungen bewirken können. Deswegen darf die Benutzerschnittstelle nicht so definiert sein, daß z.B. eine Aufnahme neuer Werkzeuge oder die Darstellung eines Dokuments in einer neuen Repräsentation zu einer unorthogonalen Schnittstelle führen würde oder vielleicht gar nicht möglich ist.

Auf mögliche Erweiterungen gehen wir insbesondere in Abschnitt 1.1.7 genauer ein.

1.1.2. Der syntaxgestützte Editor

Eine inkrementorientierte, kommandogesteuerte Bearbeitung von Programmen, die, wie oben geschildert, Grundlage für alle Werkzeuge ist, bedeutet für jede moderne PEU den Einsatz eines **syntaxgestützten Editors**. In der Tat verwenden die meisten der heute bekannten PEUen einen derartigen Editor (vgl. hierzu /He 84/). Naheliegenderweise beginnt die Entwicklung einer PEU in den meisten Fällen sogar mit dem Bau eines syntaxgestützten Editors, da ohne ein derartiges Werkzeug die Eingabe eines Programmtextes nicht möglich ist. Andere Werkzeuge, z.B. zum Ausführen eines Programms, werden dann später hinzugenommen.

Worin liegen nun die Vorteile eines syntaxgestützten Editors im Vergleich zu herkömmlichen zeilen- oder bildschirmorientierten Editoren? Wesentliches Merkmal von zeilen- bzw. bildschirmorientierten Editoren ist, daß sich alle Edierkommandos an der zeilenorientierten Repräsentation eines Programms bzw. eines Dokuments orientieren. So wird in der Regel ein Zeichencursor benutzt, um die aktuelle Bearbeitungsposition zu kennzeichnen. Mögliche Edierkommandos sind das Einfügen bzw. Löschen von einzelnen Zeichen oder ganzen Zeilen. Derartige Editoren haben keinerlei Kenntnis von der syntaktischen Struktur der bearbeiteten Dokumente und sind somit natürlich auch nicht in der Lage, den Benutzer während der Bearbeitung darin zu unterstützen, nur syntaktisch korrekte Programme zu erstellen. Andererseits haben diese Editoren natürlich den Vorteil, daß sie breiter einsetzbar sind, also beispielsweise sowohl zum Erstellen von Programmtexten als auch zum Schreiben von Briefen benutzt werden können.

Bei syntaxgestützten Editoren sind alle Kommandos an der kontextfreien Syntax des zu erstellenden Dokuments, also bei PEUen des zu erstellenden Programmtextes, orientiert. Wir wollen dies an einem kurzen Auszug aus der Arbeit mit einem syntaxgestützten Editor verdeutlichen. In Figur II.1.(a) ist ein bisher erstelltes Programmstück dargestellt. Die noch fehlenden Deklarations- bzw. Anweisungsteile sind durch entsprechende **Platzhalter** im Programmtext dargestellt. Das aktuelle Inkrement wird gekennzeichnet durch einen Flächencursor (Schattierung). In diesem Beispiel ist es der Platzhalter (<Statement-part>), der den noch fehlenden Anweisungsteil kennzeichnet. Hier hat der Benutzer nun die Möglichkeit, durch eine Cursorbewegung mittels Cursorfunktionstasten oder Mausklick ein anderes Programmstück zum aktuellen Inkrement zu machen oder ein Kommando zum Einfügen einer Anweisung zu geben. Da alle anderen Kommandos, z.B. das Einfügen einer Deklaration, an dieser Stelle nicht erlaubt sind, da sie die kontextfreie Struktur des Programmtextes verletzen würden, werden sie vom Editor auch nicht akzeptiert. Ein gültiges Kommando in der aktuellen Situation ist somit z.B. das Kommando "insert-while", wodurch an der aktuellen Position eine while-Anweisung eingefügt werden soll. Durch die detaillierte Angabe des Benutzers, welche Aktivität er in diesem Moment beabsichtigt, kann nun vom Editor automatisch eine Schablone erzeugt werden, die die zu einer while-Anweisung gehörenden Schlüsselwörter enthält und in der die noch offenen Teile durch Platzhalter gekennzeichnet sind (vgl. Figur II.1(b)). Diese automatische Erzeugung der konkreten Syntax gewährleistet, daß Tippfehler bei

Schlüsselwörtern nicht mehr möglich sind. Da außerdem auch nur solche Kommandos vom Editor akzeptiert werden, die in der aktuellen Situation erlaubt sind, ist die kontextfreie Korrektheit des bearbeiteten Dokuments zu jedem Zeitpunkt gewährleistet.

Die Kommandos eines syntaxgestützten Editors lassen sich grob in **Einfügekommandos** und **Löschkommandos** einteilen. Bei Aufruf eines Einfügekommandos ist zu unterscheiden, ob das aktuelle Inkrement ein Platzhalter ist oder ein bereits vorhandenes Programmstück (z.B. eine while-Anweisung in einer Anweisungsliste). Im ersten Fall wird der Platzhalter durch eine Schablone ersetzt (vgl. Figur II.1(b)), im zweiten Fall wird, je nach Benutzerwunsch, vor oder hinter diesem Inkrement ein neues Inkrement eingefügt. Figur II.1(c) bzw. (d) zeigen, wie sich der Programmtext verändert, wenn vor bzw. hinter der while-Anweisung eine Zuweisungsanweisung eingefügt wird. Neben der hier vorgestellten Möglichkeit, zwei verschiedene Einfügekommandos zur Verfügung zu stellen (wie z.B. in IPSEN (/Sc 86/) oder MUPE-2 (/Ma 88/)), kann man sich weitere Strategien überlegen, indem z.B. zusätzliche Platzhalter an allen möglichen Einfügepositionen im Programmtext erzeugt werden. Für eine ausführliche Diskussion dieser Problematik wird auf /Sc 86/ verwiesen.

Einfügen eines Inkrements muß nicht immer heißen, daß ein neues Inkrement eingefügt wird. Es kann sich auch um eines handeln, das an anderer Stelle im Programmtext bereits vorhanden ist und nur verschoben werden soll. Ein solches Verschieben läßt sich entweder durch Einführung eines neuen Kommandos oder über einen sogenannten **Puffermechanismus** realisieren. Im letzteren Fall bewirkt das Löschen eines Inkrements dessen Abspeicherung in einem Puffer. Alle Einfügekommandos werden dann derart erweitert, daß neben einem neuen Inkrement auch das im Puffer enthaltene eingefügt werden kann (vorausgesetzt, das im Puffer enthaltene Inkrement verletzt beim Einfügen nicht den korrekten syntaktischen Aufbau). Eine solche Vorgehensweise ist z.B. in /IT 85/ realisiert.

Syntaxgestützte Editoren haben natürlich nicht nur Vorteile. Bereits sehr früh wurden auch ihre **Nachteile** aufgezeigt (vgl. etwa /Wa 82/), die sich wie folgt charakterisieren lassen:

-   In der textuellen Repräsentation gibt es Inkremente, die so wenig konkrete Syntax enthalten, daß ihre syntaxgestützte Eingabe wesentlich umständlicher wäre als die übliche zeilenorientierte Eingabe. Dies trifft insbesondere auf die Eingabe von Bezeichnern und Ausdrücken zu.

-   Die Änderung umfangreicher Inkremente kann sehr umständlich sein, wenn die inneren Inkremente nicht von der Änderung betroffen sind. Dies ist z.B. der Fall, wenn man eine while-Anweisung in eine if-Anweisung ändern will, der Rumpf der Schleife aber unverändert als then-Teil übernommen werden soll.

-   Es gibt viele bereits erstellte Programme, die später erst mit einer PEU bearbeitet werden sollen. Würde man nur die syntaxgestützte Eingabe zulassen, müßten alle diese Programme erneut von einem Benutzer schrittweise eingegeben werden, (um die für einen syntaxgestützten Editor notwendige interne Baumrepräsentation zu erhalten) damit sie anschließend mit den weiteren Werkzeugen der PEU bearbeitet werden können.

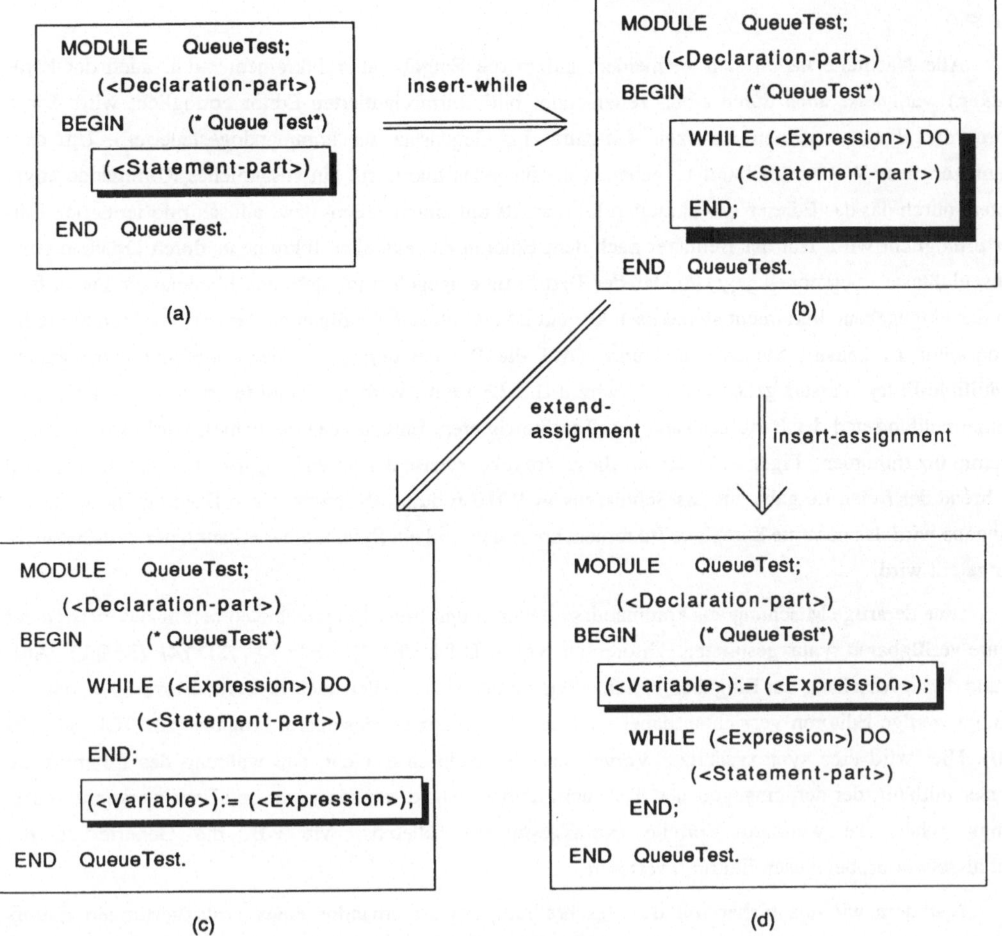

Fig. II.1: Einfügekommandos bei einem syntaxgestützten Editor

- Benutzer, die die konkrete Syntax des einzugebenden Inkrements kennen und außerdem den Umgang mit herkömmlichen Editoren gewohnt sind, empfinden die Arbeitsweise mit syntaxgestützten Editoren oft als hinderlich.

Alle syntaxgestützten Editoren beheben den ersten Nachteil dadurch, daß sie eine Einteilung in **Edierinkremente** vornehmen, deren Einteilung gröber ist als die durch die zugrundeliegende Syntax vorgegebene Inkrementstruktur. Edierinkremente sind entweder **einfache Inkremente** wie Bezeichner und Ausdrücke oder **komplexe Inkremente** wie z.B. Schleifen, Anweisungen oder Deklarationen. Während einfache Inkremente im Stile herkömmlicher zeilenorientierter Editoren bearbeitet werden, wird die Veränderung komplexer Inkremente mit Hilfe von Kommandos durch den Benutzer veranlaßt, wobei dann z.B. die konkrete Syntax automatisch erzeugt wird (vgl. z.B. /DH 80/, /RT 81/, /IT 85/, /HN 86/,

/Sc 86/).

Alle Nachteile lassen sich vermeiden, indem die Eingabe aller Inkremente (d.h. auch der komplexen) wahlweise auch durch einen zeilen- oder bildschirmorientierten Editor ermöglicht wird. Diese Form der Eingabe nennen wir **freie Eingabe** (im Gegensatz zur kommandogesteuerten). Um dem Benutzer diese Wahlmöglichkeit zu geben, wird für jedes Inkrement ein zusätzliches Kommando angeboten, durch das das Edieren des aktuellen Inkrements mit einem zeilen- bzw. bildschirmorientierten Editor ermöglicht wird. Hat der Benutzer nach dem Edieren des aktuellen Inkrements durch Drücken einer Abschlußtaste zu erkennen gegeben, daß der Text fertig eingegeben ist, stellt anschließend ein Parser fest, ob das eingegebene Inkrement syntaktisch korrekt ist und ob sein Einfügen an der gewünschten Stelle im Programm zu keinem Syntaxfehler führt. (Auf die Realisierung eines hier benötigten sogenannten "Multiple-Entry" Parsers gehen wir in Abschnitt II.3.2.3.1 ein.) Wird ein Fehler festgestellt, erscheint eine Fehlermeldung und der Benutzer kann den Text korrigieren. Enthält er keine Fehler, wird er in das Programm übernommen. Figur II.2 erläutert diese Vorgehensweise der freien Eingabe. In Figur II.2.(b) wird während der freien Eingabe nur das Schlüsselwort WHILE durch IF ersetzt. Nach Beendigung der freien Eingabe wird das gesamte komplexe Inkrement analysiert und ein Syntaxfehler erkannt, der dem Benutzer mitgeteilt wird.

Eine derartige Mischung aus kommandogesteuerter und freier Eingabe bieten bereits die meisten der heute verfügbaren syntaxgestützten Editoren an (vgl. /CD 84/, /FJ 84/, /HM 84/, /SD 84/, /Sc 86/). Aufgrund dieser Mischung der Eingabemöglichkeiten werden sie zuweilen auch **Hybrideditoren** genannt.
Einige wenige Editoren verzichten dabei ganz auf die kommandogesteuerte Eingabe (z.B. /CD 84/, /FJ 84/). Hier wird eine syntaxgestützte Vorgehensweise dadurch erreicht, daß während des Edierens ein Parser mitläuft, der den eingegebenen Text unmittelbar syntaktisch analysiert und Fehler erkennt. Allerdings gehen die weiteren Vorteile syntaxgestützten Edierens, wie z.B. die Generierung der Schlüsselwörter, bei diesen Editoren verloren.

Nachdem wir uns bisher mit der Beschreibung der Kommandos eines syntaxgestützten Editors beschäftigt haben und gezeigt haben, wie ein solcher Editor immer die kontextfreie Korrektheit von Programmen garantiert, wenden wir uns nun der Korrektheitsprüfung eines Programms bzgl. der **kontextsensitiven Syntax** (statischen Semantik) zu. Prinzipiell gibt es zwei Vorgehensweisen:
Eine ist die, daß bei jeder Modifikation auch die kontextsensitive Syntax eingehalten werden muß, d.h. der Editor läßt auch hier wie bei der kontextfreien Syntax **keine Inkonsistenzen** zu. Das bedeutet zum Beispiel, daß beim Einfügen eines Variablenbezeichners im Anweisungsteil sofort überprüft wird, ob diese Variable bereits deklariert ist. Falls nicht, wird die Eingabe dieses Variablenbezeichners nicht akzeptiert. Der Benutzer ist gezwungen, zunächst die Variable an geeigneter Stelle zu deklarieren, bevor sie im Anweisungsteil angewandt werden darf. Genauso ist ein Löschen einer Variablendeklaration nur möglich, wenn alle angewandten Auftreten der Variablen vorher gelöscht wurden. Diese Vorgehensweise basiert auf der Idee, daß der Benutzer bei der Programmentwicklung stets zunächst die zu verwendenden Datenstrukturen und die zugehörigen Variablenbezeichner festlegen sollte, bevor er sie im Anweisungsteil benutzt. Allerdings führt dieser rigide Standpunkt zu einer in manchen Situationen sehr wenig komfor-

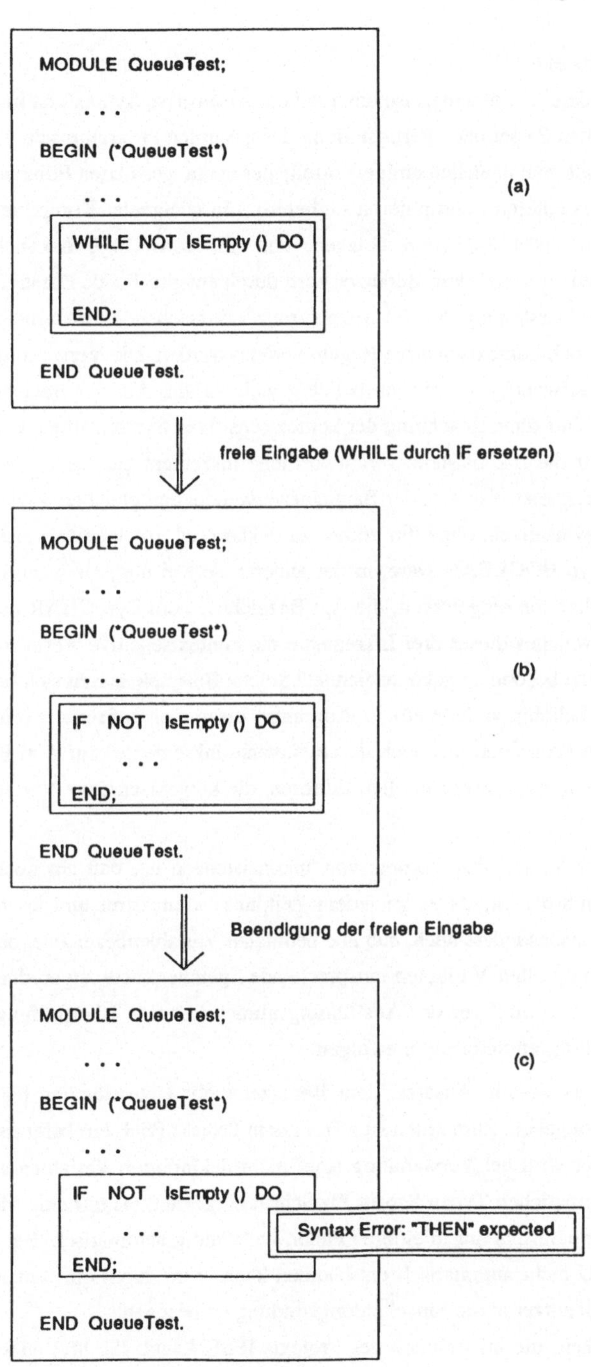

Fig. II.2: Freie Eingabe bei einem syntaxgestützten Editor

tablen Benutzerschnittstelle.

Deswegen ist eine andere Vorgehensweise die, die kontextsensitive Syntax erst im nachhinein, also praktisch mit einem üblichen Parser nach Fertigstellung des gesamten Programms zu überprüfen (vgl. z.B. /IT 85/). Dadurch verspielt man natürlich einige Vorteile des syntaxgestützten Edierens wieder (d.h. es ergibt sich wieder ein Zyklus edieren - compilieren - edieren). Ein geeigneter Kompromiß könnte sein, so vorzugehen, wie z.B. in /DM 84/ vorgeschlagen, und nur **zeitweilige Inkonsistenzen** während der Programmerstellung zuzulassen. Dem Benutzer wird durch entsprechende Darstellungsattribute kenntlich gemacht (z.B. inverse Darstellung des die Inkonsistenz verursachenden Inkrements), an welchen Stellen des Programmtextes noch kontextsensitive Regeln verletzt werden. Die Verwaltung dieser Inkonsistenzen wird allerdings sehr aufwendig, wenn man beliebig viele zuläßt, d.h. der Benutzer beliebig Inkremente einfügen und löschen darf ohne Beachtung der kontextsensitiven Syntax. Hinzu kommt, daß bei mehreren Inkonsistenzen das für die Inkonsistenz verantwortliche Inkrement gar nicht mehr eindeutig feststellbar ist. Man stelle sich beispielsweise vor, der Benutzer verwendet den gleichen Variablenbezeichner in zwei unterschiedlichen Anweisungen, ohne ihn vorher zu deklarieren. In einer Anweisung wird er so verwendet, als ob er vom Typ BOOLEAN wäre, in der anderen Anweisung, als wenn er vom Typ INTEGER wäre. Wird eine Deklaration eingetragen, die den Bezeichner vom Typ CHAR deklariert, ist nicht mehr eindeutig zu klären, welches dieser drei Inkremente die kontextsensitive Verletzung verursacht. Welche Inkremente werden jetzt besonders gekennzeichnet? Solche Beispiele lassen sich beliebig viele finden und insbesondere können beliebig viele in einem Programm zusammen auftreten. Somit kann dann die Situation eintreten, daß ein Programm nur noch durch "inverse Inkremente" auf dem Bildschirm repräsentiert wird. Diese Probleme werden bisher in allen Editoren, die kontextsensitive Verletzungen zulassen, nicht abschließend gelöst.

Ein wesentlicher Vorteil des Verbots von Inkonsistenzen ist, daß ein noch unvollständiges Programm jederzeit ausführbar ist, da es zu jedem Zeitpunkt kontextfrei und kontextsensitiv syntaktisch korrekt ist. Das heißt insbesondere auch, daß alle benutzten Variablenbezeichner deklariert sind und somit während der Ausführung allen Variablen entsprechende Speicherplätze zugeordnet werden können (vgl. /En 86/). Im anderen Fall muß vor der Ausführung immer erst eine Überprüfung der kontextsensitiven Syntax und ggf. eine Programmkorrektur erfolgen.

Allerdings gibt es weitere Ansätze, dem Benutzer mehr Unterstützung bei der Behandlung kontextsensitiver Fehler zu geben. Zum einen ist z.B. in dem Projekt PSG ein **Inferenzansatz** vorgeschlagen worden (/Sn 86/). Hier wird bei Verwendung einer nicht deklarierten Variablen aufgrund ihrer Verwendung die Menge der möglichen Typen Schritt für Schritt eingeengt, bis nur eine Möglichkeit übrig bleibt. Dies funktioniert aber natürlich nur in einigen Fällen vollständig automatisch. Bei auftretenden Mehrdeutigkeiten, die die PEU nicht automatisch entscheiden kann, wird durch eine entsprechende Ausgabe auf dem Bildschirm der Benutzer in die Entscheidungsfindung einbezogen.

Eine zweite Möglichkeit, die im Rahmen des Projekts IPSEN (vgl. /Sc 86/) angedacht, aber noch nicht realisiert worden ist, ist die Definition **neuer Benutzerinkremente** und entsprechender Kommandos. Beispielsweise kann ein neues Benutzerinkrement eine Deklaration eines Bezeichners zusammen mit allen Stellen seiner Anwendung im Programm sein. Soll nun die Deklaration des Bezeichners gelöscht werden, können dem Benutzer alle Stellen angezeigt werden, an denen der Bezeichner vorkommt, anstatt ihm einfach das Löschen zu verbieten. Er kann dann entweder an den Anwendungsstellen einen anderen deklarierten Bezeichner eintragen, so daß die Deklaration anschließend gelöscht werden kann, oder er kann die Deklaration zusammen mit allen Stellen der Anwendung löschen bzw. ändern.

Eine ideale Vorgehensweise für die Behandlung dieser Probleme gibt es bisher nicht. Letztlich hängt es davon ab, wie komfortabel die Benutzerschnittstelle des Editors sein soll und wieviel Aufwand man für die Realisierung treiben will.

1.1.3. Statische Analyse

Nach jeder Veränderung eines Moduls durch einen syntaxgestützten Editor ist dessen kontextfreie und (je nach Komfort, den der Editor anbietet) kontextsensitive Korrektheit sichergestellt. Neben dieser rein syntaktischen Korrektheit gibt es weitere **Qualitätsmerkmale,** die vor Ausführung eines Programms bereits getestet und sichergestellt werden können. Hierzu zählen z.B.:

- die Konsistenz zwischen Deklarations- und Anweisungsteil: Das heißt z.B., daß jede deklarierte Variable auch wirklich in einer Anweisung verwendet wird.

- Minimalität: Das heißt z.B., daß keine Anweisungen mehr existieren, die auf keinen Fall ausgeführt werden können (z.B. IF FALSE THEN ...).

- Laufzeitsicherheit: Das heißt z.B., daß jede deklarierte Variable zuerst initialisiert wird, d.h. einen Wert bekommt, bevor sie weiter verwendet wird.

Solche Qualitätsmerkmale von Programmen lassen sich als zusätzliche kontextsensitive Regeln auffassen. Allerdings ist ihre Überprüfung durch den syntaxgestützten Editor bei jeder Veränderung eines Inkrements sicher nicht sinnvoll, da sie zum großen Teil erst dann überprüfbar sind, wenn das zu analysierende Inkrement (z.B. Modulrumpf, Prozedur) ganz oder zumindest größtenteils erstellt worden ist. Deshalb sollten solche Analysen nur auf expliziten Wunsch des Benutzers aufgerufen werden.

Für dieses Werkzeug wurde der Name **statische Analyse** gewählt, weil viele der oben angedeuteten und von diesem Werkzeug zur Verfügung gestellten Analysen auch in der Analysephase von optimierenden Compilern durchgeführt werden (vgl. /AU 86/). Allerdings sind diese Informationen dem Benutzer bei einem herkömmlichen Compiler nicht zugänglich. Man kann deshalb das hier vorgestellte Werkzeug besser als Teil einer analytischen Qualitätssicherung im Sinne von /HMS 87/ auffassen. Es unterstützt Prüf- und Meßmethoden, die unabhängig von der Ausführung eines Programms eingesetzt werden können.

Da dieses Werkzeug im Gegensatz zu einem Compiler im Dialog mit dem Benutzer arbeitet, besteht außerdem für den Benutzer die Möglichkeit, den **Umfang** und den **Verlauf der Analysen** im Dialog zu beeinflussen. Das bedeutet beispielsweise, daß bei einer Analyse des gesamten Moduls, (modullokale) Prozeduren nur auf expliziten Wunsch des Benutzers analysiert werden müssen.

Wichtige Grundlage für die Ausführung aller Analysekommandos ist, daß sie nur **empfehlenden Charakter** haben. Der Benutzer muß selbst entscheiden, ob er anschließend den Programmtext mit Hilfe des syntaxgestützten Editors ändern will. Es ist nämlich nicht sinnvoll, solche Änderungen automatisch vorzunehmen, da bei z.B. nicht vollständig erstellten Modulrümpfen der Benutzer u.U. bewußt gegen einige dieser zusätzlichen kontextsensitiven Regeln verstößt. Man sollte z.B. nicht bei unvollständigen Programmen alle Deklarationen von nicht initialisierten Variablen automatisch löschen. Denn es kann ja durchaus sein, daß der Benutzer beabsichtigt, diese Initialisierungsanweisungen noch nachzutragen. Ein automatisches Löschen von Teilen des Programmtextes würde sicherlich den Benutzer verwirren und zu Recht verärgern.

Die angesprochene statische Analyse kann nicht nur zur Verbesserung der Qualität des Programms eingesetzt werden, sondern indirekt auch die **Fehlersuche** beim Testen von Programmen unterstützen. Da bei vielen der hier zu überprüfenden Regeln der implizit durch das Programm gegebene Kontroll- und Datenfluß untersucht werden muß, können die dabei ermittelten Informationen auch für die Behebung von Laufzeitfehlern hilfreich sein.

Wir wollen nun anhand einiger **Beispiele** die Aufgabe der statischen Analyse verdeutlichen. Wir beschränken uns hier auf Beispiele für die Analyse von Deklarationen und die Analyse des Kontroll- und Datenflusses.

Zur Analyse von Deklarationen gehört beispielsweise ein Kommando, zum "Auffinden nicht angewandter Deklarationen", das immer aktiviert werden kann, wenn das aktuelle Inkrement eine einzelne Deklaration oder ggf. importierte Ressource aus einem anderen Modul ist. Das Kommando veranlaßt die Untersuchung, ob das aktuelle Inkrement an irgendeiner anderen Stelle im Programm verwendet wird.

Ein solches Kommando kann insbesondere auch dazu benutzt werden, um in einer SEU den Übergang vom Programmieren im Großen zum Programmieren im Kleinen zu unterstützen. In solchen Fällen wird oft ein Rahmen für den Modulrumpf aus der beim PiG erstellten Modulspezifikation generiert. Dieser enthält u.a. die importierten Ressourcen, die im Modulrumpf bei der Implementierung zu benutzen sind. Mit diesem Kommando kann getestet werden, ob alle importierten Ressourcen tatsächlich bei der Implementierung verwendet werden.

Zur Analyse von Deklarationen gehört weiterhin ein Kommando zum "Auffinden aller zu einer Prozedur globalen Variablen". Dadurch lassen sich unerwünschte Seiteneffekte bei der Ausführung von Prozeduren vor ihrer Ausführung bereits feststellen. Ein weiteres Kommando ist, sich zu einer Deklaration "alle Verwendungen der Deklaration" im Anweisungsteil explizit anzeigen zu lassen. Während in dem oben erwähnten Kommando zum Auffinden von nicht angewandten Deklarationen nur eine ja/nein Antwort erwartet wird, wird hier jedes Auftreten eines Datenobjekts der entsprechenden Deklaration angezeigt (vgl. Fig. II.3).

Die Analyse des Kontrollflusses bedeutet eine sogenannte symbolische Programmausführung. Ausgehend von symbolischen Bezeichnern für die Eingabevariablen (keine realen Werte), prüft das Werkzeug sämtliche potentiell möglichen Programmpfade ab. Hierdurch lassen sich z.B. Anweisungen finden, die

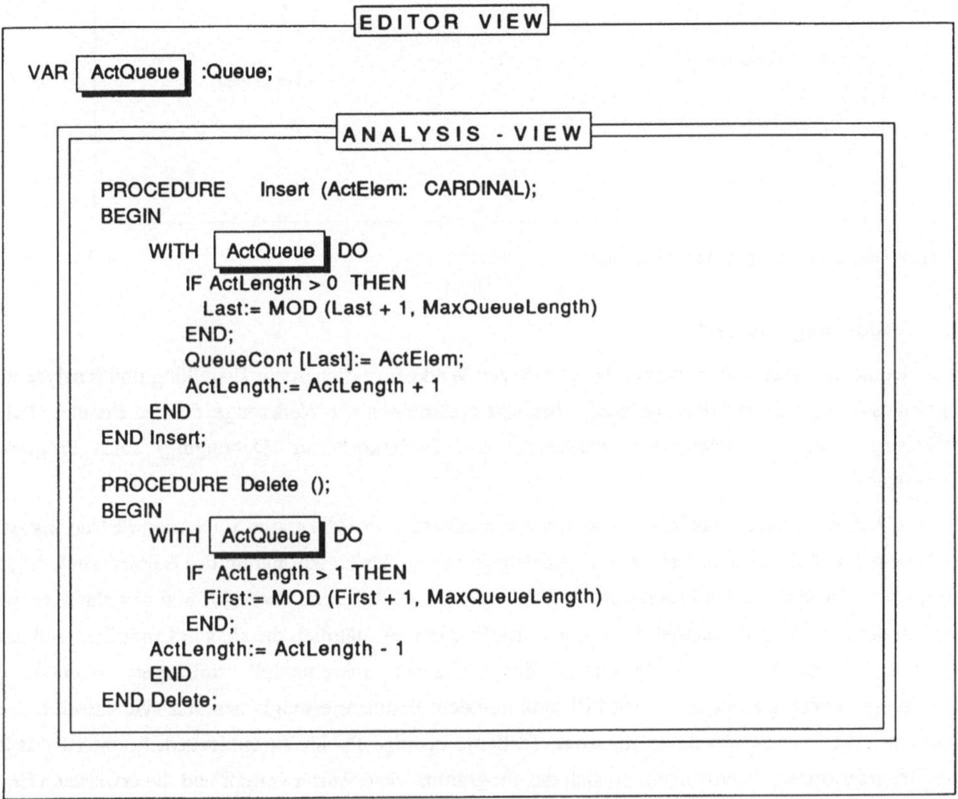

Fig. II.3: Anzeigen aller angewandten Auftreten einer Variablen

bei einer späteren Programmausführung nie erreicht würden. Die zwei Ausschnitte aus einem Modula-2 Programm in Fig. II.4 zeigen solche Situationen auf.

Eine Vielzahl weiterer Beispiele sowie eine detaillierte Betrachtung der Analyseproblematik findet sich in /En 86/. Eine umfangreiche Beschreibung der Qualitätsmerkmale von Programmen, die mit Hilfe des hier vorgestellten Werkzeugs geprüft werden könnten, ist in /HMS 87/ enthalten. Beispielsweise könnte die statische Analyse weitere Kommandos anbieten, die bewirken, daß die Anzahl der Schleifen, Anweisungen, Operatoren, Operanden oder Entscheidungen gezählt würde. Inzwischen ist bereits eine Vielfalt von Maßen bekannt, auf die wir hier nicht weiter eingehen. Eine Menge weiterer Literaturhinweise für den interessierten Leser befindet sich in /GI 87/.

```
. . . . . .

IF FALSE THEN                          . . . . . . .

    X := 3;                            RETURN;

                                       A := B + C;
. . . . .

                                       . . . . .
```

Fig. II.4: Nicht erreichbare Anweisungen

1.1.4. Ausführung und Test

Die in den beiden letzten Abschnitten beschriebenen Werkzeuge dienen zur Erstellung und Analyse eines Programms. In diesem und dem nächsten Abschnitt beschreiben wir Werkzeuge, die den Benutzer bei der Ausführung, dem Test sowie der Fehlersuche und Fehlerkorrektur (Debugging) eines Programms unterstützen.

Wir haben erläutert, daß die Verwendung syntaxgestützter Editoren in modernen PEUen insbesondere bedeutet, daß die kontextfreie, und in Abhängigkeit von der Funktionalität des Editors, auch die kontextsensitive Korrektheit des Programms bereits während des Edierens überprüft und gewährleistet wird. Somit ist der erste Schritt zu einer Ausführung des Programms, nämlich die stets in Compilern enthaltene syntaktische Analyse, bereits während des Edierens inkrementell vollzogen worden. Ein Ausführungswerkzeug einer modernen PEU soll nun dem Benutzer ermöglichen, das syntaktisch korrekte Programm auszuführen, um durch derartige Testläufe etwaige Fehler zu entdecken. Somit ist das **Ziel eines Programmtests** festzustellen, ob sich das Programm wie erwartet verhält und die erwarteten Ergebnisse produziert. Der Benutzer (d.h. der Programmierer) will möglichst sicher sein, daß sein Programm zu allen möglichen Eingabedaten die von ihm gewünschten Ausgabedaten liefert. Um dieses Ziel zu erreichen, gibt es prinzipiell zwei Vorgehensweisen: (1) die formale Verifikation von Programmen, d.h. ein formaler mathematischer Beweis der semantischen Korrektheit des Programms oder (2) die Validierung des Programms, d.h. die Auswahl und Durchführung möglichst signifikanter Testläufe, um möglichst alle Fehlerfälle auszuschließen.

Voraussetzung für eine **Verifikation** ist eine Spezifikation der gewünschten Semantik des Programms. Zu beweisen ist dann, daß die Implementierung des Programms diese formal spezifizierte Semantik erfüllt. Formale Methoden zur Definition der Semantik sind z.B. eine auf einem algebraischen Kalkül beruhende deskriptive Beschreibung (vgl. /EM 85/) oder eine axiomatische Beschreibung im Sinne von /Ho 69/. Allerdings ist die formale Definition der Semantik und erst recht die anschließende Verifikation bereits bei kleinen Programmen sehr aufwendig (und deshalb auch noch sehr fehleranfällig). Wenn auch in den letzten Jahren erste Ansätze gemacht wurden, diese Methoden durch entsprechende Werkzeugunterstützung einsetzbar zu machen (vgl. z.B. /Da 83/), ist die Verifikation von Programmen für den praktischen Einsatz noch bei weitem nicht ausgereift. Deswegen wollen wir hier nicht weiter darauf eingehen, sondern verweisen auf die zitierte Literatur.

Wir wollen uns ausführlicher mit der zweiten Methode, der Validierung eines Programms, also der Durchführung von möglichst signifikanten **Testläufen** beschäftigen. Jeder solche Testlauf besteht aus drei Schritten: seiner Vorbereitung, seiner Ausführung und seiner Auswertung (vgl. /HM 87/). Im folgenden zeigen wir auf, wie diese Schritte durch ein Werkzeug unterstützt werden können.

Zunächst einmal ist zu fordern, daß im Rahmen einer inkrementellen Programmerstellung und der damit verbundenen verzahnten Arbeitsweise der Werkzeuge auch eine Ausführung noch unvollständiger Programme möglich sein sollte. Eine solche Ausführung erst teilweiser erstellter Programme ist durchaus sinnvoll, ohne daß damit ein sogenannter "experimenteller" Programmierstil gefördert wird. Beispielsweise lassen sich so bereits sehr früh einzelne bereits erstellte Prozeduren eines noch nicht vollständig fertiggestellten Programms testen.

Für die Ausführung werden somit analog zum Edieren Inkremente definiert, die sogenannten **ausführbaren Inkremente.** Sinnvolle ausführbare Inkremente sind der gesamte Modulrumpf sowie einzelne Prozeduren. Sie sind die Inkremente, für die ein Kommando wie "Führe dieses Inkrement aus" aufgerufen werden kann. Sie sind somit eine Vergröberung der in 1.1.2 vorgestellten Edierinkremente. Eine feinere Granularität für ausführbare Inkremente (z.B. einzelne Anweisungen, Schleifen o.ä.) ist nicht sehr sinnvoll, um das oben erwähnte experimentelle Programmieren zu vermeiden.

Die **Vorbereitung** eines Testlaufs besteht aus der Erzeugung geeigneter Testdaten. Das bedeutet, daß z.B. vor der Ausführung einer Prozedur alle zu dieser Prozedur globalen Variablen sowie die formalen Parameter der Prozedur initialisiert werden müssen. Da bei komplexen Datenstrukturen eine Initialisierung "per Hand" durch den Benutzer sehr aufwendig wäre, sollten diese automatisch mit einem "Default-Wert" vorbesetzt werden. Dieser Default-Wert kann z.B. durch einen Zufallszahlengenerator gesetzt werden, was sicherlich keine sehr geschickte Methode ist. Sinnvoller ist es hier, bekannte Extremsituationen (z.B. alle numerischen Werte = 0) oder die Ergebnisse bereits durchgeführter Testläufe einzubeziehen. So ist es z.B. sinnvoll, Werte zu wählen, die zur Ausführung noch nicht durchlaufener Programmpfade führen (Stichwort: C1-Überdeckung, vgl. /Ki 80/). Natürlich sollten diese Default-Werte vom Benutzer veränderbar sein. Das bedeutet, daß vor Ausführung der Prozedur das Werkzeug dem Benutzer die gewählten Werte anzeigt, der Benutzer die Möglichkeit hat, sie zu ändern, und anschließend die Prozedur mit diesen Werten ausgeführt wird (vgl. Fig. II.5).

Das hier angedeutete Problem der Erzeugung geeigneter Testdaten wird ausführlicher z.B. in /ST 86/ diskutiert. Insbesondere werden ausgefeiltere Strategien für die Erzeugung der Testdaten erläutert.

Ein wesentlicher Aspekt der Vorbereitung eines Testlaufs ist letztlich, daß eine Speicherung aller verwendeten Testdaten durch das Werkzeug verwaltet werden muß, um so Tests jederzeit reproduzieren zu können.

Bei der **Ausführung eines Testlaufs** sollte dann der Benutzer Gelegenheit haben, den Verlauf der Ausführung zu verfolgen. Hierzu gehört z.B., daß dem Benutzer auf dem Bildschirm angezeigt wird, welches Inkrement zur Zeit ausgeführt wird. Eine derartige Ausführung kann dann aus verschiedenen

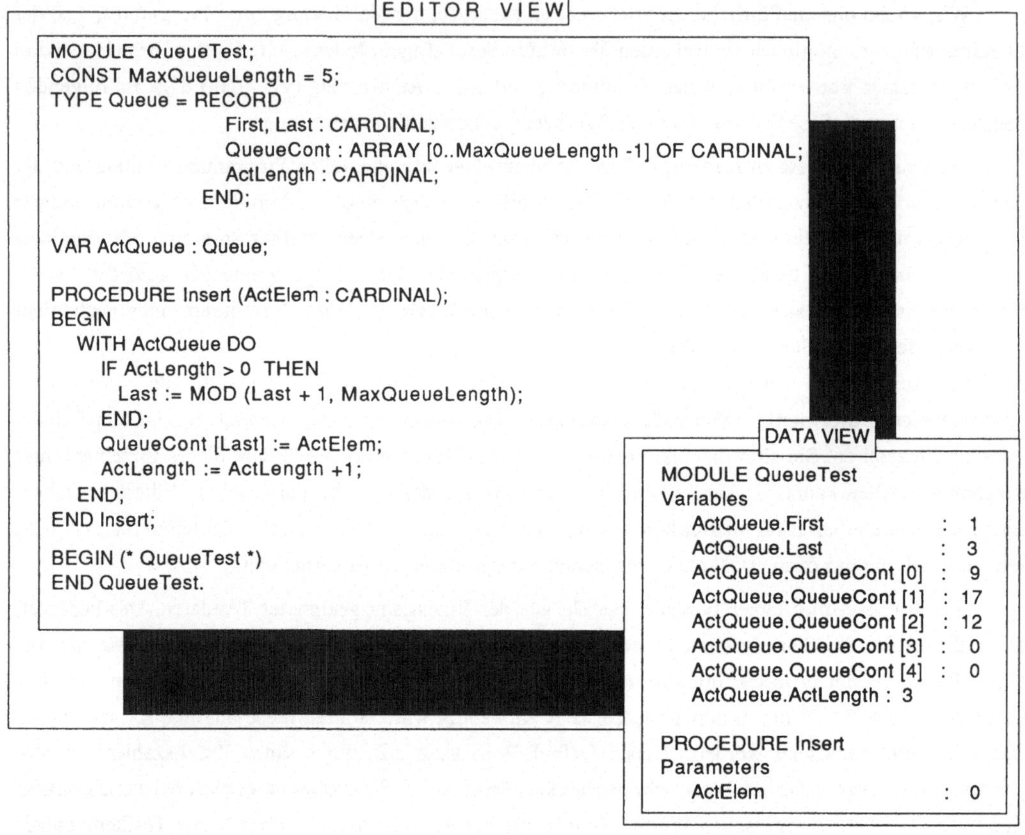

Fig. II.5: Vorbereitung des Testens einer Prozedur

Gründen automatisch oder durch den Benutzer unterbrochen werden. Wir unterscheiden hierbei zwischen expliziten Unterbrechungspunkten (vom Benutzer definierte Punkte) und impliziten Unterbrechungspunkten (vom Werkzeug vorgegebene Unterbrechungspunkte).

Implizite Unterbrechungspunkte sind gegeben, wenn das Werkzeug einen Laufzeitfehler feststellt (z.B. das Überschreiten einer Feldgrenze) oder wenn eine Lücke im Quelltext bei einem noch unvollständigen Programm erreicht wird. Bei solchen Unterbrechungen ist es sinnvoll, dem Benutzer die Möglichkeit zu geben, den syntaxgestützten Editor aufzurufen, um die Lücke im Quelltext auszufüllen. Hierbei ist allerdings Vorsicht geboten. Nicht jede Änderung erlaubt eine anschließende automatische Fortsetzung der Ausführung nach dem Unterbrechungspunkt. Werden z.B. beim Ausfüllen einer Lücke neu zu deklarierende Datenobjekte benötigt, ist der Einfluß solcher neu hinzugefügter Deklarationen auf den bereits vor der Unterbrechung ausgeführten Programmteil schwer oder gar nicht zu ermitteln. In diesem Fall muß die Ausführung des gesamten ausführbaren Inkrements vom Benutzer neu gestartet werden. Anders ist es, wenn das Füllen der Lücke nur lokale Auswirkungen hat, z.B. die fehlende linke oder rechte Seite einer Zuweisung oder eine fehlende Schleifenbedingung eingetragen wird. In diesem Fall kann die Ausführung anschließend automatisch fortgesetzt werden.

Neben diesen implizit im Programm enthaltenen Unterbrechungspunkten bietet ein solches Werkzeug die Möglichkeit, weitere **Unterbrechungspunkte** für die Ausführung **explizit** zu setzen. Derartige Unterbrechungspunkte sind insbesondere beim Testen sinnvoll, da der Benutzer dadurch Stellen im Programm markieren kann, an denen er sich bei Unterbrechungen über den genauen Stand der Ausführung (Werte von Variablen, Statistik über Schleifendurchläufe usw.) informieren kann. Hierauf gehen wir im nächsten Abschnitt genauer ein.

Solche expliziten Unterbrechungspunkte lassen sich durch **Unterbrechungsanweisungen** definieren. Sie können wie normale Anweisungen (Prozeduraufrufe) in den Quelltext eingetragen werden. Sie sollten sich natürlich durch eine andere Syntax von diesen unterscheiden, damit sie der Benutzer im nachhinein wiedererkennen kann. Allgemein lassen sich zwei Arten von Unterbrechungsanweisungen unterscheiden: **bedingte** und **unbedingte.** Bei unbedingten stoppt die Ausführung auf jeden Fall, bei bedingten nur, wenn eine in der Anweisung enthaltene Bedingung erfüllt ist. Diese Bedingungen können einfach sein und nur einen ganz spezifischen Wert für eine Variable verlangen oder recht komplexe Beschreibungen sein, die eine Abhängigkeit von dem Datenfluß bestimmter Variablen verlangen. Figur II.6 zeigt, wo und wie derartige bedingte oder unbedingte Unterbrechungsanweisungen im Quelltext einer Modula-2-Prozedur dargestellt werden können.

```
PROCEDURE Insert (ActElem : CARDINAL );
BEGIN
    WITH ActQueue DO
        (# assert : ActLength >= 0 #)
            (# break #)
        (# end assert #)
        IF ActLength > 0  THEN
            Last := MOD (Last + 1, MaxQueueLength);
        END;
        QueueCont [Last] := ActElem;
        ActLength := ActLength +1;
    END;
    (# break #)
END  Insert;
```

Fig. II.6: Bedingte und unbedingte Unterbrechungsanweisungen

Die gerade vorgestellten Unterbrechungsanweisungen bewirken eine vom Benutzer explizit gewünschte Unterbrechung der Ausführung. Wir nennen diese Form der Unterbrechung deshalb eine **kontrollierte Unterbrechung** der Ausführung. Daneben gibt es noch zwei weitere Formen der Unterbrechung, die **automatische** und **manuelle Unterbrechung.** Eine automatische Unterbrechung ergibt sich entweder aus den geschilderten impliziten Unterbrechungspunkten oder durch einen vom Benutzer definierten Ausführungsmodus. Ein derartiger Ausführungsmodus, häufig auch **Trace-Modus** genannt, kann von dem Benutzer zu Beginn für die gesamte Ausführung festgelegt werden oder, je nach Komfort des Werkzeugs, bei jeder Unterbrechung der Ausführung vom Benutzer neu festgelegt werden. Neben der üblichen Vorgehensweise, d.h. der Angabe einer festen Anzahl von Ausführungsschritten, nach der die Ausführung unterbrochen werden soll, ist auch hier eine inkrementorientierte Festlegung des jeweils nächsten Unterbrechungspunkts denkbar. In diesem Fall kann der Benutzer entscheiden, ob (a) eine Unterbrechung automatisch vor Ausführung der ersten Anweisung im Rumpf des aktuellen Inkrements (z.B. im Rumpf einer Schleife) erfolgt oder (b) eine Unterbrechung automatisch nach Ausführung des gesamten aktuellen Inkrements (z.B. der gesamten Schleife) erfolgt oder (c) eine Unterbrechung nach Ausführung des gesamten Inkrements erfolgt, in dessen Rumpf das aktuelle Inkrement enthalten ist (z.B. eine Schleife in einer bedingten Anweisung). Figur II.7 zeigt diese drei möglichen Festlegungen von Unterbrechungspunkten (a), (b) und (c) an einem konkreten Beispiel.

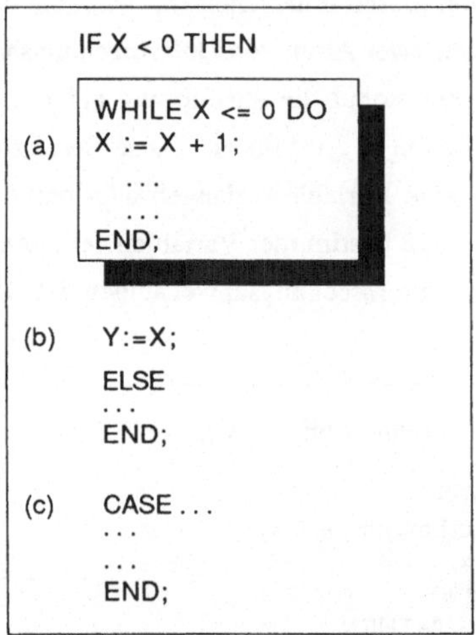

Fig. II.7: Inkrementorientierte Festlegung von Unterbrechungspunkten

Die manuelle Unterbrechung ist eine Unterbrechung durch den Benutzer, die durch Drücken einer speziellen "Unterbrechungstaste" jederzeit erfolgen kann. Es ist eine generelle Frage, ob eine solche Unterbrechungsart tatsächlich wünschenswert ist, wenn alle die anderen geschilderten komfortablen Möglichkeiten der Ausführungsunterbrechung zur Verfügung stehen.

Bei der **Auswertung** von Testläufen soll festgestellt werden, ob Fehler aufgetreten sind. Außerdem sollte abgeschätzt werden, welche Programmsituationen getestet wurden. Daraus können sich dann z.B. Informationen für die Erzeugung neuer Testdaten ergeben. Für eine ausführliche Darstellung solcher Auswertungen verweisen wir auf /HMS 87/.

Wir haben schon angedeutet, daß es häufig wünschenswert ist, daß die geschilderten Informationen (Testdaten, explizite Unterbrechungspunkte, usw.) aufgehoben werden. Deswegen ist es sinnvoll, wenn diese Informationen in einer sogenannten **Testumgebung** zur Verfügung stehen, die durch ein einziges Kommado aus- bzw. eingeschaltet werden kann. Außer der so möglichen jederzeitigen Reproduzierbarkeit von Tests, erspart dies dem Benutzer auch die Mühe, jede einzelne der eingetragenen Unterbrechungsanweisungen wieder einzeln löschen zu müssen bzw. erneut einzutragen. Je nachdem, ob die Testumgebung ein- bzw. ausgeschaltet ist, werden diese Unterbrechungsanweisungen bei der Ausführung beachtet oder nicht. Auf die Testumgebung gehen wir am Ende des nächsten Abschnitts noch genauer ein.

Wir haben hier die Funktionalität eines Werkzeugs zum Test von Programmen nur skizzieren können. Um weitere Möglichkeiten der Testunterstützung kennenzulernen, verweisen wir den Leser auf z.B. /My 78/, /Ab 86/ und /ST 86/.

1.1.5. Debugging

Das im vorigen Abschnitt erläuterte Ausführungs- und Testwerkzeug ermöglicht dem Benutzer, interaktiv zu steuern, an welchen Stellen die Ausführung eines Moduls oder einer einzelnen Prozedur unterbrochen werden soll. Eng verzahnt mit dem Ausführungs- und Testwerkzeug arbeitet auch ein **Debugging-Werkzeug** in einer modernen PEU. Die Aufgabe dieses Werkzeugs ist es, den Benutzer bei der Lokalisierung etwaiger Fehler zu unterstützen. Hierzu werden eine Reihe von Kommandos zur Verfügung gestellt, die es dem Benutzer während einer Unterbrechung der Ausführung ermöglichen, sich über den aktuellen Stand der Ausführung zu informieren.

Man beachte, daß die sonst üblicherweise ebenfalls mit dem Debugging verbundene Aktivität der **Fehlerbehebung** bei den integrierten Werkzeugen einer PEU durch den syntaxgestützten Editor unterstützt wird. Der Benutzer kann nach der Lokalisierung eines Fehlers jederzeit Editorkommandos zu der ggf. notwendigen Änderung seines Programms aufrufen.

Grundsätzlich sollte sich nach einer Programmunterbrechung die Ausführung fortsetzen lassen. Um dies zu erreichen, muß man auch bei dem Debugging-Werkzeug verlangen, daß die mit seiner Unterstützung durchgeführten Aktivitäten Syntax und Semantik der bereits ausgeführten Programmteile unverändert lassen. Falls es also nötig ist, den Quelltext mit dem Editor zu verändern, um einen Fehler zu beheben, sollte die gesamte Ausführung anschließend neu gestartet werden. Anderenfalls sollte die Ausführung stets an der unterbrochenen Stelle fortgesetzt werden können, um reproduzierbare Testergebnisse zu erzielen.

Alle im folgenden beschriebenen Debuggingaktivitäten basieren auf der Voraussetzung, daß der Benutzer immer die von ihm erstellte Repräsentation seines Programms vor Augen hat. Es handelt sich also um ein quelltextbezogenes Debugging. Das vermeidet, daß der Benutzer wie bei vielen üblichen Debuggern mit einer für ihn schwer verständlichen maschinennahen Darstellung umgehen muß (z.B. hexadezimale Darstellung von Speicherplätzen und Werten).

Eine wesentliche Information über den Stand der Ausführung ist bei jedem Programm die gerade aktuelle **Belegung der Variablen.** Das Debugging-Werkzeug sollte deshalb auf jeden Fall ein Kommando anbieten, mit dem man sich zu jedem verwendeten Variablenbezeichner den bei einer Programmunterbrechung gerade aktuellen Wert anzeigen lassen kann.

Solche Bezeichner können allerdings bei komplexeren Datenstrukturen einen komplizierten Aufbau haben. Hier sollte die PEU den Benutzer geeignet unterstützen und ihm die Möglichkeit geben, einen komplizierteren Bezeichner schrittweise einzugeben (vgl. Fig. II.8). Zum Beispiel kann er um eine spezifische Record-Komponente zu selektieren, zunächst nur den auf das gesamte Record verweisenden Bezeichner eingeben. Dann erhält er eine Liste aller Record-Komponenten angezeigt. Mit Hilfe dieser Liste läßt sich der bereits eingegebene Bezeichner entsprechend verlängern. Dieser Vorgang läßt sich dann bei geschachtelten Records beliebig wiederholen. So ist es prinzipiell möglich, sich auch die Werte von Objekten dynamischer Datenstrukturen (z.B. Listen, Bäume) vollständig anzusehen.

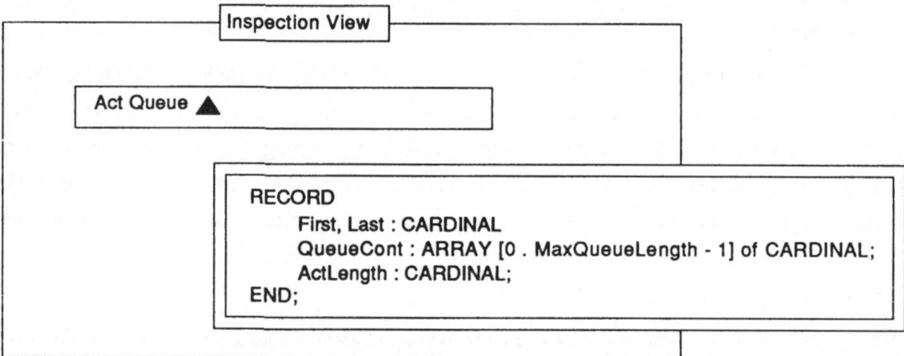

Fig. II.8: Anzeige von Variablenwerten komplexer Datenstrukturen

Neben dem gezielten Ansehen einzelner Variablenwerte muß es natürlich auch die Möglichkeit geben, sich größere Teile des Inhalts des Laufzeitdatenbereichs anzusehen, d.h. die Werte aller aktuell belegten Variablen (ein sogenannter "Dump") (vgl. Fig. II.9).

Weitere Informationen über den Stand der Ausführung lassen sich durch eine mitgeführte **Statistik** von Laufzeit und Speicherplatzausnutzung gewinnen. Eine solche Statistik läßt sich im wesentlichen durch Zählvorgänge während der Ausführung gewinnen. Beispiele hierfür sind die Anzahl insgesamt ausgeführter Anweisungen, die Anzahl von Ausführungen einer Anweisung einer bestimmten Art (z.B. Prozeduraufrufe, E/A-Anweisungen), Anzahl von Schleifendurchläufen, Anzahl von Zugriffen auf eine bestimmte Variable usw..

Zur Realisierung aller dieser Möglichkeiten müssen eigene **Zähler** während der Ausführung verwaltet werden. Normalerweise ist der Aufwand für eine automatische Verwaltung aller dieser Zähler zu hoch. Deshalb muß der Benutzer vor Beginn der Ausführung festlegen, welche Zähler im einzelnen während einer konkreten Ausführung verwaltet werden sollen.

```
                    ┌─ Dump View ─┐

   MODULE: QueueTest              dyn. level : 0
   ─────────────────────────────────────────────

   ActQueue.First            :        2
   ActQueue.Last             :        1
   ActQueue.QueueCont [0]     :       17
   ActQueue.QueueCont [1]     :        2
   ActQueue.QueueCont [2]     :       23
   ActQueue.QueueCont [3]     :        8
   ActQueue.QueueCont [4]     :      108
   ActQueue.ActLength        :        5
```

Fig. II.9: Ausgabe eines Speicherauszugs

Diese Festlegung von Zählern kann völlig analog zum Eintragen der in 1.1.4 geschilderten Unterbrechungspunkte erfolgen. Beispielsweise läßt sich für jede Schleife ein sogenannter Schleifenzähler eintragen, der bei jedem Durchlauf der entsprechenden Schleife um 1 erhöht wird. Da Schleifen geschachtelt sein können, muß der Schleifenzähler einen Namen erhalten, der ihn eindeutig einer bestimmten Schleife zuordnet (vgl. Fig. II.10). Dann kann der Benutzer bei jeder Ausführungsunterbrechung den aktuellen Wert des Schleifenzählers wie bei einer normalen Variablen abfragen.

```
   (# loop counter: Schleife1 #)

   WHILE  NOT  IsEmpty () DO

        . . .

   END;
```

Fig. II.10: Darstellung von Schleifenzählern

Neben den gerade beispielhaft erläuterten Laufzeitstatistikinformationen geben weitere Kommandos des Werkzeugs z.B. Auskunft über die aktuelle Größe des Haldenspeichers oder Kellerspeichers. Diese Abfrage kann sich auf das gesamte Programm oder nur eine Prozedur beziehen oder sogar nur ein einzelnes Datenobjekt betreffen.

Die bisher beschriebenen Funktionen der beiden Werkzeuge Ausführung und Test sowie Debugging müssen immer explizit durch den Aufruf eines entsprechenden Kommandos aktiviert werden. Häufig sieht die Test- und Debuggingphase eines Programms, wie schon am Ende des letzten Abschnitts angedeutet, jedoch anders aus. Bei jedem erneuten Testlauf will der Benutzer größtenteils dieselben Aktivitäten bei einer Ausführungsunterbrechung durchführen wie beim vorhergehenden Testlauf. Diese Beobachtung legt nahe, alle erwähnten Kommandos auch implizit aktivierbar zu machen. Hierzu kann die PEU den Benutzer nach jeder erstmaligen Aktivierung des entsprechenden Kommandos fragen, ob das aktivierte

Kommando gespeichert werden soll und beim nächsten Erreichen derselben Stelle implizit aktiviert werden soll. So hat der Benutzer die Möglichkeit sich schrittweise während der Ausführung eine **Testumgebung** aufzubauen. Ein weiteres Kommando muß dann zur Verfügung stehen, mit dem der Benutzer die gesamte selbstdefinierte Testumgebung aus- bzw. einschalten kann, d.h. bei Ausführung des Programms werden alle gespeicherten Kommandos berücksichtigt oder gar keines.

1.1.6. Werkzeugunabhängige Kommandos

Letztlich wollen wir eine spezielle Gruppe von Kommandos vorstellen, die sich logisch weder einem Werkzeug noch einem spezifischen Inkrement zuordnen lassen. Solche Kommandos sind damit immer gültig, unabhängig davon, welches Werkzeug der Benutzer benutzt oder welches Inkrement gerade das aktuelle ist. Beispiele für die von solchen Kommandos angebotenen Funktionen sind:

- die Selektion eines neuen aktuellen Inkrements,

- das Blättern (oder "Scrollen") des angezeigten Programmabschnitts,

- das Aus-/Einblenden des aktuellen Inkrements,

- der unmittelbare Abbruch einer Kommandoausführung,

- das Zurücksetzen von Kommandos ("Undo")

- das Kreieren neuer Kommandofolgen.

Wenn auch in vielen Fällen (wie z.B. beim Einfügen oder Löschen eines Inkrements) die PEU ein neues aktuelles Inkrement selektiert, so muß der Benutzer doch in jedem Fall die Möglichkeit haben, diesen Vorschlag zu ändern. Außerdem sollte er durch Auswahl eines aktuellen Inkrements seiner Wahl durch das Programm **navigieren** können.

Navigieren allein anhand der Auswahl eines neuen aktuellen Inkrements ist natürlich oft zu mühsam und vor allem gar nicht immer möglich, da aufgrund der gegebenen Größe des Bildschirms normalerweise nur ein Ausschnitt eines Programms sichtbar ist. **Blättern** bedeutet, daß der gerade angezeigte Ausschnitt des Programms verändert wird. Dies kann prinzipiell in vier Richtungen passieren. Aufgrund der inkrementorientierten Bearbeitungsweise von Programmen ist es sinnvoll, ein solches Blättern ebenfalls inkrementorientiert durchzuführen. Beispielsweise könnte man so prozedurweise (von einer Prozedur zur nächsten), d.h. in "großen Sprüngen" durch ein Programm blättern. Eine solche Möglichkeit ist natürlich insbesondere bei graphischen Repräsentationen sinnvoll, während bei einer textuellen Repräsentation ein n-zeilenweises Blättern für viele Benutzer wünschenswert ist. Deswegen sollten bei einer textuellen Repräsentation sowohl inkrementorientiertes als auch textuelles Blättern vorgesehen werden.

Aus-/Einblenden des aktuellen Inkrements ist ein Kommando, das sich ebenfalls auf die Repräsentation allerdings einzelner Inkremente auswirkt. Es ist ein Kommando, das wie ein Schalter arbeitet. Ausblenden heißt, daß nicht mehr die Repräsentation des gesamten Inkrements angezeigt wird, sondern das Inkrement unabhängig von seiner Größe nur noch durch ein einziges Symbol (z.B. ein Wort in eckigen Klammern in der textuellen Repräsentation) gekennzeichnet wird. Einblenden heißt, daß wieder das gesamte Inkrement angezeigt wird. Dies ermöglicht dem Benutzer, Programmteile, die im Moment nicht so wichtig für ihn sind, zugunsten anderer zu verkleinern, so daß trotzdem eine Übersicht über das gesamte Programm erhalten bleibt. Diese Übersicht würde sicher verloren gehen, wenn man die entsprechenden Teile einfach auf dem Bildschirm löschen würde.

```
┌──────────────┤ Editor View ├──────────────────────┐
│ ┌────────────────────────────────────────────────┐ │
│ │                                                │ │
│ │   PROCEDURE    Insert (ActElem : CARDINAL);    │ │
│ │       [procedure body]                         │ │
│ │   PROCEDURE    Delete ( );                      │ │
│ │       [procedure body]                         │ │
│ │   PROCEDURE    IsEmpty ( ) : BOOLEAN;          │ │
│ │       [procedure body]                         │ │
│ │   PROCEDURE    Init ( );                        │ │
│ │       [procedure body]                         │ │
│ │   BEGIN    (* QueueTest *)                      │ │
│ │       Init ( );                                 │ │
│ │       Insert (1);                               │ │
│ │       ┌────────────────────────┐               │ │
│ │       │ WHILE  NOT  IsEmpty ( ) DO │           │ │
│ │       │    Delete ( );          │               │ │
│ │       │ END;                    │               │ │
│ │       └────────────────────────┘               │ │
│ │                                                │ │
│ │   END  QueueTest.                               │ │
│ │                                                │ │
│ └────────────────────────────────────────────────┘ │
└────────────────────────────────────────────────────┘
```

Fig. II.11: Aus-/Einblenden von Inkrementen

Solche Möglichkeiten entsprechen im wesentlichen den in /RT 81/, /FJ 84/, /HN 86/ oder /Sc 86/ vorgeschlagenen Strategien. An dieser Stelle kann man sich weit komfortablere Mechanismen vorstellen. Ein Inkrement könnte z.B. stufenweise ausgeblendet bzw. wieder eingeblendet werden, wie dies z.B. in /ML 85/ vorgeschlagen wird. Man könnte dem Benutzer verschiedene Modi anbieten (Edier-, Lese-, "multiple-focus"- Modus) wie in /Mi 81/, bei denen dann automatisch entsprechend des gewählten Modus ein Ausblenden bestimmter Inkremente erfolgt.

Beim unmittelbaren **Abbruch** einer Kommandoausführung wird das Programm wieder in den Zustand versetzt, in dem es vor Aufruf des Kommandos war.

Als weitere Komfortsteigerung für den Benutzer bietet das **Undo-Kommando** die Möglichkeit, die letzten 1 bis n (je nach Leistungsfähigkeit der PEU) ausgeführten Kommandos rückgängig zu machen (vgl. z.B. /Re 84/ für ein ausführliches Beispiel).

Das **Kreieren neuer Kommandofolgen** durch den Benutzer wird bei der Vorstellung der Kommandosprache einer PEU in Abschnitt 1.2.3 näher erläutert.

Die in diesem Abschnitt erläuterten Kommandos bzw. die von ihnen angebotenen Leistungen sind, wie schon angedeutet, unabhängig von einem speziellen Inkrement oder Werkzeug. Damit sind sie unabhängig von der zugrundeliegenden Programmiersprachensyntax bzw. den, den einzelnen Werkzeugen zugrundeliegenden Methoden zum Edieren, Analysieren oder Testen. Die meisten von ihnen beziehen sich mehr auf die Veränderung der Repräsentation des Programms auf dem Bildschirm denn auf die Veränderung des Programms selbst. Weitere derartige Kommandos werden wir deshalb im Abschnitt 1.2 im Rahmen der Benutzerschnittstelle diskutieren.

1.1.7. Zusammenfassung

Wir haben in diesem Abschnitt die Funktionalität einer hypothetischen PEU vorgestellt. Die denkbaren Aktivitäten wurden in einzelne Werkzeuge strukturiert, deren einzelne Funktionen beispielhaft erläutert wurden. Die erläuterten Funktionen decken natürlich nicht alle Aktivitäten ab, die man sich zur Unterstützung des PiK denken kann. Allerdings war eine schon eingangs erwähnte Forderung die der einfachen Erweiterbarkeit des gesamten Funktionsumfangs.

Erweiterungen lassen sich in zwei Richtungen denken. Zum einen können natürlich die geschilderten Werkzeuge durch Hinzunahme weiterer einzelner Kommandos leistungsfähiger werden. (Man denke insbesondere an die Werkzeuge statische Analyse oder Ausführung und Test). Zum zweiten können neue Werkzeuge definiert werden. Beispiele hierfür sind die Einführung eines sogenannten Taschenrechners oder eines Werkzeugs zur Testdatengenerierung.

Ein Taschenrechner ist ein Beispiel für ein sehr einfaches weiteres Werkzeug. Es bietet die Möglichkeit, im Programm benutzte Variablen, die von einem numerischen Typ sind (INTEGER, REAL, usw.) für eine Nebenrechnung während einer Programmunterbrechung mitzubenutzen (vgl. /En 86/).

Ein Werkzeug zur Testdatengenerierung bietet die Möglichkeit, ein Programm systematisch mit verschiedenen Eingabedaten auszuführen. Die Eingabedaten werden dabei von diesem Werkzeug aufgrund von Vorgaben des Benutzers (einer Teststrategie) sowie bereits erfolgten Testläufen automatisch ermittelt.

Vergleicht man den hier vorgestellten Leistungsumfang einer hypothetischen PEU mit vielen in der Literatur bekannten PEUen, so wird der Begriff PEU bereits auf wesentlich "ärmere" Systeme angewendet. In vielen Fällen ist bereits ein komfortabler syntaxgestützer Editor eine PEU (vgl. z.B. MENTOR /DK 84/, MUPE-2 /Ma 88/). Allerdings liegt dies auch daran, daß die Entwicklung einer PEU praktisch immer mit der Entwicklung eines syntaxgestützten Editors begann. Die zuerst entstandenen Systeme konzentrierten sich deshalb zunächst auf die methodische Entwicklung solcher Editoren (vgl. auch Gandalf /HN 86/, Cornell Synthesizer /RT 81/). Inzwischen ist aber in den meisten Fällen der Funktionsumfang dem hier beschriebenen angepaßt worden. Da es sich bei den meisten Projekten um Forschungsentwicklungen handelt, sind sie oft natürlich nur in Form eines Prototypen vorhanden.

1.2. Die komfortable Benutzerschnittstelle

1.2.1. Modifreiheit und leichte Erlernbarkeit

Nach der Darstellung der Funktionalität einer modernen PEU werden wir nun erläutern, wie ein Benutzer mit den vorgestellten Werkzeugen arbeiten kann. Bei der Darstellung dieses Dialogs zwischen Benutzer und PEU werden wir insbesondere auf die Möglichkeiten der Bildschirmgestaltung mit Hilfe eines Fenstersystems und auf die dem Dialog zugrundeliegende Kommandosprache eingehen. Zunächst werden wir jedoch einige grundlegende Charakteristika der Ausgestaltung der Benutzerschnittstelle einer modernen PEU erläutern.

Ein wesentliches Charakteristikum für die **Benutzerfreundlichkeit** einer modernen PEU ist die Integration aller Werkzeuge an der Benutzerschnittstelle. Dies bedeutet, daß sich die PEU dem Benutzer nicht als eine Ansammlung isolierter Werkzeuge offenbart, sondern die gesamte PEU vom Benutzer quasi als ein einziges Werkzeug angesehen werden kann (vgl. /DM 84/, /Sc 85/). Das heißt, daß alle zur Verfügung stehenden Kommandos zwar logisch in Gruppen strukturiert sein können, es aber keine werkzeugspezifischen Modi gibt.

Was bedeutet diese **Modifreiheit** im Detail? Ein Modus charakterisiert immer eine Situation, in der nicht der gesamte Leistungsumfang, den eine PEU in dieser Situation anbieten könnte, zur Verfügung steht. Das heißt, die Menge der aufrufbaren Kommandos ist eingeschränkt auf die spezifischen Kommandos eines Werkzeugs. Hinzu kommt, daß solche Modi durch explizite Kommandos wie "Starte <Modus>" und "Beende <Modus>" aufgerufen und beendet werden müssen. Übliche Modi sind ein "Editormodus", in dem ein Programm nur ediert werden kann, ein "Testmodus", in dem ein Programm schrittweise ausgeführt und Variablenwerte überprüft werden können, es aber nicht (z.B. bei Feststellen eines Fehlers sofort) verändert werden kann, oder ein "Dateimodus", in dem ein Inhaltsverzeichnis über vorhandene Programme gelesen, aber kein Programm selbst gelesen oder ausgeführt werden kann. In vielen Fällen haben außerdem dieselben Kommandonamen in unterschiedlichen Modi unterschiedliche Bedeutung, und es werden sehr unterschiedliche Arten der Kommando- und Parametereingabe angeboten.
Ein typisches Beispiel für eine nicht modifreie Benutzerschnittstelle ist UNIX, das ja häufig als eine PEU bezeichnet wird. Auf einem Rechner mit UNIX-Betriebssystem werden einem Benutzer eine Vielzahl von Werkzeugen angeboten, die er nacheinander und getrennt voneinander aktivieren kann. Jedes dieser Werkzeuge wurde in der Regel von einem anderen Entwickler realisiert, der natürlich auch seine eigenen Ansichten zur Gestaltung der Benutzerschnittstelle hatte. Dies führt dazu, daß jedes Werkzeug eine andere Benutzerschnittstelle hat, die mit den meisten anderen Werkzeugen in keiner Weise abgestimmt ist.
Eine ausführliche Darstellung der Nachteile von nicht modifreien Benutzerschnittstellen findet sich in /Te 81/. Modifreie Benutzerschnittstellen sind bei modernen PEUen heutzutage ein üblicher Standard (vgl. Magpie /DM 84/, PECAN /Re 84/, Cornell S. /RT 84/, IPSEN /Sc 86/, MUPE-2 /Ma 88/).

Ein weiteres wesentliches Charakteristikum für eine qualitativ gute Benutzerschnittstelle ist die **leichte Erlernbarkeit.** In vielen Fällen ist die Benutzung eines Systems nur bei vorhergehendem eingehenden Studium umfangreicher Handbücher möglich. Viel komfortabler ist dagegen, den Umgang mit einer PEU durch ihre Benutzung zu erlernen. Dies wird z.B. sehr leicht dadurch erreicht, daß sich alle Werkzeuge in der gleichen Weise dem Benutzer präsentieren. Bei einer Erweiterung der PEU um ein weiteres Werkzeug sind dann eine Reihe von möglichen Aktivitäten dem Benutzer bereits von anderen Werkzeugen bekannt. Hierzu gehört z.B. das Ansehen von Hilfe-Informationen, das Bestätigen von Systemmeldungen und der Wechsel zur Arbeit mit anderen Werkzeugen.

Man kann die allgemeinen Überlegungen zur Gestaltung von Benutzerschnittstellen natürlich noch viel weiter treiben. Insbesondere ergonomische Gesichtspunkte wurden hier bisher nicht angesprochen. Allerdings basieren Ergebnisse in dieser Richtung bisher auf sehr vereinzelt durchgeführten Experimenten. Für einen Überblick vergleiche man z.B. /Bu 85/ und /Bu 87/. Deswegen stützen sich unsere Überlegungen zur Benutzerschnittstellengestaltung auf eigene langjährige Programmiererfahrung und damit den sogenannten "gesunden Menschenverstand", sowie auf einen Überblick und Vergleich der Benutzerschnittstellen existierender und eingesetzter PEUen.

1.2.2. Bildschirmaufbau mit Fenstersystemen

Der Einsatz von Fenstersystemen bildet die Grundlage für eine modifreie und leicht erlernbare Benutzerschnittstelle. In diesem Abschnitt skizzieren wir im ersten Teil die generellen, der Anwendung von Fenstersystemen zugrundeliegenden Philosophien. Im zweiten Teil gehen wir dann ausführlich darauf ein, wie das Fenstersystem für eine PEU aus Benutzersicht gestaltet sein sollte, d.h. wir beschreiben die graphische Schnittstelle einer PEU. (Benutzersicht soll hier andeuten, daß die Realisierung eines Fenstersystems mit Hilfe der in der Einleitung erwähnten Standardpakete nicht Thema dieses Abschnitts ist, sondern in Kapitel 3 behandelt wird.)

Fenster sind rechteckige Bildschirmausschnitte, die jeweils logisch zusammengehörige Informationen darstellen. Sie strukturieren so die ggf. sehr große Menge von auf dem Bildschirm angezeigten Informationen nach anwendungsspezifischen Gesichtspunkten. Dies erleichtert einem Benutzer, die Übersicht auf dem Bildschirm zu behalten.

Entsprechend den in ihm enthaltenen Informationen läßt sich für jedes solche Fenster ein **Fenstertyp** definieren. Der Fenstertyp bestimmt außer der Art der Information, die im Fenster enthalten ist, die möglichen und zulässigen Operationen (Kommandos), die der Benutzer auf dem entsprechenden Fenster ausführen kann. Darauf gehen wir später anhand einiger Beispiele noch genauer ein. Beispiele für Fenstertypen sind Menü-, Hilfe- oder Nachrichtenfenster.

Fenster können sich (müssen sich aber nicht) **gegenseitig überlappen**. Das heißt, daß ein neu auf dem Bildschirm angezeigtes Fenster u.U. Teile anderer Fenster überdeckt. Bereits früher auf dem Bildschirm ausgegebene Fenster können dabei Form und Inhalt behalten, während sie von einem anderen Fenster überdeckt werden. Dies hat den Vorteil, daß nach Wegnahme des überdeckenden Fensters der zeitweilig nicht sichtbare Teil der darunterliegenden Fenster wieder sichtbar wird.

Die Verwendung unterschiedlicher **Farben** für die einzelnen Fenster macht den Unterschied zwischen verschiedenen Fenstern besonders deutlich und sorgt so für mehr Übersicht. Die Verwendung von Farben sollte aber nicht im Übermaße erfolgen, da sonst sehr leicht wieder Unübersichtlichkeit entsteht.

Überlappende Fenstertechnik wurde zuerst für Systeme entwickelt, die im Bürobereich zur Unterstützung der Verwaltung eingesetzt wurden (vgl. /Eh 83/). Diese Systeme gestatten einem Benutzer, den Bildschirm unter Verwendung überlappender Fenster völlig analog zu einer Schreibtischoberfläche zu gestalten. Bei solchen Systemen (auch "desktop"-Systeme genannt, vgl. z.B. /SH 82/, /Eh 83/, /TA 84/) kann der Benutzer beliebig Fenster öffnen, ihre Größe und Lage verändern und sie nach Beendigung der Bearbeitung wieder schließen, d.h. Akten aufklappen, durchsehen und wieder weglegen. Charakteristisch für derartige Systeme ist, daß es ganz in der Verantwortung des Benutzers liegt, wann ein Fenster geöffnet, in seinen Ausmaßen und seiner Lage verändert und wieder geschlossen wird.

Diese so mögliche beliebige Veränderung des Bildschirmaufbaus durch den Benutzer ist bei PEUen in der Regel nicht sinnvoll. In einer PEU ist es eher angebracht, daß Fenster vom System automatisch angezeigt (d.h. ohne daß der Benutzer eine Eingabe macht), automatisch auf dem Bildschirm positioniert und automatisch geschlossen werden. Hierfür kann es verschiedene Gründe geben:

- Zwischen den Inhalten einzelner Fenster existieren häufig logische Beziehungen, die sich durch eine spezifische Anordnung der Fenster deutlich machen lassen. So können z.B. Fehlermeldungen, die sich auf eine spezifische Stelle eines Dokuments beziehen, unterhalb der Stelle, wo der Fehler aufgetreten ist, in einem Nachrichtenfenster angezeigt werden.

- Bei bestimmten Kommandos werden teilweise automatisch verschiedene Ausschnitte des gleichen Programms sinnvollerweise in verschiedenen Fenstern angezeigt (z.B. bei der statischen Analyse oder beim Testen eines Programms).

- Auch bei bestimmten kontextsensitiven Fehlern ist es oft sinnvoll, automatisch ein weiteres Fenster anzuzeigen. Soll z.B. in einem Programm eine Variablendeklaration gelöscht werden, zu der es noch angewandte Auftreten dieser Variablen gibt, werden alle diese Stellen in einem weiteren Fenster angezeigt.

Der Benutzer weiß somit von vornherein nicht immer, welche Fenster alle zu eröffnen wären. Er weiß natürlich auch nicht, welche Fenstergröße am sinnvollsten ist, um die größtmögliche Menge an Informationen übersichtlich darzustellen. Diese Kenntnis fehlt ihm insbesondere auch dann, wenn verschiedene Repräsentationen des gleichen Dokuments angezeigt werden (Text und Graphik). Für die unterschiedlichen Repräsentationen können für den gleichen Programmausschnitt sehr unterschiedliche Fenstergrößen sinnvoll sein.

Solche Informationen kann aber die PEU ohne Einfluß des Benutzers ermitteln und daraus einen sinnvollen Bildschirmaufbau konstruieren. Deswegen ist bei einer PEU im Vergleich zu Desktop-Systemen die Vorgehensweise sinnvoll, automatisch einen Bildschirmaufbau vom System vorzuschlagen, der dann vom Benutzer in gewissem eingeschränktem Maße verändert werden kann.

Das bedeutet, daß in einer PEU für die meisten Fenster die initiale Größe und die initiale Anzeigeposition automatisch bestimmt wird. Mögliche **Operationen** des Benutzers **auf Fenstern** sind dann, je nach Situation, das Verschieben, Verkleinern oder Vergrößern von Fenstern.

Verkleinern bzw. Vergrößern von Fenstern kann zweierlei bedeuten. Zum einen, daß das Fenster und der Inhalt proportional kleiner (größer) gemacht werden, und der angezeigte Inhalt des Fensters gleich bleibt, zum anderen, daß die Ausmaße des Fensters verkleinert (vergrößert) werden, so daß anschließend weniger (mehr) Inhalt als vorher im Fenster zu sehen ist. Die letzteren beiden Operationen bezeichnen wir zur Unterscheidung als Ausschnittsvergrößerung bzw. -verkleinerung, bzw., wenn beide zusammen angesprochen werden sollen, als Ausschnittsveränderung. Der Leser beachte, daß es durchaus sinnvoll sein kann, daß eine Ausschnittsverkleinerung so weit geht, daß das Fenster nur noch durch eine sogenannte Ikone, also eine mnemotechnische Codierung des Fensterinhalts in Form eines einzelnen Symbols, repräsentiert ist.

Der Aufruf der Operationen Vergrößern/Verkleinern ist für beliebige Fenster sinnvoll, da keine Information auf dem Bildschirm verloren geht. Die Ausschnittsveränderung ist nicht für alle Fenster vernünftig. Es gibt durchaus Fenster, bei denen eine Ausschnittvergrößerung nichts bringt, da der gesamte Inhalt bereits angezeigt wird. Analog ist eine Ausschnittsverkleinerung unsinnig, wenn der Inhalt, der dann übrig bleibt, nicht mehr verständlich ist. Dies kann ein Benutzer aber nicht immer von vornherein wissen.

Der **Aufruf von Fensteroperationen** durch den Benutzer erfolgt durch Selektion des Fensters und anschließende Eingabe der Operation. Die Eingabe der Operation kann durch Auswahl in einem Menü, eine Tastatureingabe oder bei besonders komfortablen Fenstersystemen durch Selektion eines Piktogramms erfolgen, das meist im Fensterrahmen dargestellt wird und eine entsprechende Fensteroperation versinnbildlicht.

Anhand einiger Beispiele verdeutlichen wir nun, wie sich der Bildschirmaufbau einer PEU mit Hilfe von Fenstern verschiedenen Typs strukturieren läßt und welche Operationen auf den jeweiligen Fenstertypen sinnvoll sind. (Diese Vorgehensweise soll außerdem beispielhaft erläutern, wie der Entwickler einer PEU den Bildschirmaufbau schrittweise definieren kann.) Als Basis für die weiteren Erklärungen verwenden wir die folgende Figur, die im Teil (a) einen Bildschirmzustand während einer Sitzung mit der PEU PECAN (/Re 84/) bzw. im Teil (b) der PEU IPSEN (/EJS 88/) zeigt.

Der wichtigste Fenstertyp in jeder PEU ist ein Typ, den wir hier mit **Dokumentenfenster** (oder Programmfenster) bezeichnen wollen. Ein derartiges Fenster stellt den Ausschnitt aus einer externen Repräsentation des aktuell bearbeiteten Programms dar. Ein solcher Ausschnitt enthält immer das aktuelle Inkrement, das durch eine spezielle Darstellung (z.B. andere Farbe, andere Schattierung) besonders ausgezeichnet ist.

Sinnvollerweise muß bei jeder Sitzung mit einer PEU mindestens ein Dokumentenfenster angezeigt sein. In vielen Fällen werden allerdings mehrere Programmausschnitte parallel angezeigt (vgl. Fig. II.12). Diese unterschiedlichen Programmausschnitte zeigen entweder den gleichen Ausschnitt in unterschiedlichen Repräsentationsformen oder unterschiedliche Ausschnitte. Letzteres trifft insbesondere dann zu, wenn der Benutzer mit mehreren Werkzeugen arbeitet. Jedem Werkzeug ist dann ein Dokumentenfenster zugeordnet, wie in Fig. II.12 angedeutet (vgl. auch /Re 84/, /EJS 88/).

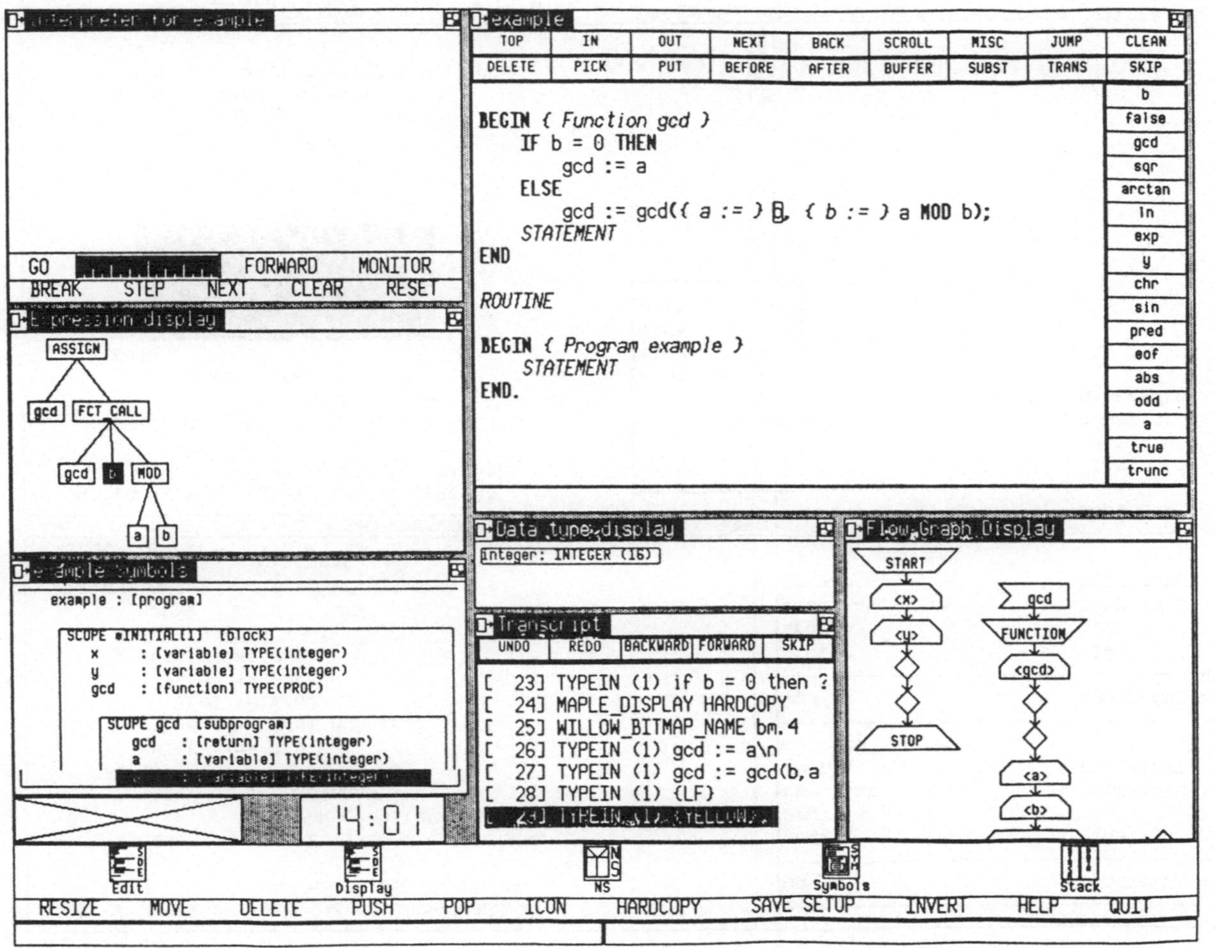

Fig. II.12a: Bildschirmaufbau in PECAN

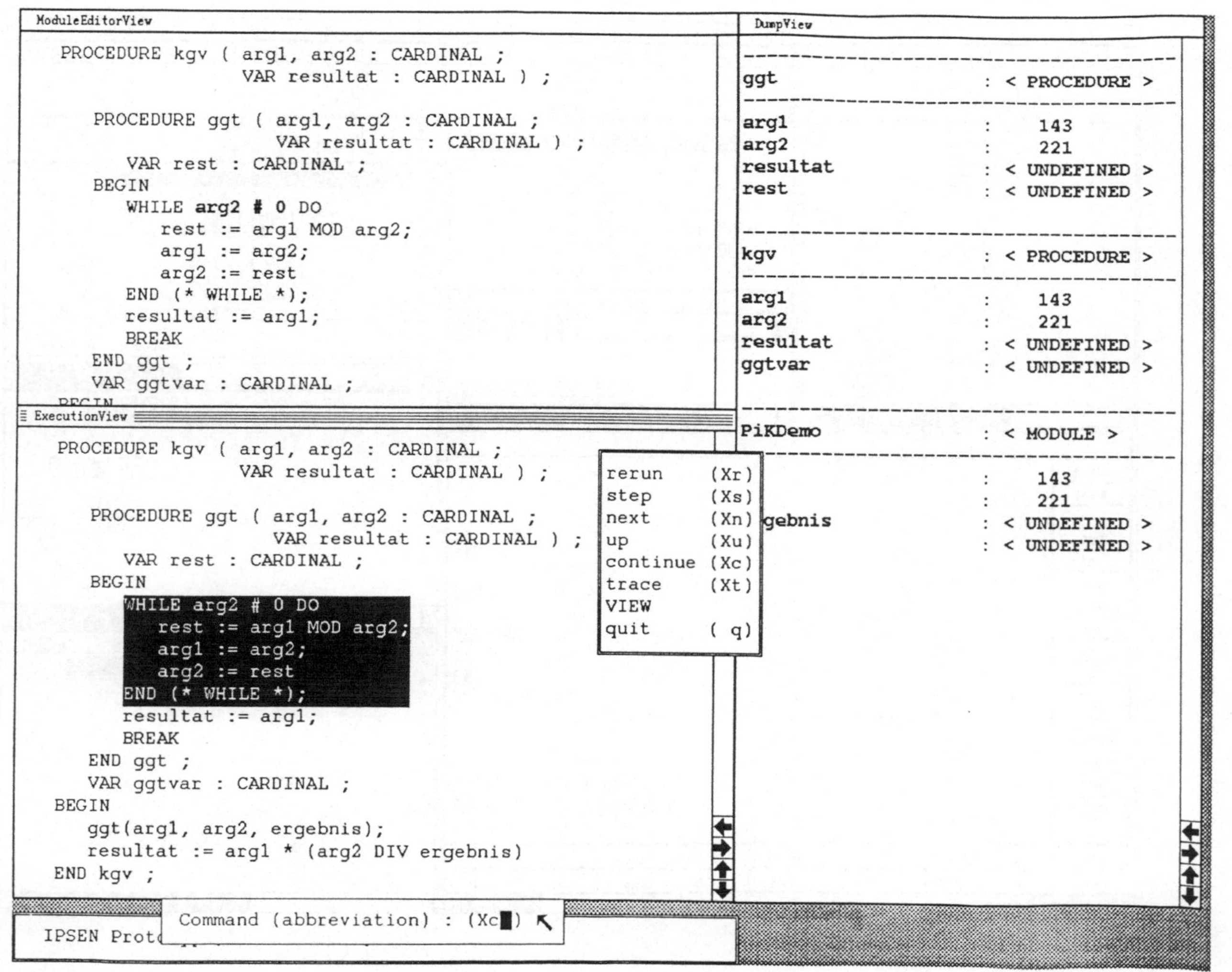

Fig. II.12b: Bildschirmaufbau in IPSEN

Wird nur ein einziges Dokumentenfenster angezeigt, entspricht seine Größe naheliegenderweise der des gesamten Bildschirms. In diesem Fall ist ein Verschieben natürlich nicht sinnvoll. Anders verhält es sich, wenn mehrere Dokumentenfenster gleichzeitig angezeigt werden. Dann hat der Benutzer die Möglichkeit, Auschnittsvergrößerung bzw. -verkleinerung durchzuführen und ggf. Dokumentenfenster zu verschieben oder zu löschen.

Das Anzeigen weiterer Dokumentenfenster erfolgt oft durch die Ausführung eines Kommandos, das sich auf den Programmausschnitt in einem bereits existierenden Fenster bezieht (vgl. z.B. /Le 86/, /EJS 88/). Als Beispiel hatten wir oben bereits erwähnt, daß bei der statischen Analyse zu einer Deklaration in einem weiteren Dokumentenfenster alle angewandten Auftreten angezeigt werden. In diesen Fällen ist deshalb das Öffnen eines Dokumentenfensters (d.h. die initiale Anzeige) als explizites Benutzerkommando nicht nötig. Natürlich kann man sich aber auch vorstellen, daß z.B. durch das Anklicken einer entsprechenden Ikone Programmausschnitte (vgl. etwa /Eh 83/) nur auf expliziten Wunsch des Benutzers angezeigt werden.

Ein weiterer, in jeder PEU vorhandener Fenstertyp, ist das **Menüfenster.** Es dient zur Anzeige und Selektion von Menüalternativen.

Seine Größe läßt sich im allgemeinen automatisch aus der Anzahl der Alternativen berechnen. Allerdings kann es in einigen Fällen sein, daß so viele Alternativen anzuzeigen sind, daß ein Blättern auf dem Menüfenster vorgesehen werden muß. Wir werden aber noch sehen, daß sich diese Fälle sehr stark reduzieren lassen, wenn man eine Hierarchisierung von Menüs vorsieht. Bei der Anzeige eines Menüfensters sollte sichergestellt sein, daß es so wenig wie möglich die in anderen Fenstern dargestellten Informationen überdeckt. Denn häufig muß der Benutzer gerade in Abhängigkeit von diesen Informationen eine Alternative auswählen. Mögliche Vorgehensweisen für die Festlegung der Anzeigeposition sind zum einen die sogenannten "pull-down" oder "roll-up" Menüs, bei denen die aktuelle Mausposition auf dem Bildschirm die Anzeigeposition bestimmt, oder zum anderen die Definition einer festen Position, die nicht geändert wird (wie z.B. in PECAN und IPSEN, vgl. Fig. II.12).

Menüfenster sind ein typisches Beispiel dafür, daß die Operationen zur Ausschnittsveränderung nicht sinnvoll sind. Bei der Auswahl sollten (bis auf die oben skizzierten Ausnahmen) immer alle Alternativen zu sehen sein. Löschen von Menüfenstern erfolgt meist automatisch nach Auswahl einer oder mehrerer Alternativen. Anzeigen von Menüs geschieht (falls nötig) je nach Situation automatisch oder durch ein explizites Kommando, wie z.B. einen speziellen Mausklick. Ist der Bildschirm entsprechend großflächig, können Menüfenster auch permanent, d.h. ohne sie zwischendurch automatisch zu löschen, angezeigt werden (vgl. Fig. II.12(a)).

Der Fenstertyp **Eingabefenster** (oder Maskenfenster) enthält ein oder mehrere Eingabefelder, die die Tastatureingaben des Benutzers als Echo auf dem Bildschirm wiedergeben. Somit hat der Benutzer hier die Möglichkeit, seine Tastatureingaben zu sehen und bei Fehlern entsprechend zu korrigieren. Weiter wird der Benutzer bei der Eingabe ggf. durch die Anzeige von Schablonen in diesen Fenstern unterstützt. Das heißt, zusätzlicher, automatisch erzeugter Text verdeutlicht, welche Eingaben in welchen Eingabefeldern gerade sinnvoll und erlaubt sind (vgl. Fig II.14 im nächsten Abschnitt).

Da sich die Eingaben normalerweise immer auf eine spezielle Stelle in einem Programm beziehen, kann diese Stelle als Bezug für die Anzeigeposition des Eingabefensters auf dem Bildschirm vorgesehen werden (vgl. Fig. II.12(b)). Da diese Fenster immer für die Eingabe von Kommandos (wenn sie nicht im Menü selektiert werden) oder Parametern zu Kommandos dienen, kann die PEU in vielen Fällen eine sinnvolle Größe vorausberechnen. Ist diese Vorausberechnung nicht möglich, ist es für den Benutzer am bequemsten, wenn das Eingabefenster automatisch vergrößert wird, wenn die Länge nicht ausreicht. Das Anzeigen und Löschen von Eingabefenstern geschieht automatisch: Ein Eingabefenster wird immer dann eröffnet, wenn eine Tastatureingabe ansteht, was die PEU weiß. Es wird immer gelöscht, wenn die Eingabe durch den Benutzer abgeschlossen wurde.

Ein letzter Fenstertyp, den wir hier beispielhaft erläutern, ist das sogenannte **Nachrichtenfenster** (oder Meldefenster, Hilfefenster usw.). Es beinhaltet Warnungen, Fehler- oder Systemmeldungen, also Nachrichten einer bestimmten Art für den Benutzer.

Diese Fenster werden von den einzelnen Werkzeugen eröffnet und je nach auszugebender Nachricht an unterschiedlichen Stellen angezeigt. Allerdings haben diese Nachrichten, ähnlich wie Eingaben, häufig Bezug zu einer speziellen Stelle in einem Programm. Deswegen ist es auch hier sinnvoll, diese Stelle als Bezug für die geometrische Anzeigeposition der Fenster zu wählen (vgl. Fig. II.2).

Prinzipiell gibt es zwei verschiedene Typen von Nachrichten. Ein Typ ist dadurch charakterisiert, daß die Nachricht zunächst vom Benutzer bestätigt werden muß, bevor überhaupt weitere Eingaben möglich sind (z.B. Fehlermeldungen). Anschließend wird das Fenster automatisch gelöscht. Der zweite Typ bedeutet, daß die Nachricht solange angezeigt wird, bis der Benutzer sie bestätigt. Er kann zwischenzeitlich andere Eingaben machen. Für diesen zweiten Typ ist eine Verschiebeoperation ggf. angebracht, da das angezeigte Fenster den Benutzer bei der Bearbeitung seines Dokuments durch Überlappung wichtiger Teile stören könnte.

Bei mehreren, gleichzeitig auf dem Bildschirm vorhandenen Fenstern ergibt sich die Notwendigkeit, ein Fenster besonders auszuzeichnen. Dieses ist das Fenster, dem die Tastatur bzw. ggf. alle vorhandenen Eingabegeräte zugeordnet sind, d.h. das Fenster, auf das sich die nächste Eingabe des Benutzers bezieht. (Eine solche Eingabe kann hier auch nur ein Mausklick zur Menüselektion o.ä. sein.) Wir nennen es das **aktuelle Fenster**. Dieses Fenster muß immer eindeutig definiert sein, da es wenig Sinn macht, dem Benutzer die Möglichkeit zu geben, gleichzeitig (!) in mehreren Fenstern Eingaben zu machen. Jede Eingabe kann aber natürlich zu einem Wechsel des aktuellen Fensters führen. Der Wechsel des aktuellen Fensters sollte im allgemeinen dazu führen, daß das neue aktuelle Fenster automatisch "nach oben" geholt wird, d.h. von keinem anderen Fenster überlappt wird. Man kann das aktuelle Fenster zusätzlich besonders kennzeichnen, z.B. wie in den Figuren dieses Buches durch einen doppelt gekennzeichneten Rahmen. Die quasi implizite Festlegung des aktuellen Fensters ohne explizite Kennzeichnung kann sich auch zwangsläufig dadurch ergeben, daß nur eine spezifische Eingabe, z.B. der Mausklick in einem Menü, von der PEU akzeptiert wird und jede andere (Tastatur-) Eingabe zu keiner Reaktion der PEU führt.

Der hier erläuterte Bildschirmaufbau unterscheidet sich von dem Bildschirmaufbau von insbesondere älteren PEU-Projekten, bei denen eine Fenstertechnik nicht vorgesehen wird (z.B. /DH 80/, /RT 81/). Dies liegt vor allem daran, daß sich diese Projekte zunächst darauf konzentrierten, die Möglichkeiten für die Unterstützung insbesondere des PiK zu untersuchen, ohne zu großen Wert auf eine sehr komfortable Benutzerschnittstelle zu legen. Hinzu kommt, daß in vielen Fällen auch noch keine entsprechende Hardware vorhanden war. Erst in neueren Projekten werden die Möglichkeiten verschiedener, sich gegenseitig überlappender Fenster diskutiert (z.B. /DM 84/, /Re 84/). Es ergeben sich die hier skizzierten Bildschirmaufbauten. In einigen Aufsätzen wird mit dem Argument der Übersichtlichkeit die Verwendung nicht überlappender Fenster empfohlen (vgl. z.B. /Ni 83/, /MV 85/). Wir haben schon angedeutet und werden es in den folgenden Abschnitten noch einmal aufgreifen, daß ein solches Vorgehen unseren Anforderungen nicht genügen kann. Der von diesen Autoren eingebrachten Kritik, daß die Verwendung überlappender Fenster zuviel Unübersichtlichkeit auf dem Bildschirm erzeugt, läßt sich dadurch begegnen, daß durch die PEU dem Benutzer nicht die Möglichkeit geboten wird, beliebig Fenster zu öffnen und zu schließen, sondern, wie in diesem Abschnitt skizziert, in vielen Fällen Fenster automatisch geöffnet und geschlossen werden. Außerdem setzen wir voraus, daß die Bildschirmgestaltung von dem Entwickler der PEU entsprechend sorgfältig geplant wurde.

1.2.3. Kommandosprache

Der in 1.1 beschriebene Kommandosatz einer PEU wurde in werkzeugabhängige und -unabhängige Kommandos strukturiert. Werkzeugabhängige Kommandos sind nur für spezielle Inkremente gültig, während werkzeugunabhängige Kommandos für jedes beliebige Inkrement gültig sind. Sie gehören zum sogenannten sprachunabhängigen Kern einer PEU. Eine Gruppe dieser werkzeugunabhängigen Kommandos sind auch die Kommandos für Fensteroperationen, die wir im letzten Abschnitt vorgestellt haben. In diesem Abschnitt wollen wir erläutern, wie sich auf der Basis eines Fenstersystems und der Verwendung einer Maus eine durchgängige und leicht zu handhabende Kommandosprache zur Eingabe werkzeugabhängiger und -unabhängiger Kommandos definieren läßt.

Zuerst besprechen wir die unterschiedlichen Möglichkeiten der Eingabe von Kommandos. Da die heutigen modernen Eingabegeräte (großformatige, hochauflösende Bildschirme, Maus usw.) in vielen Fällen die Eingabe von Kommandos durch Auswahl in Menüs nahelegen, wird dem Aufbau von Kommandomenüs ein Schwerpunkt dieses Abschnitts gewidmet sein. Am Ende werden wir dann noch darauf eingehen, wie der Benutzer die ihm zur Verfügung gestellte Kommandosprache nach seinen eigenen Wünschen erweitern kann.

Wir verzichten bei der folgenden Darstellung naheliegenderweise auf eine syntaktische Definition einer spezifischen Kommandosprache, sondern erläutern anhand von illustrativen Beispielen die wesentlichen Gesichtspunkte beim Entwurf der Kommandosprache einer PEU.

Form der Eingabe

Prinzipiell kann ein Benutzer ein Kommando entweder durch **Selektion in einem Menü,** in dem eine Reihe von Kommandos aufgeführt sind, aufrufen oder es als Zeichenkette über die **Tastatur** eingeben. Um dem Benutzer lästigen Aufwand beim Eintippen zu ersparen, ist es im letzteren Fall natürlich sinnvoll, eine mnemotechnische Abkürzung des Kommandos festzulegen, die die Eingabe des Kommandos durch wenige Buchstaben erlaubt. Wir nennen diese Abkürzung eine (Kommando-) **Kurzbezeichnung.** Das Anzeigen von Menüs erfolgt in den in 1.2.2 erwähnten Menüfenstern (vgl. Fig. II.13(a)), während die Eingabe einer Kurzbezeichnung in einem Eingabefenster angezeigt wird (vgl. Fig. II.13(b)).

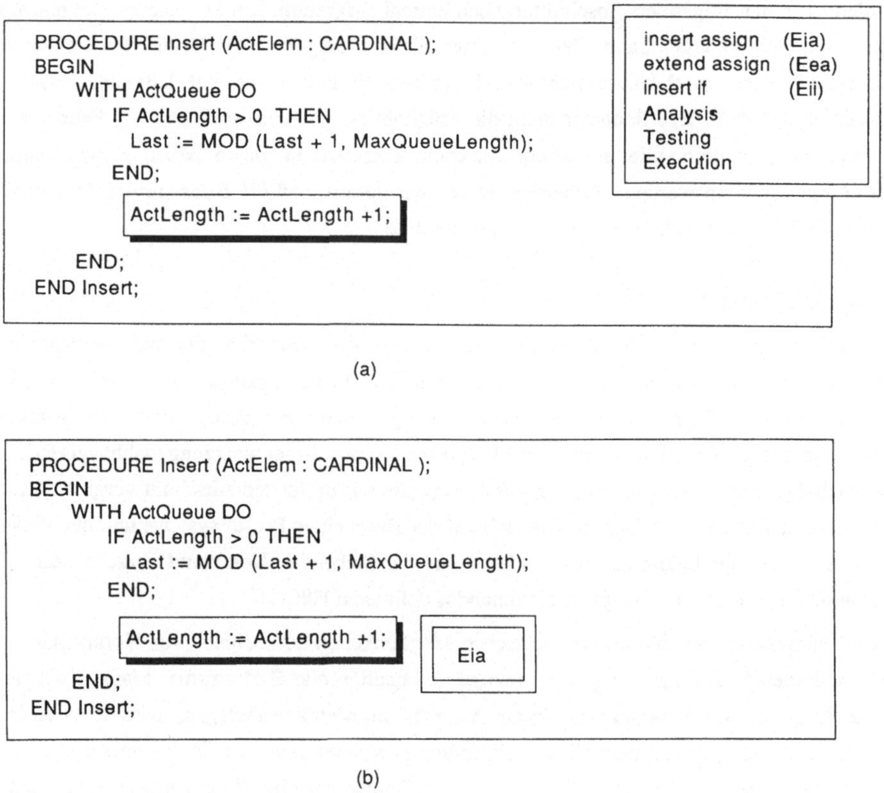
PROCEDURE Insert (ActElem : CARDINAL);
BEGIN
WITH ActQueue DO
IF ActLength > 0 THEN
Last := MOD (Last + 1, MaxQueueLength);
END;
ActLength := ActLength +1;
END;
END Insert;
insert assign (Eia)
extend assign (Eea)
insert if (Eii)
Analysis
Testing
Execution
(a)
PROCEDURE Insert (ActElem : CARDINAL);
BEGIN
WITH ActQueue DO
IF ActLength > 0 THEN
Last := MOD (Last + 1, MaxQueueLength);
END;
ActLength := ActLength +1;
Eia
END;
END Insert;
(b)

Fig. II.13: Formen der Kommandoeingabe

Figur II.13 zeigt auch zwei verschiedene Möglichkeiten der Positionierung eines Menü- bzw. Eingabefensters. Während das Menüfenster in der rechten oberen Ecke auf dem Dokumentenfenster eröffnet wurde, wurde das Eingabefenster in unmittelbarer Nähe des aktuellen Inkrements eröffnet. Diese Anzeigeposition hat den Vorteil, daß der Benutzer das aktuelle Inkrement, auf das sich das Kommando bezieht, und das Kommando unmittelbar nebeneinander sieht, was die Übersichtlichkeit erhöht.

Bei beiden Arten der Kommandoeingabe ist Voraussetzung für eine größtmögliche Unterstützung des Benutzers, daß der Benutzer zunächst ein aktuelles Inkrement selektiert hat, auf das sich dann das nachfolgend eingegebene Kommando bezieht. Diese **kommandoorientierte** (oder auch objektorientierte) Vorgehensweise ist heute Standard bei der Konzeption moderner Benutzerschnittstellen (vgl. z.B. /Eh 83/, /Go 83/, /MP 87/, /EJS 88/). Da dem System stets ein Inkrement als aktuelles Inkrement bekannt ist, werden dem Benutzer in dem Menüfenster nur die Kommandos angezeigt, die in der aktuellen Situation erlaubt sind. Deshalb kann das System nach der Eingabe einer Kurzbezeichnung sofort entscheiden, ob das durch die eingegebene Kurzbezeichnung bezeichnete Kommmando aktuell erlaubt ist.

In vielen PEUen ist die Kommandoeingabe nur auf eine der beiden geschilderten Arten möglich. In PECAN (/Re 84/) beispielsweise wird nur Menüselektion mit der Maus ermöglicht, während im Cornell Synthesizer (/RT 81/) alle Eingaben über die Tastatur erfolgen, da auch nur die Verwendung alphanumerischer Bildschirmgeräte durch die Benutzerschnittstelle unterstützt wird. Am sinnvollsten ist es aber sicherlich, beide Möglichkeiten vorzusehen. Dadurch läßt sich nämlich das unterschiedliche Verhalten verschiedener **Benutzergruppen** einer PEU am besten unterstützen. Ein unerfahrener Benutzer kann sich mit Hilfe der Menüs mit den Kommandos vertraut machen. Der erfahrene Benutzer, der die Kommandos kennt, kann sie viel schneller durch Kurzbezeichnungen eingeben.

Dies darf allerdings keine Festlegung für bestimmte Benutzergruppen sein, ihre Kommandos nur auf die eine oder andere Art einzugeben. Aufgrund der Forderung nach Modifreiheit sollte jedem Benutzer zu jeder Zeit freistehen, die Form der Eingabe zu wählen, die er persönlich bevorzugt. Es darf also keinen explizit aufzurufenden "Menümodus" oder "Tastaturmodus" geben, bei dem dann die Eingabe nur auf eine Weise möglich ist.

Allerdings ist zu bedenken, daß die Anzeige von Menüs überflüssig wird, wenn ein Benutzer seine Kommandos nur noch über Kurzbezeichnungen eingibt. Da ein Menüfenster ggf. wichtigere Informationen z.B. in einem Dokumentenfenster überdecken kann, sollte ein modifreier Übergang zwischen dem Anzeigen und Nichtanzeigen von Menüs definiert werden. Beispielsweise könnten Menüs mit den gültigen Kommandos solange automatisch angezeigt werden, bis der Benutzer einmal auf eine Selektion in dem Menü verzichtet und sein Kommando durch eine Kurzbezeichnung eingibt. Menüs werden wieder automatisch angezeigt, wenn bei der Eingabe einer Kurzbezeichnung ein Fehler gemacht wird, d.h. der Benutzer ein nicht existierendes oder nicht gültiges Kommando eingibt. Zusätzlich sollte natürlich jedes Menü auch auf explizite Anforderung hin wieder angezeigt werden. Diese Anforderung drückt der Benutzer z.B. durch Eingabe eines Fragezeichens oder eines entsprechenden Mausklicks aus (vgl. /Sc 86/).

Weiter kann der Lerneffekt in Bezug auf den Umgang mit der PEU für den unerfahrenen Benutzer dadurch gesteigert werden, daß die Kurzbezeichnungen der Kommandos in den Menüs mit angezeigt werden (vgl. Fig. II.13(a)), so daß er die Kurzbezeichnungen für die Kommandoeingabe per Tastatur bei der Benutzung der Menüs mit erlernen kann.

Benötigen Kommandos für die Ausführung weitere **Parameter** als nur das aktuelle Inkrement, kann für die Eingabe weiterer Parameter automatisch ein Eingabefenster geöffnet werden. Analog zu den unterschiedlichen Formen der Kommandoeingabe, die die verschiedenen Benutzergruppen unterstützen, kann der Inhalt dieses Eingabefensters unterschiedlich strukturiert sein. Entweder ist es eine Schablone mit ggf. zusätzlichen Kommentaren, welche Eingaben zu machen sind (vgl. Fig. II.14), oder es enthält keine Angaben und dient nur als Echo für die Tastatureingabe sowie zur Kontrolle und Korrekturmöglichkeit für den Benutzer wie z.B. in Fig. II.13(b).

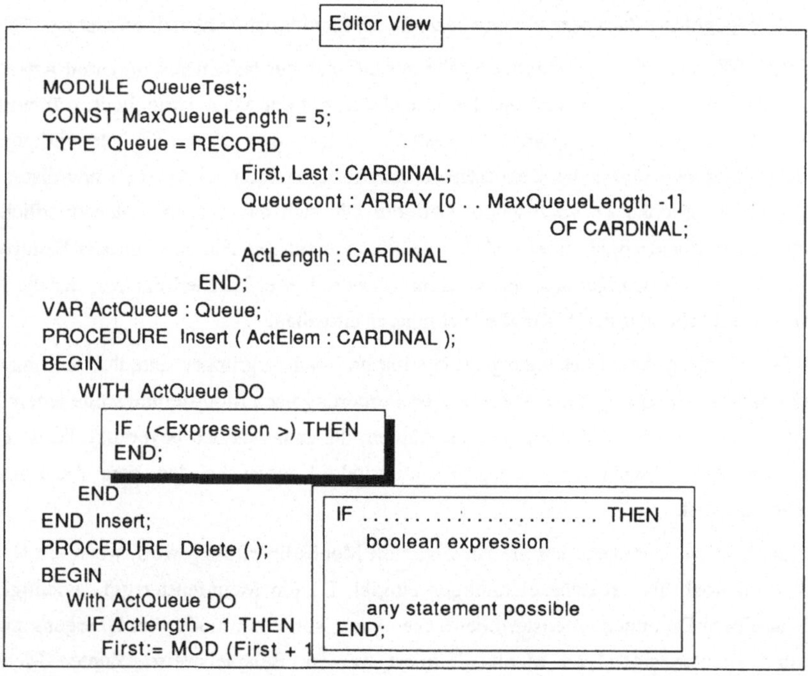

Fig. II.14: Parametereingabe

Menüaufbau

Aufgrund der integrierten modifreien Arbeitsweise ist die Menge der gültigen Kommandos für ein aktuelles Inkrement in vielen Fällen sehr groß. Würde man alle gültigen Kommandos dann in Form eines Menüs anzeigen, würde dieses ggf. sehr umfangreich und damit unübersichtlich. Dieser Nachteil läßt sich vermeiden, indem die **Hierarchisierung** von Menüs eingeführt wird, d.h. Kommandos zu Kommandogruppen zusammengefaßt werden. Beispielsweise könnten diese Kommandogruppen den in 1.1 erläuterten Werkzeugen entsprechen. Ein Beispiel für ein solches hierarchisiertes Menü zeigt Figur II.13(a). Bei der Anzeige eines solchen Menüs ist immer nur eine Kommandogruppe expandiert, d.h. alle ihre Alternativen zu sehen, während die anderen gültigen Kommandos durch den Namen der jeweiligen

Kommandogruppe repräsentiert werden.

Diese Hierarchisierung kommt der üblichen Bearbeitung eines Programms entgegen, da ein Programm normalerweise zunächst erstellt, dann ggf. mit weiteren Anweisungen zur Testunterstützung versehen wird (Unterbrechungspunkte, Schleifenzähler, usw.) und anschließend getestet wird. Der Benutzer wird sich demnach normalerweise eine Zeitlang in einer Kommandogruppe bewegen und nicht bei jeder Kommandoeingabe die Gruppe wechseln. Zusätzlich wird der Benutzer dadurch unterstützt, daß bei der Anzeige der Menüs die einmal gewählte expandierte Kommandogruppe solange nicht wechselt, solange der Benutzer nur Kommandos aus dieser Gruppe aufruft.

Über diese Art der Hierarchisierung von Menüs läßt sich sicherlich streiten. Bei den eingesetzten leistungsfähigen Bildschirmen läßt sich durch Variation der Schriftgröße auch ein Menü mit ca. 20 Alternativen noch übersichtlich darstellen (vgl. Fig. II.12(a)). Allerdings ist bei Erweiterung des Werkzeugsatzes, wie in 1.1.7 angedeutet, irgendwann sicherlich eine Grenze erreicht, an der Hierarchisierung unumgänglich wird.

Die Anzahl der Menüalternativen läßt sich weiter dadurch verkleinern, daß werkzeugunabhängige Kommandos nicht durch Menüselektion sondern durch eigene **Funktionstasten** aktiviert werden. Dies ist sinnvoll, da es in der Regel nicht allzu viele werkzeugunabhängige Kommandos gibt und der Benutzer sie somit schnell erlernen kann. Außerdem kann weiterhin das Arbeiten mit der Maus die Eingabe von bestimmten Kommandos wesentlich erleichtern, wie wir an dem Beispiel der verschiedenen Möglichkeiten zur Selektion eines neuen aktuellen Inkrements verdeutlichen wollen.

Inkrementselektion

Wir hatten bereits erläutert, daß aufgrund der inkrementorientierten Arbeitsweise das aktuelle Inkrement durch einen sogenannten Flächencursor auf dem Bildschirm markiert wird. Um nun ein neues Inkrement zu selektieren, also diesen Flächencursor zu verschieben, wird zunächst einmal jedem angezeigten Inkrement ein Bereich zugeordnet (bei textueller Darstellung z.B. ein Rechteck (hier Rahmen genannt), das das Inkrement gerade umfaßt). Wird die **Maus** in den Bereich positioniert und geklickt, gilt das Inkrement mit dem kleinsten die angeklickte Position umfassenden Rahmen als selektiert. (Es ist klar, daß die Rahmen innerer Inkremente von den Rahmen sie umgebender Inkremente ganz umfaßt werden, was der kontextfreien Syntax eines Programms entspricht, die ja der Inkrementstruktur zugrunde liegt.) Diese Art der Inkrementselektion vermeidet die Nachteile, die sich ergeben, wenn man Inkremente durch **Cursorfunktionstasten** selektiert, wie dies vor allem in älteren Projekten noch üblich war (/DH 80/, /HN 86/). Aufgrund der inkrementorientierten Vorgehensweise orientiert sich die Bedeutung dieser Cursorfunktionstasten nämlich an der zugrundeliegenden syntaktischen Struktur eines Programms und nicht an der konkreten Repräsentation auf dem Bildschirm: "↓" heißt, daß das innere Inkrement des gerade aktuellen selektiert wird. (Bei mehreren inneren Inkrementen wird das in der Repräsentation zuerst angezeigte genommen.) "↑" heißt, daß das kleinste umgebene Inkrement des gerade aktuellen selektiert wird. Mit "→" bzw. "←" bewegt man sich in einer Liste von Inkrementen zum nächsten bzw. vorhergehenden. Ist das Inkrement, was der Bedeutung der Funktionstaste entsprechend selektiert werden müßte, nicht vorhanden, hat das Drücken der Taste keine Auswirkung. Dadurch wird der Benutzer allerdings in bestimmten Situationen dazu gezwungen, sehr umständlich im Programm zu navigieren, d.h. mehrfach Funktionstasten zu drücken, um ein neues Inkrement zu selektieren, obwohl es in der Repräsentation unmittelbar neben dem bisher aktuellen Inkrement steht. Der Benutzer muß also stets die syntaktische Struktur des Programms (die normalerweise einem Baum entspricht) im Kopf haben, da er nur "baumorientierte" Cursorbewegungen zur Verfügung hat. Figur II.15 gibt ein Beispiel für eine derartige Inkrementselektion.

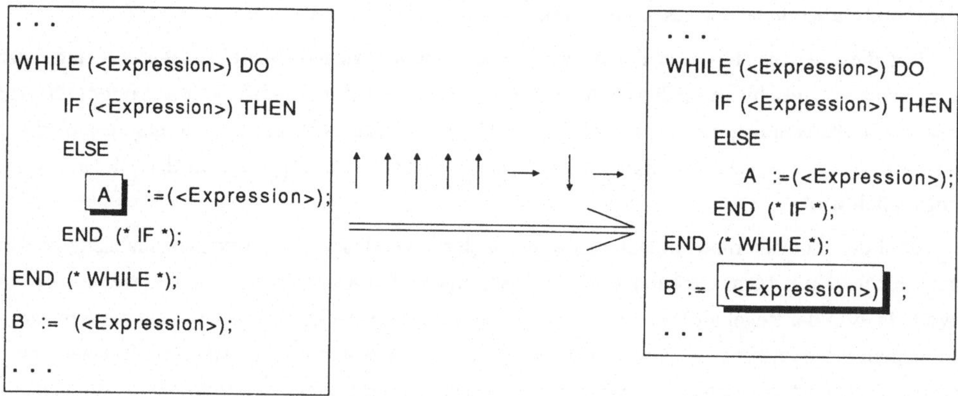

Fig. II.15: Baumorientierte Cursorbewegungen

Trotz dieser Nachteile bei der Verwendung von Cursorfunktionstasten gibt es Situationen, insbesondere bei der Eingabe eines Programms, wo es bequemer ist, nicht die Hand von der Tastatur nehmen zu müssen, um mit der Maus ein Inkrement zu selektieren. Deswegen sollten die Cursorfunktionstasten zusätzlich zur Maus zur Verfügung stehen, um Inkremente zu selektieren. Außerdem kann das Arbeiten mit Cursorfunktionstasten erleichtert werden, indem z.B. zusätzliche Tasten zur Verfügung gestellt werden, die einen komfortableren Durchlauf durch den Text erlauben (z.B. direkter Sprung zu einem "Neffen" in der Baumhierarchie). Überlegungen hierzu findet man in /Me 82/ und insbesondere in /MP 87/.

Falls die Inkrementselektion mit der Maus erfolgt, ist es naheliegend, auch das in 1.1.6 beschriebene Aus-/Einblenden von Inkrementen mit einem Mausklick zu aktivieren. Dies kann z.B. mit der üblicherweise auf einer Maus vorhandenen zweiten Taste erfolgen.

Die im letzten Abschnitt besprochenen Fensteroperationen sowie das in 1.1.6 erläuterte seitenweise Blättern können ebenfalls sehr benutzerfreundlich durch Positionieren der Maus auf eine spezifische Stelle des Fensterrahmens und anschließendes Klicken aufgerufen werden. Hierbei kann insbesondere die konkrete Gestaltung des Rahmens den Benutzer unterstützen. Piktogramme verdeutlichen, welche Stelle des Rahmens welchem Kommando entspricht (vgl. hierzu /SH 82/).

Benutzerspezifische Erweiterungen

Als letztes wollen wir auf die Problematik der Definition eigener neuer Kommandofolgen durch den Benutzer eingehen. Diese Möglichkeit vereinfacht für den Benutzer den Aufruf immer wiederkehrender, für ihn spezifischer Arbeitsabläufe bei der Bearbeitung eines Programms. Er braucht die für den spezifischen Arbeitsablauf notwendige Kommandofolge nur einmal unter einem neuen Kommandonamen zusammenzufassen und kann sie dann immer wieder einfach und schnell aufrufen. Um die Definition solcher **Kommandoprozeduren** zu ermöglichen, reicht es zunächst, ein weiteres werkzeugunabhängiges Kommando vorzusehen. Nach Aufruf dieses Kommandos kann der Benutzer in einem Eingabefenster einen Namen und eine Folge von Kurzbezeichnungen eintragen. Diese Folge wird dann unter dem angegebenen Namen als neues gültiges Kommando für das gerade aktuelle Inkrement gespeichert. Dieses Vorgehen bringt allerdings einige Probleme mit sich, da der Benutzer Kommandoprozeduren definieren kann, die syntaktisch oder semantisch falsch sind. Insbesondere die Prüfung auf semantische Korrektheit (soweit überhaupt möglich) ist im Falle einer inkrementorientierten Schnittstelle wie der hier geschilderten natürlich nicht einfach. Eine Kommandoprozedur ist nämlich nur dann korrekt ausführbar, wenn bei Aufruf eines einzelnen Kommandos dieses Kommando für das aktuelle Inkrement gültig ist. Eine solche Überprüfung ist statisch, d.h. vor Ablauf der Prozedur, nicht in jedem Fall möglich. Der Benutzer müßte somit jede von ihm geschriebene Kommandoprozedur durch Ausführen testen. Das hat ggf. unangenehme Konsequenzen, wenn der Test zu einem Fehler in der Kommandoprozedur und damit gleichzeitig zu einer ungewollten Änderung des Programms führt. Eine solche Überprüfung auf Korrektheit ist etwa im Falle einer UNIX-Shell wesentlich einfacher, da die Kommandos alle auf Zeichenketten (nicht auf syntaktischen Konstrukten eines Programms) operieren und das Problem des "richtigen" aktuellen Inkrements nicht existiert. Für weitergehende Überlegungen zur Lösung dieses Problems sei hier auf /MC 85/ verwiesen. Dort werden erste Überlegungen angestellt, wie man den "UNIX-pipe"-Mechanismus angemessen auf die Definition von Kommandofolgen einer inkrementorientierten Benutzerschnittstelle einer PEU übertragen kann.

1.2.4. Weitergehende Benutzerführung

Die bisher beschriebene Benutzerschnittstelle bietet bereits weitgehende Unterstützung bei der Bearbeitung der Dokumente durch die einzelnen Werkzeuge. In diesem Abschnitt wollen wir denkbare Erweiterungen skizzieren, die darauf basieren, daß die PEU Eingaben des Benutzers "vorausahnt", die sich aufgrund des bis dahin erfolgten Dialogablaufs berechnen lassen. Diese Kommandos werden dann automatisch aufgerufen und ausgeführt. Das heißt, die PEU wartet nicht auf eine Kommandoeingabe des Benutzers, sondern ein Kommando (oder sogar ganze Kommandofolgen) wird (werden) automatisch aufgerufen. Solche Möglichkeiten ersparen dem Benutzer natürlich ggf. eine Menge unnötiger Eingaben, sie können aber auch zur Verwirrung beitragen, wenn ihr Einsatz nicht genau überlegt ist. Auf jeden Fall muß es einfache Mechanismen geben, wie z.B. das in 1.1.6 geschilderte Undo-Kommando, um automatisch aufgerufene Kommandofolgen rückgängig machen zu können.

An dieser Stelle wollen wir nur anhand einiger Beispiele aufzeigen, wie sich solche Überlegungen im Rahmen der in den vorausgegangenen Abschnitten vorgestellten Konzepte realisieren lassen. Eine tiefergehende Beschäftigung mit dieser Problematik würde voraussetzen, daß man sich sehr intensiv mit typischem Benutzerverhalten auseinandersetzen muß. Dies führt zur Entwicklung von Beschreibungsmodellen für Benutzergruppen und damit letztlich zur Definition von formalen Methoden für die Spezifikation von Benutzerschnittstellen. Für eine ausführliche Beschreibung dieser allgemeinen Problematik verweisen wir hier auf die Literatur im Bereich Mensch-Maschine Kommunikation, wo sich eine Vielzahl solcher Ansätze finden läßt (vgl. z.B. /Bu 85/, /Bu 87/).

Beispiele für Kommandos, für die eine automatische Ausführung in vielen Situationen Sinn macht, sind die Selektion eines Inkrements und das Aus-/Einblenden eines Inkrements.

Beschäftigen wir uns zuerst mit der **Selektion eines Inkrements.** Eine automatische Inkrementselektion ist insbesondere bei der erstmaligen Erstellung (im Gegensatz zu einer späteren Änderung) eines Programms hilfreich. Dieser Erstellungsprozeß ist im wesentlichen durch eine sequentielle Eingabe aufeinanderfolgender Inkremente charakterisiert. Der Flächencursor kann deshalb automatisch auf den Platzhalter für das nächste einzugebende Inkrement positioniert werden. Beispielsweise wird nach Eingabe des Kommandos zum Einfügen einer if-Anweisung zunächst wie üblich bei syntaxgestützten Editoren die konkrete Syntax dieser Anweisung generiert und dann automatisch der Flächencursor auf den noch leeren booleschen Ausdruck positioniert (vgl. Fig. II.16). (Da bisher noch kein Ausdruck eingegeben wurde, wird dieses Inkrement durch einen Platzhalter repräsentiert.) Nach Eingabe des booleschen Ausdrucks wird dann der Flächencursor automatisch auf den Platzhalter für den noch leeren Rumpf positioniert usw. Eine ausführliche Beschreibung dieser Vorgehensweise findet sich in /Sc 86/.

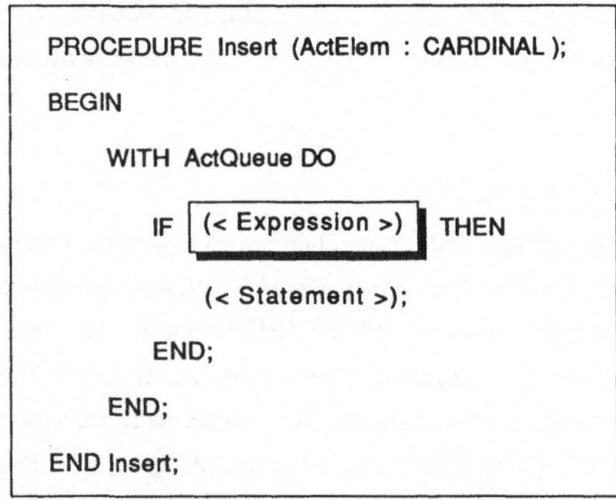

Fig. II.16: Automatische Cursorpositionierung

Automatische Inkrementselektion ist nicht nur beim Erstellen eines Programms, sondern auch in anderen Situationen, z.B. beim Testen sinnvoll. Will der Benutzer in ein einmal eingegebenes Programm zu Testzwecken bei jeder auftretenden Schleife einen Schleifenzähler eintragen, kann der Flächencursor automatisch von einer Schleifenanweisung auf die nächste positioniert werden.

Ein Beispiel für die automatische Aktivierung des Kommandos zum **Aus-/Einblenden** eines Inkrements ist, daß bei der Ausgabe von Fehlermeldungen (zur Testzeit) nicht von der Fehlermeldung betroffene Teile eines spezifischen Inkrements automatisch ausgeblendet werden. Wird beispielsweise beim Testen einer Prozedur beim Durchlaufen des Rumpfes ein Laufzeitfehler festgestellt, könnten automatisch Teile des Prozedurrumpfes, die von dem Laufzeitfehler nicht betroffen sind, ausgeblendet werden.

Die Übergänge zwischen explizitem Kommandoaufruf durch den Benutzer und automatischer Kommandoaktivierung durch die PEU sollten natürlich wieder so definiert sein, daß keine expliziten Modi entstehen. Hier läßt sich wie folgt vorgehen: Die automatische Kommandoaktivierung beginnt in einer definierten initialen Situation, z.B. bei der ersten Eingabe eines Programms oder bei der erstmaligen Instrumentierung eines Programms. Dann werden die entsprechenden Kommandos solange automatisch aktiviert, bis der Benutzer den Vorschlag der PEU einmal nicht akzeptiert und ein Kommando eingibt, das den Vorschlag der PEU aufhebt, z.B. selbst ein Inkrement selektiert oder den sichtbaren Ausschnitt des aktuellen Inkrements ändert. Automatische Aktivierung findet dann erst wieder statt, wenn die definierte initiale Situation wieder erreicht wird.

2. Konzeptionelle Datenmodelle für die Realisierung

Im Kapitel 1 haben wir aus der Sicht eines **Benutzers** Funktionalität und Ausgestaltung der Benutzerschnittstelle von Programmentwicklungsumgebungen diskutiert. Die nächsten beiden Kapitel werden sich mit der Realisierung von Programmentwicklungsumgebungen beschäftigen. Aus diesem Grunde verlassen wir nun bei der Darstellung die Sicht des Benutzers und nehmen die Sicht eines **Entwicklers** ein.

Eine der wesentlichen Aufgaben beim Entwickeln einer Programmentwicklungsumgebung besteht darin festzulegen, **welche** Informationen innerhalb der PEU zu verarbeiten sind und **wie** diese Verarbeitung durch Werkzeuge unterstützt werden kann. Hierbei ist insbesondere zu untersuchen, wie diese Informationen bzw. Daten strukturiert sind, in welcher Form sie verändert werden können und wie sie angemessen verwaltet werden können. Alle Daten, die von einer PEU verwaltet werden, werden in einer "Projektdatenbank" abgelegt, deren Realisierungsspektrum in Abhängigkeit von der bei einer PEU gewählten Vorgehensweise von einer Ansammlung von Hauptspeicherdatenstrukturen bis hin zu einer speziellen Datenbank reicht. Da in dieser Projektdatenbank alle von den Werkzeugen benötigten und verwalteten Daten abgelegt sind, ist die Leistungsfähigkeit dieser Projektdatenbank ein maßgebliches Kriterium für die Leistungsfähigkeit der gesamten PEU. Aus diesem Grunde ist es angebracht, eine möglichst leistungsstarke und effiziente Realisierung dieser Komponente einer PEU anzustreben. Um dies zu erreichen, sollte die Entwicklung der Projektdatenbank in zwei Schritten durchgeführt werden. Im ersten Schritt ist es die Aufgabe des PEU-Entwicklers, ein konzeptionelles Datenmodell für die zu verarbeitenden Informationen zu entwerfen, das sehr problemnah und zu diesem Zeitpunkt noch weitgehend unabhängig von Implementierungsüberlegungen ist. In einem zweiten Schritt wird dieses Datenmodell dann durch eine konkrete Projektdatenbank effizient realisiert.

Auf diesen zweiten Schritt gehen wir in Kapitel 3 ein. Im Abschnitt 2.1 werden wir die Tätigkeiten bei der konzeptionellen Modellierung erläutern und im Abschnitt 2.1.1 an Hand typischer Fragestellungen eine Reihe von **Kriterien** vorstellen, die bei der Modellierung der zentralen Datenstrukturen in einer PEU beachtet werden sollten. Diese Kriterien können ausgehend von dem in diesem Buch vorgestellten Anwendungsbeispiel einer Programmentwicklungsumgebung auch allgemeiner verstanden werden und bieten somit auch Unterstützung für die Modellierung von Datenstrukturen in beliebigen Softwaresystemen. Im Abschnitt 2.1.2 erläutern und vergleichen wir dann an Hand von Beispielen einige konkrete Datenmodelle, die bei den in der Literatur beschriebenen Programmentwicklungsumgebungen gewählt wurden.

(An dieser Stelle sei bemerkt, daß der Begriff "Datenmodell" hier nicht im Sinne eines Datenbank-Datenmodells zu verstehen ist. In der Datenbank-Terminologie würde das hier besprochene Datenmodell eher mit "Datenbank-Schema" bezeichnet.)

Die Darstellung verschiedener Datenmodelle zur Darstellung der in einer PEU zu verwaltenden Programmtexte geschieht zunächst auf informelle Art und Weise. Eine derartige informelle Erläuterung hat den Vorteil, daß sie, z.B. vom Leser dieses Buchs, unmittelbar und intuitiv verstanden werden kann. Sie ist jedoch nicht ausreichend, um als präzise, unmißverständliche Grundlage für die weitere Realisierung benutzt werden zu können. Da man aber diesen Anspruch an die Spezifikation des geplanten

Softwaresystems haben muß, wird eine formale Spezifikationssprache zur Beschreibung eines Datenmodells benutzt. Eine Darstellung verschiedener formaler Ansätze zur Spezifikation von PEUen ist deshalb das Thema von Abschnitt 2.2. Hierbei beschränken wir uns allerdings auf die Spezifikation des Datenmodells zur Darstellung von Programmen, der wesentlichen Komponente einer PEU. Andere Aspekte, wie z.B. die Spezifikation des Benutzerdialogs, werden hier nicht behandelt.

Der Aufbau des Abschnitts 2.2 entspricht dem von Abschnitt 2.1. Im Abschnitt 2.2.1 werden einige allgemeine Charakteristika von Spezifikationsansätzen erläutert, die dazu dienen, verschiedene Ansätze zu vergleichen und einzuordnen. Derartige Spezifikationsansätze, die im Zusammenhang mit der Realisierung von PEUen in der Literatur vorgestellt werden, werden dann im Abschnitt 2.2.2 erläutert und miteinander verglichen.

2.1. Modellierung

2.1.1. Allgemeine Überlegungen

Bei der Realisierung einer PEU werden alle zu verarbeitenden Informationen in geeignet strukturierten Datenobjekten gehalten. Auf diese Datenobjekte kann durch zugehörige, elementare Zugriffsoperationen schreibend oder lesend zugegriffen werden. Diese Zugriffsoperationen bilden die Basis für die Realisierung der Werkzeuge der PEU. Die Ausführung von Werkzeugaktivitäten besteht dann im allgemeinen aus der wiederholten Ausführung von Aktivitäten der folgenden beiden Arten:

1. Komplexe Zugriffe auf ein Datenobjekt (z.B. umfangreiche Berechnungen, Analysen), die durch einen Algorithmus realisiert sind, der aus einer geeigneten Folge elementarer Zugriffsoperationen besteht.

2. Transformationen zwischen zwei Datenstrukturen, die durch lesende Zugriffe auf das erste Datenobjekt und schreibende Zugriffe auf das zweite Datenobjekt realisiert sind.

Jedes in einem Softwaresystem enthaltene Datenobjekt ist Ausprägung eines zugehörigen Datenmodells, das man gewöhnlich auch als Datentyp bezeichnet. Es ist Bestandteil der Spezifikation, die Strukturen von Datenmodellen und ihre Zugriffsoperationen festzulegen. Bei dieser Modellierung des Datenmodells ist das folgende Kriterium zu diskutieren:

Kriterium 1:

Wie fein ist die Struktur des Datenmodells?

Mit dieser Frage ist gemeint, ob die während der Ausführung benötigte Information aus einem Datenobjekt durch einen **einfachen, direkt lesenden** Zugriff ermittelt werden kann oder zunächst durch einen **umfangreichen Analysealgorithmus** ermittelt werden muß. Als ein einfaches Beispiel betrachte man als Datenobjekt eine Liste von Zahlen und die Zugriffsoperation, die die kleinste Zahl aus dieser Liste liefert. Falls die Liste unsortiert ist, muß diese Zugriffsoperation durch einen Suchalgorithmus realisiert werden. Enthält das Datenobjekt als zusätzliche Strukturinformation einen Ordnungsbegriff auf den Listenelementen (d.h. die Liste ist stets sortiert), kann das kleinste Listenelement durch einen einfachen lesenden

Zugriff auf das erste Listenelement realisiert werden. Dieses Beispiel spiegelt den 'Trade-off' zwischen einer **algorithmusorientierten** und einer **datenstrukturorientierten** Realisierung einer lesenden Zugriffsoperation wider: Enthält das Datenmodell wenig Strukturinformation, müssen lesende Zugriffe u.U. durch aufwendige Analysealgorithmen realisiert werden. Ist das Datenmodell andererseits sehr fein strukturiert, können lesende Zugriffsoperationen durch direktes Lesen realisiert werden.

Schematisch sieht dieser Trade-off bei lesenden Zugriffsoperationen wie folgt aus:

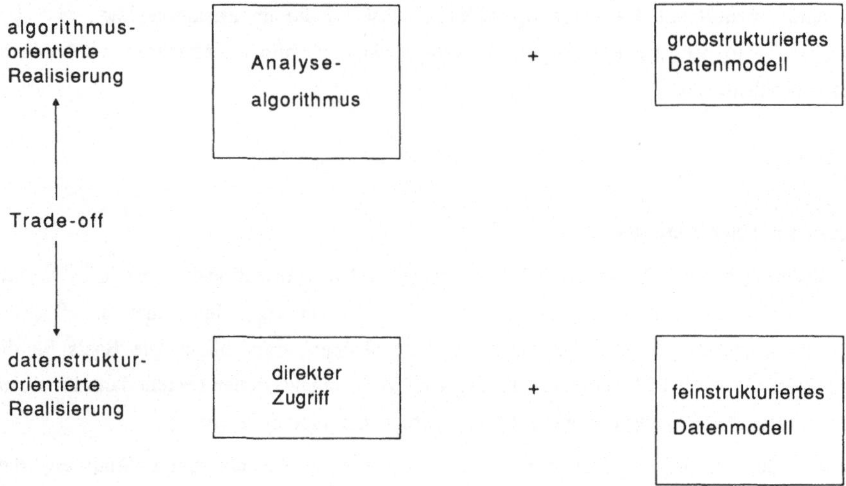

Fig. II.17: Trade-off zwischen grob- und feinstrukturiertem Datenmodell

Bei der Überlegung, wie fein die Struktur eines Datenmodells sein sollte, ist vor allem die Frage der **Zugriffseffizienz** in Betracht zu ziehen: Ein direkt lesender Zugriff auf ein Datenobjekt ist sicherlich erheblich effizienter als ein aufwendiger Analysealgorithmus. Andererseits ist zu bedenken, daß jede durch einen direkt lesenden Zugriff ermittelbare Information zuvor in dem Datenobjekt abgelegt worden sein muß. Bezogen auf das obige Beispiel einer Liste von Zahlen bedeutet dies, daß bei einer Liste mit einem Ordnungsbegriff die korrekte Position für eine einzufügende Zahl bestimmt werden muß. Ein Datenobjekt mit feinerer Struktur erzwingt somit in der Regel einen erhöhten Verwaltungsaufwand bei einer Modifikation des Datenobjekts, um die Konsistenz der abgelegten Informationen zu gewährleisten.

Um die Vorteile einer erhöhten Zugriffseffizienz bei lesenden Zugriffen nicht mit übermäßig großen Laufzeiten bei schreibenden Zugriffen bezahlen zu müssen, sind verschiedene Vorgehensweisen bei der Realisierung der schreibenden Zugriffe auf ein Datenobjekt denkbar. Wir stellen sie durch die Diskussion des folgenden Kriteriums vor:

Kriterium 2:

Zu welchem Zeitpunkt wird eine Information in einem Datenobjekt abgelegt?

Hierbei sind drei verschiedene Strategien denkbar:

- Bei der Strategie der **sofortigen Realisierung** wird bei jedem schreibenden Zugriff auf ein Datenobjekt die dort abgelegte Information unmittelbar anschließend in einen konsistenten Zustand gebracht. Das heißt für das Beispiel der sortierten Liste, daß jedes Element sofort an der korrekten Position eingefügt wird.

- Bei der Strategie der **Aktualisierung in einem Vorlauf** wird bei einer Veränderung die in dem Datenobjekt abgelegte Information nicht sofort aktualisiert, jedoch u.U. gelöscht oder als "nicht aktuell" gekennzeichnet. Bei Aufruf einer lesenden Zugriffsoperation auf diese Information wird dann in einem Vorlauf sämtliche Information bzw. werden nur die gelöschten oder gekennzeichneten Teile der Information auf den aktuellen Stand gebracht, so daß die anschließende Ausführung der Zugriffsoperation ein rein lesender Zugriff ist. In dem Fall der sortierten Liste kann diese Strategie dadurch realisiert werden, daß bei schreibenden Zugriffen die eingefügten Elemente zunächst in einer zweiten sortierten Liste, einem Puffer, gehalten werden. Erst bei einem lesenden Zugriff werden die kurze Pufferliste und die u.U. sehr lange Liste zu einer sortierten Liste zusammengemischt, bevor dann der lesende Zugriff ausgeführt wird. Diese Vorgehensweise hat gegenüber der ersten Strategie den Vorteil, daß aufwendige Umstrukturierungen im Datenobjekt vermieden werden, wenn Informationen in einem Datenobjekt abgelegt werden und nach kurzer Zeit schon wieder gelöscht werden.

- Bei der Strategie der **Aktualisierung auf Anforderung** ("lazy evaluation") wird bei einer Veränderung eines Teils des Datenobjekts wie im obigen Fall verfahren. Beim Aufruf einer lesenden Zugriffsoperation wird dann jedoch die in dem Datenobjekt abgelegte Information nur soweit aktualisiert, wie es für die Realisierung des lesenden Zugriffs nötig ist. Als Beispiel betrachte man den lesenden Zugriff auf die sortierte Liste, der die n kleinsten Zahlen liefern soll. In diesem Fall kann der oben erläuterte Mischvorgang abgebrochen werden, wenn die ersten n Positionen der Liste in einem konsistenten Zustand sind. Diese Vorgehensweise hat den Vorteil, daß nur die tatsächlich benötigte Information in dem Datenobjekt in einen konsistenten Zustand gebracht wird und dadurch u.U. überflüssige Umstrukturierungen vermieden werden. Andererseits haben die beiden letzten Strategien gegenüber der ersten Strategie den Nachteil, daß bei einer gewünschten Aktualisierung erst einmal herausgefunden werden muß, ob und wo das Datenobjekt verändert worden ist.

Diese Überlegungen zeigen, daß bei der Entwicklung eines Datenmodells nicht nur die interne Struktur festzulegen ist, sondern auch zu prüfen ist, nach welcher Strategie Aktualisierungen des Datenobjekts durchzuführen sind. Diese Überprüfungen sollten insbesondere berücksichtigen, wie das Verhältnis zwischen Häufigkeit des Aufrufs von lesenden bzw. schreibenden Zugriffsoperationen ist, oder wie aufwendig die Realisierung von schreibenden Zugriffsoperationen ist.

Ein weiteres Kriterium, das bei der Modellierung der zentralen Datenstrukturen zu beachten ist, kann an Hand der folgenden Fragestellung erläutert werden:

Kriterium 3:

In wievielen Datenobjekten wird dieselbe Information abgelegt?

Hiermit ist gemeint, ob unterschiedliche Repräsentationen derselben Information in verschiedenen Datenobjekten verwaltet werden, oder ob eine Information stets nur in einer Darstellung in einem Datenobjekt gehalten wird und u.U. weitere Repräsentationen mittels eines Algorithmus aus dieser Darstellung erzeugt werden. Auch dies soll an einem Beispiel verdeutlicht werden: Bei dem Beispiel der Liste von Zahlen ist denkbar, daß sowohl die Eingabereihenfolge der Zahlen gespeichert werden soll als auch die oben angesprochene Zugriffsoperation des Zugriffs auf das kleinste Element zur Verfügung stehen soll. In diesem Fall sind drei Alternativen denkbar:

(i)   Alle Zahlen werden in der Eingabereihenfolge in einem Datenobjekt abgelegt. Der Zugriff auf das kleinste Element wird durch einen Suchalgorithmus realisiert.

(ii)   Alle Zahlen werden in einem Datenobjekt abgelegt, in dem durch entsprechende Verzeigerungen sowohl die Eingabereihenfolge als auch die Sortierungsreihenfolge dargestellt wird.

(iii) Alle Zahlen werden in zwei getrennten Datenobjekten gehalten, in der die Zahlen in der Eingabereihenfolge bzw. Sortierungsreihenfolge gehalten werden.

Der Trade-off zwischen Alternative (i) und (ii) spiegelt noch einmal den oben erläuterten Trade-off zwischen einer datenstruktur- und einer algorithmus-orientierten Realisierung wider. Die in Alternative (ii) beschriebene Möglichkeit erfordert ein komplexer strukturiertes Datenmodell als die in Alternative (i) beschriebene. Damit verbunden ist dann natürlich auch ein höherer Aufwand bei der Aktualisierung des Datenobjektes (z.B. beim Einfügen einer neuen Zahl). Bei der Alternative (iii) ist dieser Aufwand in der Regel erheblich geringer. Dafür ist hierbei darauf zu achten, daß alle Datenobjekte stets in einem konsistenten Zustand sind. Es muß gewährleistet sein, daß nach der Eingabe einer weiteren Zahl **beide** Datenobjekte aktualisiert werden. Der Trade-off zwischen einem und mehreren Datenobjekten stellt somit auch hier einen Trade-off zwischen einer datenstruktur- und einer algorithmus-orientierten Realisierung der Konsistenzsicherung dar (vgl. Fig. II.18).

Die bisherige Diskussion der Datenmodellierung war bezogen auf einen sehr frühen Zeitpunkt der Spezifikationsphase, wenn es um die Frage geht, durch welche Datenmodelle die zu verarbeitenden Informationen repräsentiert werden können. Die Frage der Datenmodellierung kann sich auch stellen, wenn verschiedene, bereits existierende Softwaresysteme, die im wesentlichen dieselben Informationen verarbeiten, in einem Softwaresystem 'integriert' werden sollen. In diesem Fall ist es die Regel, daß in jedem Softwaresystem eine eigene, ihm angemessene Repräsentation der Daten realisiert ist. Diese Situation tritt bei der Realisierung einer PEU in der Regel dann auf, wenn bereits existierende Werkzeuge in einer PEU unter einer gemeinsamen Benutzerschnittstelle zusammengefaßt werden sollen. Bei einer Integration der Softwaresysteme (bzw. Werkzeuge) ist dann auch der obige Trade-off zu diskutieren: Bei der Entscheidung für ein einziges, komplexes Datenobjekt sind in der Regel alle Softwaresysteme starken

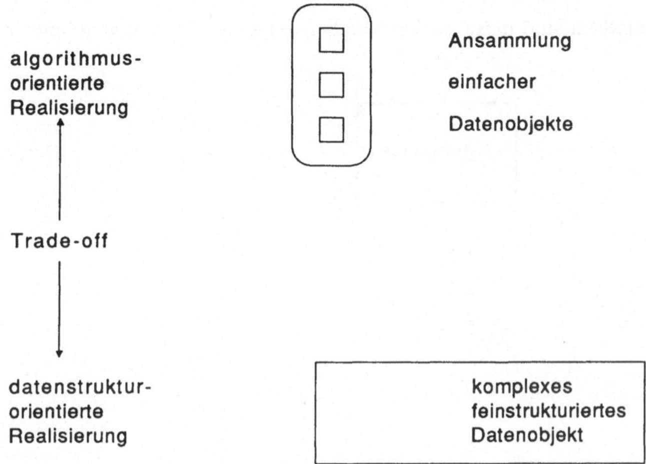

Fig. II.18: Trade-off zwischen einem komplexen und mehreren einfachen Datenobjekten

Veränderungen unterlegen. Entscheidet man sich dafür, alle Datenmodelle beizubehalten, sind zusätzliche Transformatoren zwischen den einzelnen Datenobjekten zu erstellen, die bei einer Veränderung eines Datenobjektes alle anderen Datenobjekte konsistent aktualisieren. Diese algorithmus-orientierte Integration verschiedener Datenmodelle hat gegenüber der datenstruktur-orientierten Integration den Vorteil, daß ein Großteil der Realisierung übernommen werden kann. Dies wird jedoch bezahlt mit einem erhöhten Laufzeitaufwand bei der Aktualisierung und eventuellen Konsistenzproblemen.

Nachdem im Zuge der Datenmodellierung entschieden worden ist, welche Informationen direkt durch ein Datenobjekt repräsentiert werden und welche Informationen bei einem Zugriff durch einen geeigneten Algorithmus ermittelt werden (vgl. Fig. II.17), ist folgende Frage zu entscheiden:

Kriterium 4:

Wie ist eine Zugriffsoperation realisiert?

Auch hier ist der Trade-off zwischen einer algorithmus-orientierten und einer datenstruktur-orientierten Realisierung zu entscheiden. Für eine stärker algorithmus-orientierte Realisierung einer Zugriffsoperation bedeutet dies, daß man den Großteil der den Algorithmus charakterisierenden Informationen fest im Programmtext verkapselt und nur sehr wenige Informationen in zusätzlichen Datenobjekten ablegt. Für eine mehr datenstruktur-orientierte Realisierung einer Zugriffsoperation bedeutet dies hingegen, daß möglichst viele Informationen in einem oder mehreren zusätzlichen Datenobjekten (z.B. Tabellen, Konstanten) abgelegt werden, so daß der Algorithmus zu einem reinen Interpreter dieser Datenobjekte (also z.B. der Tabelleneinträge) wird. Für das in diesem Abschnitt gewählte Beispiel einer Liste von Zahlen kann z.B. eine Zugriffsoperation betrachtet werden, die die kleinste Zahl als Zeichenkette in einer normierten Darstellung liefert. Diese Festlegung der normierten Darstellung der auszugebenden Zahl kann im

Zugriffsalgorithmus verkapselt sein oder in einer zusätzlichen Formatbeschreibung in einer Tabelle abgelegt sein. Schematisch sind diese beiden Möglichkeiten der Realisierung einer Zugriffsoperation in Fig. II.19 dargestellt.

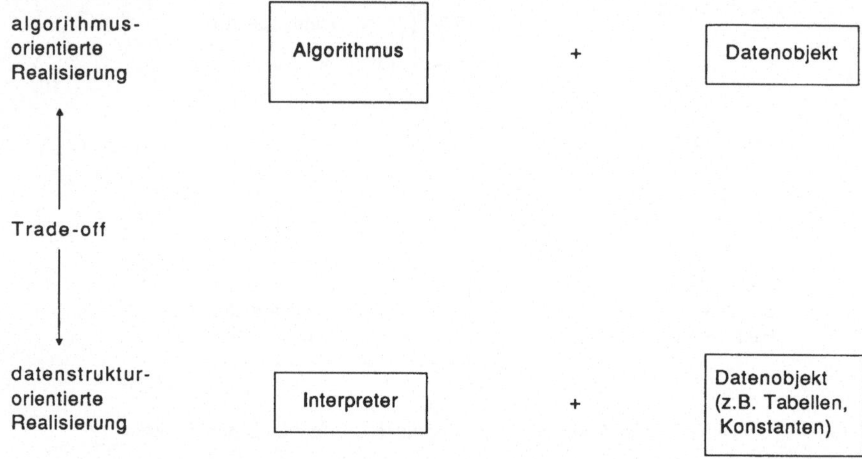

Fig. II.19: Trade-off zwischen verschiedenen Realisierungsvarianten für Zugriffsoperationen

Bei der Abwägung der Vor- bzw. Nachteile dieser beiden Alternativen sind vor allem die beiden Kriterien **Laufzeiteffizienz** und **Flexibilität** zu betrachten:

- Da bei einer datenstrukturorientierten Realisierung, z.B. bei einer Verkapselung der Information durch Tabellen, im Interpreter alle möglichen verschiedenen Tabelleneinträge berücksichtigt und bei einer Interpretation zunächst · erkannt werden müssen, ist dieser Lösungsweg in der Regel laufzeitaufwendiger als rein algorithmische Lösungen.

- Vor der Entscheidung für einen bestimmten Lösungsweg ist zu bedenken, welche geänderten Anforderungen zu erwarten sind und wie diese realisiert werden könnten. Grundsätzlich erhöht die Verkapselung von Informationen in getrennten Datenobjekten (z.B. Tabellen, Konstanten) die Flexibilität, da bei geänderten Anforderungen nur diese Datenobjekte zu modifizieren sind. Diese datenstrukturorientierte Vorgehensweise ist jedoch nur dann von wirklichem Vorteil, wenn z.B. die Tabelleneinträge einfach modifizierbar sind oder die zu ändernden Stellen im Algorithmus schwer zu lokalisieren sind.

2.1.2. Existierende Datenmodelle

In diesem Abschnitt werden wir Datenmodelle zur internen Repräsentation von Programmen (oder Moduln) vorstellen, die in einigen in der Literatur beschriebenen Programmentwicklungsumgebungen gewählt wurden. An Hand der im letzten Abschnitt erläuterten Kriterien diskutieren wir dabei die jeweils getroffenen Entscheidungen bei der Modellierung der zentralen Datenstrukturen bei der Realisierung einer

PEU.

Vorher wollen wir jedoch zunächst einmal zusammenstellen, welche Informationen von den Werkzeugen einer PEU zu verwalten sind und dementsprechend geeignet modelliert werden müssen. Im Kapitel 1.1 haben wir erläutert, daß in einer PEU Werkzeuge zum Edieren, Analysieren, Ausführen, Testen und Debuggen eines Moduls enthalten sind. Ein Modul wird dabei üblicherweise in textueller Form auf dem Bildschirm dargestellt. Darüberhinaus werden, insbesondere zur Darstellung besonderer Informationsaspekte, auch andere Darstellungsformen angeboten. Hierzu gehören z.B. eine graphische Darstellung des Kontrollflusses durch Flußdiagramme oder Struktogramme in Form von Nassi-Shneiderman-Diagrammen, eine Darstellung des Gültigkeitsbereichs von Bezeichnern durch Symboltabellen oder auch eine Übersicht über die benutzten Bezeichner in Form von cross-reference-Listen. Als Beispiel für eine PEU, die mehrere verschiedene Sichten (Views) auf dem aktuell bearbeiteten Modul ermöglicht, seien hier PECAN (/Re 84/) und IPSEN (/EJS 88/) genannt.

Zwischen diesen verschiedenen Darstellungen (von Teilinformationen) eines Moduls bestehen enge inhaltliche, logische Beziehungen. Zum Beispiel erwartet der Benutzer einer PEU beim Ändern eines Bezeichners in der textuellen Darstellung einer Zuweisungsanweisung, daß alle Moduldarstellungen unmittelbar aktualisiert werden. Das heißt, daß auch in einer Flußdiagrammdarstellung und einer cross-reference-Liste die entsprechenden Einträge geändert werden müssen. Gemäß Kriterium 3 bestehen bei der Modellierung die beiden Alternativen, für die verschiedenen Darstellungen auf dem Bildschirm auch mehrere interne Datenstrukturen zu verwalten oder alle Informationen in einer gemeinsamen internen Datenstruktur zu verwalten. Während die erste Alternative u.a. im Projekt PECAN realisiert wurde (/Re 84/), verfolgen die meisten anderen Projekte den Weg, alle Informationen in einer gemeinsamen Datenstruktur abzulegen. Wie wir weiter unten erläutern, werden in dieser gemeinsamen Datenstruktur dann nur die strukturellen Zusammenhänge in abstrakter Form abgelegt. Verschiedene konkrete, d.h. textuelle, graphische bzw. tabellarische Darstellungen von Teilinformationen des Moduls werden durch einen entsprechenden Transformator erzeugt. Da dieser Transformator genau in der umgekehrten Richtung transformiert wie ein Parser in einem Compiler, wird er auch häufig **Unparser** genannt. Ein generelles Transformationsschema für die Arbeitsweise der Werkzeuge in einer PEU hat somit die in Fig. II.20 angegebene Gestalt.

Dies besagt, daß die vom Benutzer eingegebenen Kommandos zunächst eine Veränderung der gemeinsamen internen Datenstruktur bewirken. Anschließend werden alle Darstellungen auf dem Bildschirm entsprechend aktualisiert.

Da die Kommandos des syntaxgestützten Editors in einer PEU sicher zu den am häufigsten benutzten gehören, ist es angebracht, die kontextfreie Struktur eines Modultextes in der internen Datenstruktur unmittelbar auszudrücken. Denn nur so ist es möglich, unmittelbar bei jeder Edieraktion des Benutzers zu entscheiden, ob der bearbeitete Modultext weiterhin syntaktisch korrekt ist. Dies bedeutet gemäß Kriterium 1, daß die kontextfreie Struktur durch einen einfachen lesenden Zugriff aus der internen Datenstruktur ermittelbar ist. Hierbei kann von der im Text enthaltenen konkreten Syntax (wie reservierte Worte oder Begrenzersymbole) und auch von dem Layout der textuellen Darstellung abstrahiert werden,

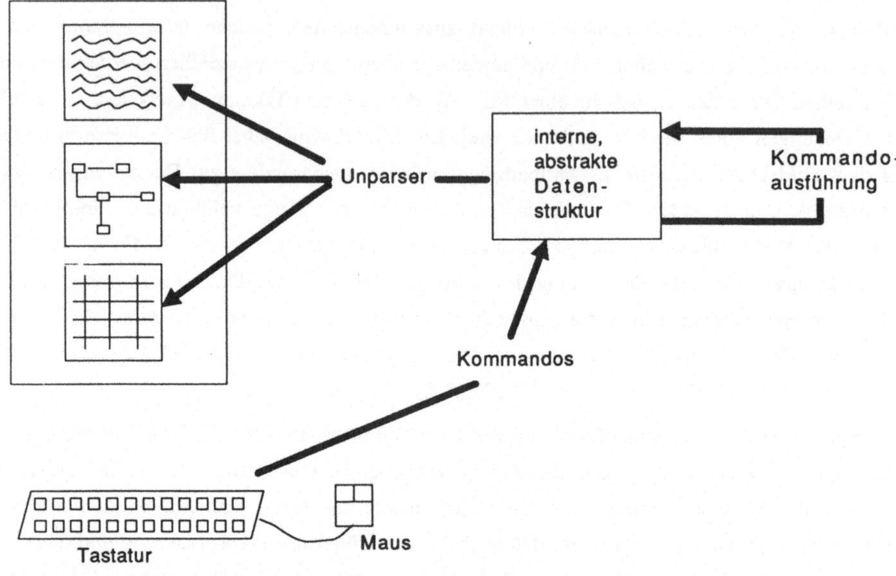

Fig. II.20: Transformationsschema

da diese Angaben während eines Unparsingvorgangs automatisch erzeugt werden können. Die entgegengesetzte Alternative wäre gewesen, die textuelle Darstellung auch als interne Darstellung des Modultextes zu wählen. In diesem Fall wäre jedoch bei jeder Edieraktion ein umfangreiches Parsen nötig, um die syntaktische Korrektheit des Textes weiterhin zu gewährleisten.

Eine angemessene, mittlerweile als de facto Standard angesehene Gestalt der internen Datenstrukturen ist ein **abstrakter Syntaxbaum,** in dem abstrahiert wird von einer konkreten Darstellung des Modultextes und nur kontextfreie, strukturelle Zusammenhänge unmittelbar dargestellt werden. Derartige abstrakte Syntaxbäume wurden zuerst von McCarthy für Lisp-Programme eingesetzt (/Mc 62/) und später im Projekt Mentor zur Darstellung von Pascal-Programmen weiter formalisiert (/DG 75/, /DK 84/). Ausgehend von einer gegebenen kontextfreien Programmiersprachengrammatik (z.B. in EBNF-Gestalt) wird eine Baumgrammatik entwickelt, durch die die Gestalt von geordneten, knotenmarkierten Bäumen festgelegt ist. Diese Bäume repräsentieren die abstrakte Struktur eines Programm- bzw. Modultextes. Eine **Baumgrammatik** besteht dabei im wesentlichen aus einer Menge von **Operatoren** und einer Menge von **Phyla.** Ein Operator wird charakterisiert durch eine Knotenmarkierung und die Angabe der Anzahl und möglichen Markierungen von Sohnknoten zu einem mit dieser Markierung versehenen Vaterknoten. Die möglichen Markierungen werden durch ein Phylum beschrieben, durch das wiederum eine Menge von Operatoren zusammengefaßt wird. Zur Veranschaulichung geben wir in Fig. II.21 einen Auszug aus der abstrakten Syntax zu einer Pascal-ähnlichen Sprache an (vgl. /DG 84/).

```
Fixed arity operators:
   nil ->
   program -> DECL_LIST STAT
   var_decl -> ID_LIST TYPE
   assign -> VAR EXP
   call -> IDENT EXP_LIST
   while -> EXP STAT
   stat_list -> STAT
   neql -> EXP EXP
   plus -> EXP EXP
   ...

List operators:
   decl_list -> DECL ...
   stat_list -> STAT ...
   exp_list -> EXP ...
   ident_list -> IDENT ...
   ...

Phyla:
   DECL :: var_decl type_decl
   STAT :: assign call while stat_list
   VAR :: IDENT index dot
   TYPE :: IDENT
   EXP :: IDENT INTCST ALFACST nil neql plus
   EXP_LIST :: exp_list
   ID_LIST :: ident_list
   DECL_LIST :: decl_list
   ...
```

Fig. II.21: Auszug aus der abstrakten Syntax zu Pascal

Operatoren werden hierbei noch einmal unterschieden in Operatoren mit einer festen Stelligkeit, d.h. einer festen Anzahl von Sohnknoten, und Listenoperatoren mit einer variablen Anzahl von Sohnknoten, die alle zu demselben Phylum gehören müssen. In Fig. II.22 geben wir ein Beispiel für einen abstrakten Syntaxbaum, der gemäß obiger Baumgrammatik einen Ausschnitt aus einem zugehörigen Programm repräsentiert.

```
program ...
var X : INTEGER;
while Z <> nil do
begin
  (<Ident>) := X + 1;
  Next(Z);
end;
```

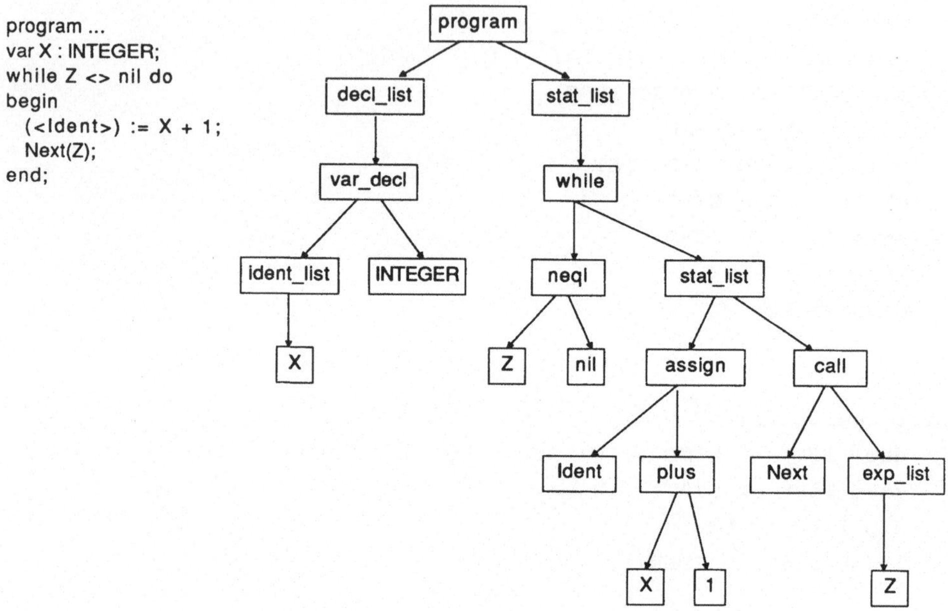

Fig. II.22: Beispiel für einen abstrakten Syntaxbaum

Die inneren Knoten eines abstrakten Syntaxbaums sind mit den Namen von Operatoren markiert. Die Phyla, deren Aufgabe es ist, die möglichen Sohnmarkierungen im Baum festzulegen, treten bei der Darstellung von noch unvollständigen Programmtexten an den Blättern des abstrakten Syntaxbaums auf. Diese Blätter werden bei einer Vervollständigung des Programmtextes durch Knoten mit Operatoren als Markierung und eventuell anhängenden Teilbäumen ersetzt. Weiterhin können an den Blättern eines abstrakten Syntaxbaums nullstellige, atomare Operatoren stehen. Im Beispiel sind dies "nil", die Bezeichner "X", "Z", "Next" und "INTEGER" und die ganze Zahl "1". Da die Menge dieser atomaren Operatoren unendlich groß sein kann (z.B. bei Bezeichnern oder ganzen Zahlen), muß dies auch in der Festlegung der Phyla in einer Baumgrammatik ausdrückbar sein. Dies kann z.B. geschehen durch die Angabe eines regulären Ausdrucks (vgl. /RT 85/), siehe hierzu Fig. II.23.

```
IDENT ::   [ a-zA-Z ] [ a-zA-Z0-9 ] *
```

Fig. II.23: Beispiel für ein Phylum zur Beschreibung atomarer Operatoren

Dies bedeutet, daß an der Stelle des Phylums IDENT ein beliebiger Bezeichner als atomarer Operator in einem abstrakten Syntaxbaum steht. Das heißt weiterhin, daß die Feinstruktur eines Bezeichners, nämlich der Aufbau als Liste von Zeichen, in diesem Fall im abstrakten Syntaxbaum nicht unmittelbar ausgedrückt wird. Eine derartige Modellierung ist angemessen, wenn diese Feinstruktur für alle (oder zumindest die meisten) Zugriffsoperationen auf dem Datenmodell uninteressant ist (vgl. Kriterium 1).

In bestimmten Anwendungsfällen können diese atomaren Operatoren jedoch eine komplexe Struktur besitzen, die durchaus verschieden sein kann von der abstrakten Syntax des umgebenden Dokuments. Als Beispiel betrachte man etwa (/DK 84/):

- die Darstellung einer hierarchischen Dateistruktur mit einzelnen Dateien als atomaren Operatoren, die eine eigene interne Struktur besitzen

- die Darstellung eines Programmtexts mit Assemblercodestücken als atomaren Operatoren

- die Darstellung von arithmetischen Ausdrücken, die von einem Editor als atomare Operatoren angesehen werden, aber z.B. für eine Typüberprüfung eine interne Struktur besitzen.

Das bedeutet, daß atomare Operatoren auch als Tore ("gates" in /DK 84/) zwischen zwei unterschiedlichen Strukturbeschreibungen aufgefaßt werden können, in dem an den Blättern eines abstrakten Syntaxbaums, der die globale Struktur darstellt, wiederum abstrakte Syntaxbäume zur Darstellung lokaler Strukturen hängen. Dadurch hat man die Möglichkeit, **mehrere,** unterschiedlich strukturierte **Datenstrukturen zu koppeln.**

Eine alternative Form der Modellierung besteht darin, die Darstellung eines abstrakten Syntaxbaums um **Knotenattribute** anzureichern (im Projekt Mentor (/DK 84/) "annotations" genannt), in denen weitere Angaben zu einem Knoten stehen können. Diese Attribute können auch wiederum eine eigene Struktur besitzen. Denkbare Anwendungen für derartige Attribute sind z.B. bei einer abstrakten Syntaxbaumdarstellung eines Programmtextes die Darstellung von Kommentaren, logischen Zusicherungen, Maschinencodestücken, Informationen für eine automatische Erzeugung der zugehörigen konkreten Syntax oder Informationen für die Analyse der statischen Semantik. Derartige **attributierte abstrakte Syntaxbäume** sind die häufigste Form eines Datenmodells zur Darstellung der bearbeiteten Dokumente in einer Programmentwicklungsumgebung (Mentor /DK 84/, Cornell Synthesizer /RT 84/, GANDALF /HN 86/, PSG /BS 86/).

Als Beispiel greifen wir noch einmal auf den in Figur II.22 dargestellten abstrakten Syntaxbaum zurück. Hier kann jeder Knoten zusätzlich mit einem Attribut versehen werden, in dem alle an diesem Knoten gültigen Bezeichner aufgeführt werden. Dieser Auszug aus einer Symboltabelle zu einem Programm könnte dann beim Eintragen eines Bezeichners in den Syntaxbaum dazu benutzt werden zu überprüfen, ob dieser Bezeichner bereits deklariert ist. Dieses Attribut mit dem Namen "Env" (Abk. für "Environment") besteht in unserem Beispiel aus einer Liste von Variablendeklarationen, wobei jede Variablendeklaration aus einer Liste von Bezeichnern zusammen mit dem zugehörigen Typbezeichner besteht (vgl. Fig. II.24).

Analog zu den oben erläuterten "gates", die die Schnittstelle zwischen zwei unterschiedlich strukturierten Syntaxbäumen darstellten, können auch diese Attribute wiederum durch einen abstrakten Syntaxbaum dargestellt werden. Dies bedeutet, daß einem Knoten eines abstrakten Syntaxbaums durch Attribute mehrere weitere abstrakte Syntaxbäume zugeordnet sein können. Ein um "gates" und "annotations" erweiterter abstrakter Syntaxbaum hat dann schematisch etwa die in Fig. II.25 angegebene Gestalt.

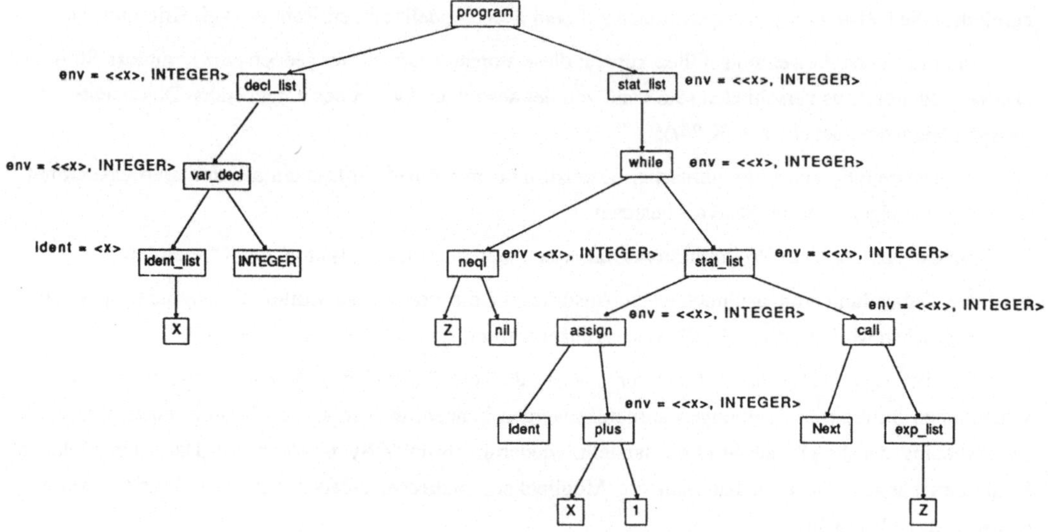

Fig. II.24: Beispiel für einen attributierten abstrakten Syntaxbaum

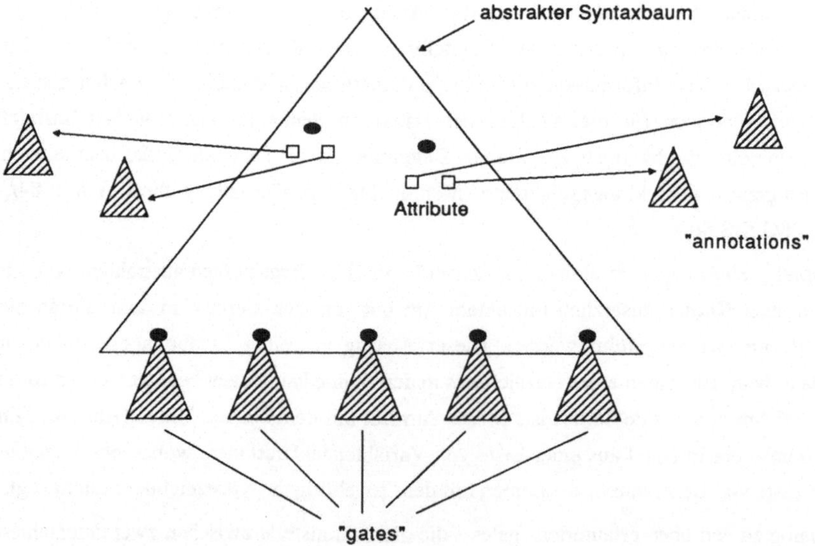

Fig. II.25: Schematische Darstellung von gates und annotations

Das Konzept des reinen abstrakten Syntaxbaums kann weiter aufgeweicht werden, in dem zusätzlich Verweise zwischen den verschiedenen Syntaxbäumen erlaubt werden. Bei dieser im GANDALF-Projekt (/El 85/) eingesetzten Modellierung spricht man dann auch von "tightly-coupled trees". Ein ähnlicher Ansatz wird auch bei der Realisierung des Pascal-orientierten Editors POE verfolgt, bei dem über die Baumstruktur hinweg, weitere Beziehungen zwischen den Knoten eines abstrakten Syntaxbaums benutzt werden (/JF 82/). Diese und weitere Ansätze zeigen, daß der reine Syntaxbaum als Datenmodell nicht in allen Fällen ausreicht. Dies trifft insbesondere dann zu, wenn Zusammenhänge zwischen zwei Knoten dargestellt werden sollen, die im Baum weit voneinander entfernt liegen, die unter einem bestimmten logischen Aspekt aber durchaus sehr eng zusammengehören. Ein Beispiel hierfür ist das deklarierende Auftreten eines Bezeichners im Deklarationsteil und das angewandte Auftreten desselben Bezeichners im Anweisungsteil. Diese Bezeichner stehen textuell im Modultext und damit auch im zugehörigen abstrakten Syntaxbaum sehr weit voneinander entfernt, gehören andererseits aber logisch sehr eng zusammen. Dieser logische Zusammenhang kann aber im abstrakten Syntaxbaum nicht unmittelbar dargestellt werden. Das heißt, daß durch das verwendete Datenmodell sehr starke Restriktionen gegeben sind und dadurch die im Kriterium 1 aufgeworfene Frage nach der Granularität der Struktur eines Datenobjekts überhaupt nicht angemessen beantwortet werden kann. Aufgrund dieser Erkenntnis ist es naheliegend, das Datenmodell eines abstrakten Syntaxbaums zu verallgemeinern und eine graphartige Datenstruktur als Datenmodell zu wählen. Dieser Weg wurde im Projekt IPSEN (/ES 85/) gewählt. In diesem Projekt wird als zentrale Datenstruktur für alle Werkzeuge eine graphartige Datenstruktur benutzt, um das aktuell bearbeitete Modul intern darzustellen. In der Datenstruktur für die Werkzeuge des Programmierens im Kleinen, die **Modulgraph** genannt wird, werden neben der kontextfreien Struktur eines Modula-2-Moduls auch eine Vielzahl kontextsensitiver Zusammenhänge in einem Modula-2-Modul unmittelbar durch Kanten ausgedrückt. Hierzu gehört z.B. die Darstellung der kontextsensitiven Beziehung zwischen einem angewandten Auftreten eines Bezeichners und der zugehörigen Deklarationsstelle. In Figur II.26 geben wir als Beispiel einen Ausschnitt aus einem derartigen Modulgraphen an. Im Gegensatz zu den bisher erläuterten abstrakten Syntaxbäumen sind diese Graphen keine geordneten Bäume bzw. Graphen, so daß zusätzlich zu den Knoten auch alle Kanten eine Markierung tragen. Darüberhinaus enthalten auch diese Graphen Knotenattribute, in denen z.B. Bezeichner abgelegt werden, deren Feinstruktur ebenso wie bei attributierten abstrakten Syntaxbäumen im Graphen nicht abgelegt wird. Wir werden im Teil III ausführlich auf das Projekt IPSEN eingehen und in diesem Zusammenhang im Kapitel III.2 auch detailliert die Gestalt des Modulgraphen erläutern. An dieser Stelle mag als erster Eindruck das Beispiel in Figur II.26 genügen. Die dort enthaltenen Kanten mit der Markierung "ELocUseDec" bzw. "ELocSetDec" stellen den kontextsensitiven Zusammenhang zwischen dem benutzenden bzw. setzenden Auftreten und der zugehörigen Deklarationsstelle von Bezeichnern dar. Die Kanten mit der Markierung "EVarType" bzw. "EExprType" beschreiben den Typ einer Variablen bzw. eines Ausdrucks. Die Kante mit der Markierung "EObject" beschreibt den kontextsensitiven Zusammenhang zwischen angewandtem und definierendem Auftreten von Typbezeichnern. Alle anderen Kanten beschreiben analog zu abstrakten Syntaxbäumen die kontextfreie Struktur eines Modula-2-Moduls.

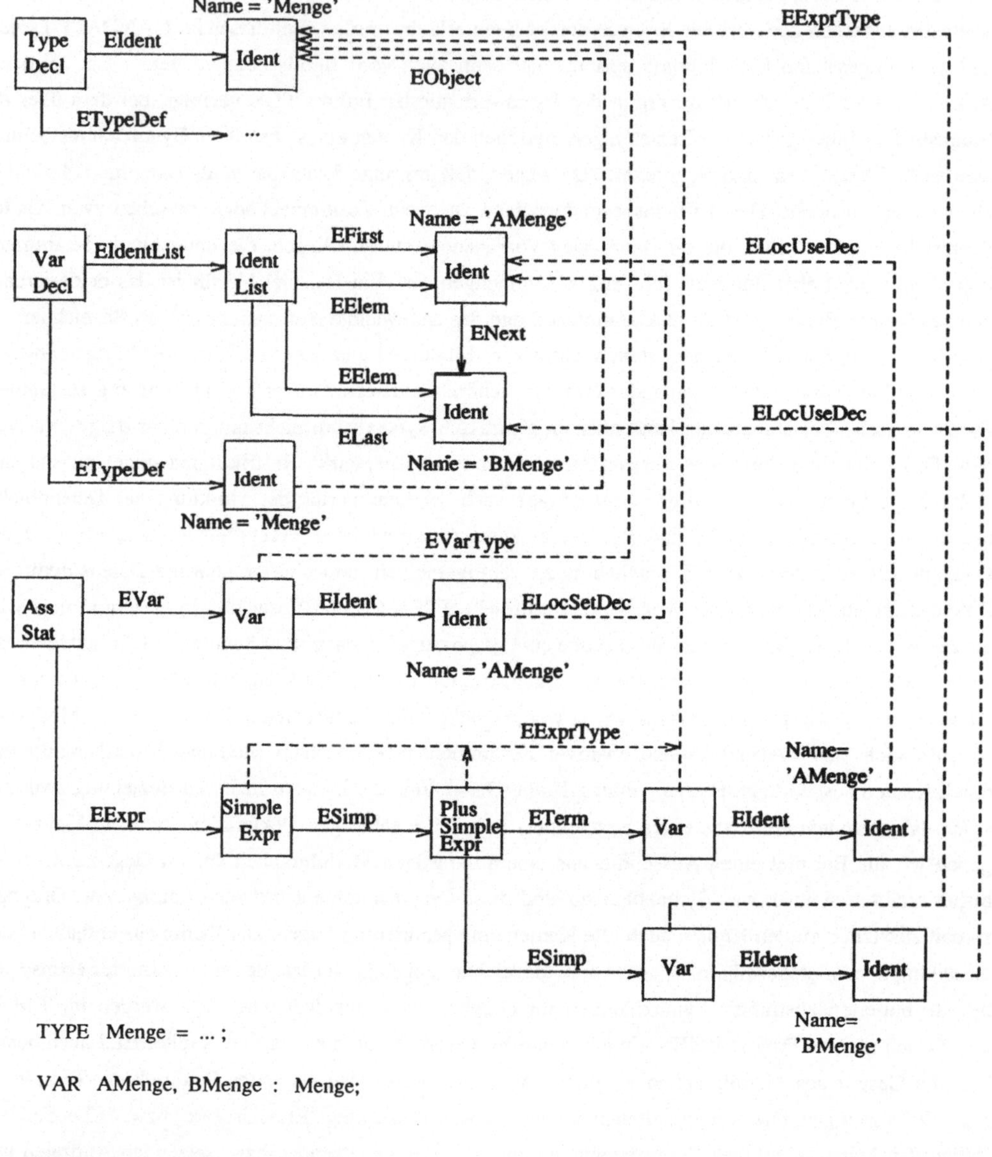

TYPE Menge = ... ;

VAR AMenge, BMenge : Menge;

AMenge := AMenge + BMenge

Fig. II.26: Beispiel für einen Modulgraphen

2.2. Spezifikation

2.2.1. Charakteristika von Spezifikationsansätzen

Die in den verschiedenen Forschungsprojekten zum Thema PEU gewählten Spezifikationsansätze haben das Ziel, die zentrale Datenstruktur in einer PEU, d.h. die interne Darstellung des aktuell bearbeiteten Modul- bzw. Programmtextes, und die zugehörigen Zugriffsoperationen zu spezifizieren. Wir wollen in diesem Abschnitt einige allgemeine Charakteristika derartiger Spezifikationsansätze erläutern (vgl. hierzu /Ba 82/, /Stö 82/), bevor wir dann im nächsten Abschnitt einige konkrete Ansätze vorstellen und an Hand dieser Charakteristika vergleichen und einordnen.

Das Ziel einer derartigen konzeptionellen Spezifikation der zentralen Datenstruktur in einer PEU besteht stets darin, die Funktionalität dieser Datenstruktur auf hoher Abstraktionsstufe und möglichst problemnah festzulegen. Die resultierende Spezifikation dieser Datenstruktur ist dann die Grundlage und der Ausgangspunkt einer zugehörigen Realisierung dieser Datenstruktur. Hierbei können zwei unterschiedliche Strategien in den verschiedenen Projekten beobachtet werden:

- Bei einer ausreichend formalisierten Spezifikation kann diese als Eingabe für einen Generator benutzt werden, durch den dann eine Realisierung dieser Datenstruktur automatisch erzeugt wird.

- Andere Projekte fassen diese Spezifikation als Präzisierung der Datenstruktur auf konzeptioneller Ebene auf, die dann den Ausgangspunkt für eine manuelle Realisierung dieser Datenstruktur darstellt.

Spezifikationen stellen im Verlauf der Entwicklung eines Softwaresystems die erste präzise und unmißverständliche Formulierung der Funktionalität des Softwaresystems dar. Eine hierzu erforderliche formale und formalisierte Notation steht dabei oft im Widerspruch zu einer leichten **Verständlichkeit** der Spezifikation. Wir stellen hier einige Merkmale vor, anhand derer diese Verständlichkeit einer Spezifikation untersucht werden kann:

(a) Sprachdimension

Spezifikationssprachen können in drei Arten unterteilt werden:

- Zeichenkettensprachen (eindimensional)

- graphische Sprachen (zweidimensional)

- Hybridsprachen, die sowohl graphische als auch textuelle Sprachmittel enthalten.

Jede dieser drei Arten hat, je nach Gesichtspunkt, ihre Vor- bzw. Nachteile: Bei einer textuellen Spezifikation werden alle Zusammenhänge in sequentialisierter Form dargestellt. Eine graphische Darstellung ermöglicht es dagegen häufig, auch komplexe Zusammenhänge unmittelbar und anschaulich darzustellen.

(b) Problemnähe

Ziel einer konzeptionellen Spezifikation ist es, weitestgehend implementierungsunabhängig die gewünschte Funktionalität eines Softwaresystems festzulegen. Dies ist auf eine sehr natürliche Art und

Weise möglich, wenn die zur Verfügung stehenden Sprachkonstrukte sehr problemnah sind und keine aufwendige Codierung der Anforderungen durch problemferne Sprachkonstrukte erforderlich macht. Dies heißt aber auch, daß eine Spezifikationssprache in der Regel nicht für jeden Anwendungsbereich geeignet ist.

(c) Veränderbarkeit der Detaillierung

Die Entwicklung einer konzeptionellen Spezifikation ist, wie jede Spezifikations- bzw. Programmerstellung, ein schrittweiser, inkrementeller Prozeß der Verfeinerung von noch unpräzisen Ausgangsformulierungen bis hin zu einer präzisen, vollständigen Darstellung. Neben einer Unterstützung eines solchen Verfeinerungsprozesses bei der Entwicklung einer Spezifikation ist eine Unterstützung eines analogen Abstraktionsvorgangs bei der Darstellung einer Spezifikation wünschenswert. Hierdurch ist es möglich, eine Spezifikation in verschiedenen Detaillierungsgraden darzustellen.

(d) Modularisierung

Eine besondere Form der Abstraktion stellt eine Zerlegung einer Spezifikation in Teilspezifikationen mit festgelegten Benutzt-Beziehungen zwischen diesen Teilspezifikationen dar. Eine derartige Modularisierbarkeit ermöglicht es, die Gesamtspezifikation zu strukturieren und dadurch sowohl die Komplexität des Spezifikationsvorgangs als auch die Komplexität der Spezifikation zu reduzieren.

(e) operational <-> deskriptiv

Spezifikationsansätze können in deskriptive und operationale unterschieden werden. Deskriptive Ansätze haben den Vorteil, daß sie von der Internstruktur des zu beschreibenden Systems abstrahieren. Sie beschränken sich darauf, das geplante Softwaresystem als "black box" anzusehen und nur das Ein-/Ausgabeverhalten dieses Systems zu beschreiben. Sie legen fest, "was" ein System zu leisten hat, ohne bereits in irgendeiner Form auch die Internstruktur, also das "wie" festzulegen. Dies geschieht bei operationalen oder auch prozeduralen Spezifikationsansätzen. Bei diesen Spezifikationsansätzen ist in der Regel der Übergang zu einer konkreten, effizienten Realisierung des Systems einfacher als bei einer deskriptiven Spezifikation.

(f) Formalisierungsgrad

Ein weiteres wichtiges Merkmal für die Verständlichkeit einer Spezifikation ist ihr Formalisierungsgrad. Streng formale, auf mathematischen Methoden basierende Spezifikationsansätze ermöglichen eine präzise und knappe Festlegung der Funktionalität eines Softwaresystems. Diese steht jedoch oft im Kontrast zu einer auch für den Außenstehenden zumutbaren Lesbarkeit und Verständlichkeit derartiger Spezifikationen.

Neben diesen verschiedenen Merkmalen zur Verständlichkeit einer Spezifikation wollen wir noch zwei Charakteristika erläutern, die den Umgang mit Spezifikationen betreffen.

(g) Analysierbarkeit und Ausführbarkeit

Um den Ersteller einer Spezifikation während des Spezifikationsvorgangs geeignet unterstützen zu können, ist es wünschenswert, Eigenschaften der erstellten Spezifikation untersuchen zu können und so dem Ersteller Rückmeldung geben zu können. Diese Untersuchungen können noch einmal unterteilt werden in statische und dynamische:

Die statischen Untersuchungen betreffen z.B.

- die Konsistenz der Spezifikation, d.h. inwieweit es widersprüchliche oder nicht erfüllbare Festlegungen gibt,

- die Mehrdeutigkeit der Spezifikation, d.h. ob die Spezifikation noch nicht ausreichend ist,

- eine eventuelle Überspezifikation oder Redundanz der Spezifikation, d.h. ob die Spezifikation unnötig einschränkend oder unnötig umfangreich ist.

Die dynamischen Untersuchungen betreffen ein Ausführen einer Spezifikation im Sinne eines "rapid prototyping", um Spezifikationsfehler frühzeitig zu entdecken.

(h) Wartbarkeit

Unter der Wartbarkeit einer Spezifikation verstehen wir hier den Aufwand, eine erstellte Spezifikation zu ergänzen oder zu ändern, nachdem sich die Anforderungen geändert haben oder spätere Entwicklungsschritte Fehler in der Spezifikation aufgedeckt haben. Dieses Charakteristikum hängt natürlich eng mit der Modularisierbarkeit einer Spezifikation zusammen (vgl. Charakteristikum (d)), die es erlaubt, Spezifikationsentscheidungen zu lokalisieren und dadurch den Aufwand für eine eventuelle Änderung möglichst gering zu halten.

2.2.2. Eingesetzte Spezifikationsmethoden

Wir wollen nun in diesem Abschnitt einige Spezifikationsansätze skizzieren und an Hand der im letzten Abschnitt erläuterten Charakteristika einordnen, die in verschiedenen Forschungsprojekten mit dem Thema PEU eingesetzt werden, um die interne Datenstruktur zur Darstellung eines zu bearbeitenden Softwaredokuments (z.B. eines Programms) formal zu spezifizieren. Hierbei werden wir auf die Projekte Mentor (/DK 84/), GANDALF (/HN 86/), Cornell Synthesizer Generator (/RT 81/), PSG (/BS 86/) und IPSEN (/En 86/) genauer eingehen, da sie charakteristisch für die unterschiedlichen Ansätze im Bereich der PEUen sind.

Alle diese Projekte haben gemeinsam, daß sie einen syntaxgestützten Editor zur Bearbeitung eines Softwaredokuments anbieten und Dokumente intern in der Form abstrakter Syntaxbäume (vgl. Abschnitt 2.1.2) verwaltet werden. Die verschiedenen Projekte unterscheiden sich dann allerdings darin, in welcher Form zusätzliche Informationen in der internen Datenstruktur abgelegt und verwaltet werden. Hierzu zählen insbesondere Informationen zur Überprüfung kontextsensitiver Beziehungen in einem Dokument, oft auch als Überprüfung der "statischen Semantik" bezeichnet.

Das Projekt **Mentor** wurde 1974 am Institut National du Recherche en Informatique et Automatique (INRIA) in Frankreich gestartet. Hauptziel dieses Projekts war die Realisierung eines Generators für syntaxgestützte Editoren, der parametrisierbar ist mit der Sprache, deren Dokumente durch den Editor syntaxgestützt bearbeitet werden können. Zur Beschreibung dieser Sprache steht die Spezifikationssprache **Metal** zur Verfügung (/KL 83/), mit der die konkrete und abstrakte Syntax einer

Sprache beschrieben werden kann. Einen Auszug aus der Beschreibung der abstrakten Syntax einer Sprache haben wir bereits im Abschnitt 2.1.2 in Fig. II.21 erläutert. Durch diese deskriptive Beschreibung der abstrakten Syntax ist die Gestalt der abstrakten Syntaxbäume eindeutig festgelegt. Eine entsprechende deskriptive Beschreibung der erlaubten kontextsensitiven Beziehungen in einem Dokument und damit in einem abstrakten Syntaxbaum ist in Metal nicht möglich. Hier existieren allerdings Ansätze, Metal um eine andere Sprache, genannt **Typol,** zu erweitern (vgl. /De 84/, /BC 88/, /De 88/), um durch Angabe von bedingten Regeln kontextsensitive Einschränkungen für einen abstrakten Syntaxbaum festzulegen.

Ein derartiges TYPOL-Programm besteht aus einer Menge von Axiomen und Inferenzregeln. Figur II.27 zeigt ein Beispiel für eine solche Inferenzregel, durch die festgelegt wird, wann ein Programm, bestehend aus Deklarationsliste und Anweisungsliste, korrekt typisiert ist.

```
env[]  |- DECL_LIST  => env  &  env  |- STAT
-----------------------------------------------
          |- begin  DECL_LIST  STAT  end
```

Fig. II.27: Typol-Inferenzregel - Beispiel 1

Eine Inferenzregel besteht aus 2 Teilen, dem "Numerator" und dem "Denominator", die durch eine horizontale Linie voneinander getrennt sind. Die Regel in Figur II.27 besagt z.B., daß bei einer gegebenen leeren Umgebung env[] die Deklarationsliste DECL_LIST eine Deklarationsumgebung env erzeugt. Falls dann gezeigt werden kann, daß bei dieser Deklarationsumgebung env der Anweisungsteil STAT korrekt typisiert ist, kann geschlossen werden, daß das gesamte Programm korrekt typisiert ist.
Durch weitere Regeln ist dann u.a. festzulegen, wann ein Anweisungsteil korrekt typisiert ist. Für eine while-Anweisung hat eine entsprechende Inferenzregel die in Figur II.28 angegebene Gestalt. Hier besagt der Numerator, daß, wenn in der aktuellen Umgebung env ein Ausdruck EXP vom Typ t ist, dieser Typ t mit dem Typ BOOLEAN kompatibel ist und der Anweisungsteil STAT in dieser Umgebung env korrekt typisiert ist, die im Denominator stehende Aussage geschlossen werden kann. Das heißt, daß in der aktuellen Umgebung env die mit EXP und STAT gebildete while-Schleife korrekt typisiert ist.

```
env |- EXP : t   &   |- IS_BOOLEAN(t)  &  env |-  STAT
-------------------------------------------------------
         env  |-  while  EXP  do  STAT  end
```

Fig. II.28: Typol-Inferenzregel - Beispiel 2

In analoger Weise kann für alle syntaktischen Konstrukte einer Sprache festgelegt werden, welche kontextsensitiven Bedingungen erfüllt sein müssen. Diese Typol-Inferenzregeln werden dann durch den

Editorgenerator in Prolog-Programme übersetzt, die dann nach der Ausführung einer Edieraktion automatisch aufgerufen werden, um eine etwaige Verletzung kontextsensitiver Einschränkungen festzustellen.

Neben diesen beiden Spezifikationssprachen Metal und Typol steht als Kommandosprache für den generierten Editor die Sprache Mentol zur Verfügung, um konkrete Editorkommandos einzugeben. Diese Kommandosprache ist programmierbar, so daß der Benutzer sich eigene Kommandoprozeduren schreiben kann. Diese Eigenschaft kann dann insbesondere dazu benutzt werden, die Überprüfung kontextsensitiver Einschränkungen als Kommandoprozeduren in **Mentol** zu programmieren. Diese müssen dann allerdings, im Gegensatz zu dem oben erläuterten Vorgehen mit Typol-Regeln, vom Benutzer nach Ausführung einer Editoraktion selbst aktiviert werden. Als Beispiel skizzieren wir in Figur II.29 die Definition von zwei Mentol-Prozeduren, mit denen für die in Figur II.21 gegebene Beispielsprache getestet werden kann, ob alle im Anweisungsteil auftretenden Bezeichner deklariert sind (vgl. hierzu /KL 83/, S.21).

Insgesamt ist bei dem Projekt Mentor hervorzuheben, daß es mit zu den ersten zählte, das durch die Entwicklung der Sprache Metal eine deskriptive Spezifikation der internen Datenstruktur in einem syntaxgestützten Editor ermöglichte. Gemäß der oben erläuterten Charakteristika ist dies eine eindimensionale, zur Beschreibung der kontextfreien Struktur sehr problemnahe, deskriptive Spezifikationssprache, die auch ein einfaches Modularisierungskonzept unterstützt (vgl. hierzu /DK 84/). Zur Spezifikation kontextsensitiver Einschränkungen steht einem entweder die deskriptive Sprache Typol oder der operationale Ansatz mit der Kommandosprache Mentol zur Verfügung.

Ein sehr ähnliches Vorgehen wurde auch im Rahmen des **GANDALF** Projekts verfolgt, das im Jahre 1976 unter der Leitung von N. Habermann an der Carnegie-Mellon University (Pittsburgh, USA) gestartet wurde. Eine wesentliche Komponente des GANDALF-Systems ist ALOE (A Language Oriented Editor), ein Editorgenerator, für dessen Entwicklung im wesentlichen R. Medina-Mora verantwortlich ist (/Me 82/). Die Festlegung der abstrakten Syntax der Dokumente, die durch einen von ALOE zu generierenden Editor bearbeitet werden können, geschieht wie im Mentor-Projekt auf deskriptive Art und Weise. Eine Festlegung kontextsensitiver Einschränkungen ist allerdings nur operational möglich, indem, zusätzlich zur Beschreibung der abstrakten Syntax, in C geschriebene Prozeduren, sogenannte **"action routines"**, angegeben werden, die bei einer Einfügeoperation nach und bei einer Löschoperation vor Ausführung dieser Operation automatisch aktiviert werden und eine etwaige Verletzung kontextsensitiver Einschränkungen überprüfen. Diese, in den ersten Prototypen des GANDALF- bzw. ALOE-Systems verfolgte Vorgehensweise ist mittlerweile verfeinert worden (/El 85/). So waren bei der obigen Vorgehensweise z.B. Probleme bei der Realisierung aufgetreten, wenn erst nach der Ausführung einer Einfügeoperation (z.B. beim Einfügen eines Bezeichners) mit Hilfe einer action routine überprüft werden konnte, ob diese Einfügeoperation überhaupt erlaubt ist und dann u.U. diese Einfügeoperation rückgängig gemacht werden mußte. Aus diesem Grunde besteht nun die Möglichkeit, zu jeder Operation drei action routines anzugeben. Die erste, "permission" genannt, überprüft, ob die Operation in der aktuellen Situation erlaubt ist. Die zweite, "pre" genannt, bereitet die Ausführung der Operation vor, in dem z.B. in einer Symboltabelle ein entsprechender neuer Eintrag vorgesehen wird. Die dritte, "post" genannt, wird nach Ausführung der Edieroperation ausgeführt.

% Mentol Prozeduren zum Überprüfen von Variablendeklarationen

```
: &        % Beginn einer Funktionsdefinition
           % Die folgende Prozedur überprüft, ob alle Bezeichner in
           % einem Programm deklariert sind.


.def <.all_declared,
  ( pd;                    % Retten des aktuellen Cursors k
    @d:u* s1;              % u* liefert die Wurzel des Baumes
                           % d zeigt anschließend auf den ersten Sohn
                           % der Wurzel (d.h. auf die Deklarationsliste)
    @k:u* s2;              % der aktuelle Cursor k zeigt anschließend
                           % auf den zweiten Sohn der Wurzel
                           % (d.h. auf den Anweisungsteil)
   .foreach                % der aktuelle Cursor k wird durch den Anweisungs-
      <@id,                % teil geschoben und für jedes Auftreten eines
                           % Bezeichners <id> im Anweisungsteil wird durch
                           % die Funktion occurs getestet, ob dieser Bezeich-
                           % ner in der Deklarationsliste enthalten ist.
      .occurs<@k,@d> >;
    pu;                    % der aktuelle Cursor wird auf den alten Stand
                           % zurückgesetzt.
  ) >


: &
% Die folgende Funktion testet, ob ein Name in einer Bezeichnerliste
% enthalten ist


.def <.occurs< @name, @list >,
  (    @list f @name;      % finde den Name in einer Liste
       ? ,                 % falls Name gefunden, tue nichts
       ( .pnnl<@name>;     % ansonsten gib den Namen mit einer
                           % Fehlermeldung aus
       )
  ) >
```

Fig. II.29: Mentol-Prozedur zur Überprüfung kontextsensitiver Regeln

Im Gegensatz zu dieser operationalen Spezifikation der statischen Semantik im GANDALF-Projekt wird im **Cornell Synthesizer Generator** neben der abstrakten Syntax auch die statische Semantik einer Sprache deskriptiv spezifiziert. Dieser Editorgenerator basiert auf dem Cornell Program Synthesizer, einer PEU für PL/CS (/RT 81/), die seit 1978 an der Cornell University (Ithaca, USA) entwickelt wurde. Das Ziel des Cornell Synthesizer Generator-Projekts war von Anfang an, einen Generator für syntaxgestützte Editoren zu realisieren, die während des Edierens neben der kontextfreien Korrektheit auch stets die kontextsensitive Korrektheit des bearbeiteten Dokuments überprüfen und sicherstellen. Die Eingabe für den Generator, d.h. die Spezifikation der kontextfreien und kontextsensitiven Syntax der durch den Editor zu unterstützenden Sprache wird mit Hilfe der Spezifikationssprache SSL (Synthesizer Specification Language) festgelegt (/RT 85/). Diese Sprache erlaubt die Festlegung der abstrakten Syntax und der kontextsensitiven Einschränkungen durch die Benutzung **attributierter Grammatiken** (/Ka 80/). Das heißt, daß als Datenmodell attributierte abstrakte Syntaxbäume gewählt werden. Kontextsensitive Einschränkungen werden durch Attributierungsregeln festgelegt, die den einzelnen Operatoren in der abstrakten Syntax (und damit den einzelnen Knoten im abstrakten Syntaxbaum) zugeordnet werden. Als Beispiel geben wir in Fig. II.30 die abstrakte Syntax für eine while-Anweisung und die zugehörige Attributierungsregel an.

```
(* abstrakte Syntax *)


    statement : MkWhile_Stat ( exp stat_list)

(* Attributierung *)


    MkWhile_Stat :: { exp.env = statement.env;
                      stat_list.env = statement.env; }
```

Fig. II.30: Auszug aus einer SSL-Spezifikation

Die abstrakte Syntax-Regel gibt an, daß die Darstellung einer while-Anweisung aus einem mit MkWhile_Stat markierten Knoten besteht, der als Söhne zwei abstrakte Syntaxbäume hat, die einen Ausdruck (exp) oder eine Anweisungsliste (stat_list) darstellen. Die aktuell gültigen Bezeichner werden in den env-Attributen im abstrakten Syntaxbaum verwaltet, die an jedem Knoten vorhanden sind. Die an der while-Anweisung stehende Attributierungsregel besagt, daß der Wert des Attributs env vom Vaterknoten auf die beiden Söhne vererbt wird ("inherited attribute").

In analoger Weise können alle erlaubten kontextsensitiven Zusammenhänge in einem abstrakten Syntaxbaum durch Attributierungsregeln festgelegt werden. Ein im Synthesizer Generator enthaltener inkrementeller Attributauswerter berechnet effizient nach Ausführung einer Edieraktion die Neuattributierung im abstrakten Syntaxbaum und stellt dabei eventuelle Verletzungen fest (/RT 83/).

Letzteres bedeutet insbesondere, daß während des Edierens Programmstücke als fehlerhaft zurückgewiesen werden, in denen noch nicht deklarierte Variable benutzt werden. Diese, aus softwaretechnischer Sicht durchaus vertretbare strenge Auffassung von Programmierdisziplin war dem Projekt **PSG (Program System Generator)** zu einschränkend (/BS 86/, /SB 89/). Die im Rahmen dieses Projekts erstellten Editoren sollten die Fähigkeit besitzen, daß unvollständige Programmstücke solange als korrekt akzeptiert werden, wie sie durch weitere Einfügeoperationen noch zu einem korrekten Programm ergänzt werden können. Das PSG-Projekt wurde Anfang der 80er-Jahre an der TH Darmstadt unter der Leitung von W. Henhapl gestartet. Ziel und Inhalt dieses Projekts ist die Entwicklung eines Generators für Programmentwicklungsumgebungen, durch den alle sprachabhängigen Werkzeuge einer Umgebung aus einer formalen Spezifikation automatisch generiert werden. Aufgrund der oben erläuterten, abgeschwächten Form der Überprüfung kontextsensitiver Fehler konnten die z.B. im Cornell Synthesizer Generator eingesetzten attributierten Grammatiken in PSG nicht benutzt werden. Die grundlegend neue Idee war deshalb, verteilt auf die Attribute eines abstrakten Syntaxbaums sogenannte **Kontextrelationen** im Syntaxbaum abzulegen (/Sn 86/). Diese Kontextrelationen beschreiben zu einem noch unvollständigen Programmstück alle noch möglichen Attributierungen. Hierbei werden die einzelnen Komponenten eines Tupels an den entsprechenden Knoten des abstrakten Syntaxbaums als Attribute abgelegt. Als Beispiel betrachte man in Fig. II.31 die Ausprägung einer Kontextrelation zu einer noch unvollständigen Zuweisungsanweisung (vgl. /BS 86/):

Zuweisungsanweisung:

```
a[ {expression 1} ] := {expression 2}
```

Kontextrelation:

```
        a               | {expression 1 } |  [ ]  | {expression 2}
------------------------------------------------------------------------
array-type(ORDINAL,TYPE) |    ORDINAL      | TYPE  |    TYPE
array-type(ORDINAL,real) |    ORDINAL      | real  |    integer
```

Fig. II.31: Kontextrelationen

Die Relation besitzt in dem Beispiel zwei Tupel. Das erste Tupel besagt, daß der Bezeichner a ein Feld bezeichnet mit noch unbekanntem Typ für den Indexausdruck (ORDINAL) und unbekanntem Typ für die Komponenten (TYPE). Die zweite Komponente besagt, daß {expression 1} von demselben ORDINAL-Typ sein muß, und die letzten beiden Komponenten legen fest, daß die linke und rechte Seite der Zuweisung von demselben Typ TYPE sein müssen. Das zweite Tupel beschreibt, daß für den

Spezialfall, daß der Komponententyp des Feldes real ist, auch ein integer-Ausdruck auf der rechten Seite der Zuweisung stehen darf. Die Tupel der Kontextrelationen werden während des Edierens durch einen speziellen Inferenzalgorithmus inkrementell, d.h. nur an den evtl. sich ändernden Stellen neu berechnet. Grundlage hierfür sind sogenannte Basisrelationen, die ein Werkzeugentwickler beim Einsatz von PSG zusammen mit der Beschreibung der abstrakten Syntax für jede Syntaxregel angeben muß. Die Basisrelation für die Zuweisungsanweisung hat auszugsweise die in Fig. II.32 angegebene Gestalt (vgl. /BS 86/):

```
assign:
       NIL
       MK-expr_attr(TYPE, ... )
       MK-expr_attr(TYPE, ... )
     | NIL
       MK-expr_attr(real, ... )
       MK-expr_attr(integer, ... );
```

Fig. II.32: Eine Basisrelation

Ein Vorteil dieser deskriptiven Spezifikation der kontextsensitiven Beziehungen in einem Programm ist, daß der PSG-Benutzer sie lokal für jede Regel der abstrakten Syntax angeben kann. Der Inferenzalgorithmus beachtet die Einbettung eines Programmstücks in einen speziellen Kontext.

Erwähnt sei an dieser Stelle noch, daß im PSG-Projekt ein zugehöriger Sprachinterpreter aus einer formalen Spezifikation der dynamischen Semantik (basierend auf dem Ansatz der denotationellen Semantik) erzeugt werden kann. PSG bietet somit die Möglichkeit, zu einer Programmiersprache sowohl Editor als auch Interpreter aus einer formalen Spezifikation erzeugen zu lassen (vgl. hierzu /SB 89/).

Alle bisher in diesem Abschnitt beschriebenen Projekte haben das gemeinsame Ziel, zu einer formalen Sprachbeschreibung mit Hilfe eines Generators (zumindest) einen zugehörigen Editor zu generieren. Durch die deskriptive formale Beschreibung ist dann insbesondere die Gestalt der internen Datenstruktur zur Darstellung eines Programms, also der abstrakte Syntaxbaum, festgelegt. Ein zugehöriger Editor ist dann typischerweise ein Interpreter dieser deskriptiven Beschreibung, wobei die zugehörigen Edier- und insbesondere auch Cursorkommandos eng an der Baumstruktur des abstrakten Syntaxbaums orientiert sind (z.B. die Sprache Mentol im Mentor-Projekt).

Ein anderer, operationaler Spezifikationsansatz wurde im IPSEN-Projekt gewählt. Hier ist es das Ziel, die während des Edierens durchzuführenden Veränderungen der internen graphartigen Datenstruktur, also des Modulgraphen, unmittelbar zu spezifizieren. Da derartige Edieraktionen auf dem Graphen Teilgraphenersetzungen entsprechen, ist es naheliegend, sie durch Graphersetzungsregeln zu spezifizieren (/ELS 87/). Spezifikationen sind somit Graphersetzungssysteme, eine Verallgemeinerung von Graph-Grammatiken (/Na 79/). Wir werden im Teil III im Abschnitt 2.2 ausführlich auf diese im IPSEN-Projekt entwickelte Spezifikationsmethode eingehen. An dieser Stelle wollen wir nur an Hand von zwei Beispielen den Ansatz veranschaulichen. Die erste Graphersetzungsregel in Fig. II.33 beschreibt eine einfache Einfügeoperation, durch die in dem Modulgraphen ein mit "Statement" markierter Platzhalterknoten durch die Graphrepräsentation einer Zuweisungsanweisung ersetzt wird.

RULE   InsertAssignmentStatement

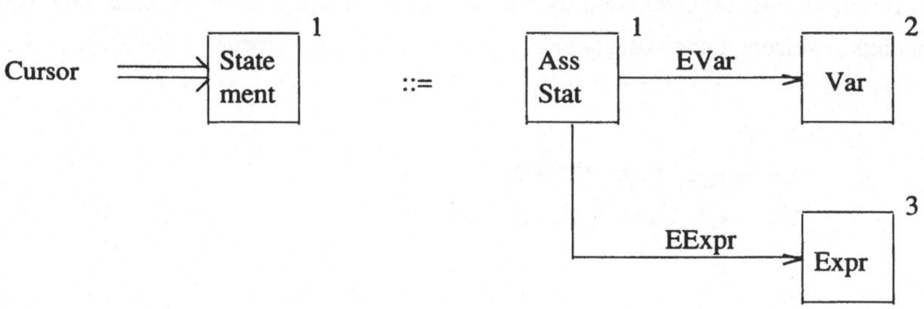

OPERATOR Cursor IS \ Cursor +Get;

Fig. II.33: Beispiel einer einfachen Graphersetzungsregel

Die Regel besteht aus der linken Seite, die den zu ersetzenden Teilgraphen, und der rechten Seite, die den einzusetzenden Teilgraphen beschreibt. Zusätzlich enthält die linke Seite noch den Knotenmengenoperator Cursor, durch den genau der Knoten mit der Markierung "Statement" im Modulgraphen ausgezeichnet wird, der über eine mit "Get" markierte Kante mit dem "Cursor"-Knoten im Modulgraphen verbunden ist.

Solche einfachen Graphersetzungsregeln entsprechen den zu Anfang dieses Kapitels vorgestellten Produktionen einer Baumgrammatik (vgl. Fig. II.21). Der wesentliche Unterschied des Ansatzes mit Graphersetzungsregeln ist, daß neben der kontextfreien Struktur auch die Veränderung der kontextsensitiven Struktur im Modulgraphen auf die gleiche Art und Weise spezifiziert wird. Die nächste Graphersetzungsregel in Fig. II.34 beschreibt beispielsweise, wie nach dem Eintragen eines Bezeichnerknotens in einer Typdefinition eine Kante mit der Markierung "EObject" zum Bezeichnerknoten an der Deklarationsstelle gezogen wird.

In diesem Beispiel beschreibt der Knotenmengenoperator InnermostTypeDecl, daß, ausgehend von dem durch den Cursor markierten Bezeichnerknoten alle umgebenden Deklarationsblöcke zu durchsuchen sind, bis die zugehörige Deklarationsstelle gefunden ist, so daß die "EObject"-Kante gezogen werden kann. Wir kommen auf dieses Beispiel im Teil III, Abschnitt 2.2 zurück.

Dieser Spezifikationsansatz verwendet somit neben textuellen auch graphische Sprachmittel. Hierbei ist jedoch einschränkend festzustellen, daß im Anfangsstadium des Projekts IPSEN nicht das Ziel verfolgt wurde, derartige Spezifikationen mit Graphersetzungsregeln maschinell weiterzuverarbeiten und u.U. sogar unmittelbar zu interpretieren. Sie wurden nur als präzise Vorgabe für eine spätere Implementierung benutzt. In der Zwischenzeit wurde dieser Spezifikationsansatz im Hinblick auf die Generierung von

RULE InsertEObjectEdge (CurrentIdent : STRING);

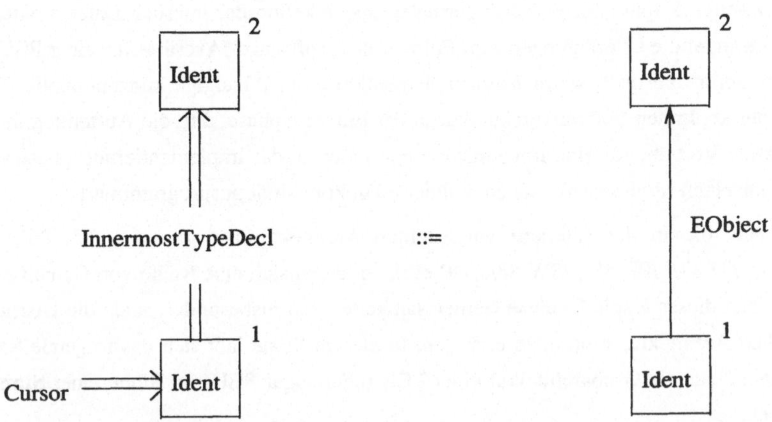

OPERATOR InnermostTypeDecl (Identifier : STRING) IS
   CurrentProcDecl (PrevProcDecl ^{*min} WHERE TypeDecl (Identifier))
   TypeDecl (Identifier)

OPERATOR CurrentProcDecl IS -ETypeDef -EElem -EElem -EDecLi;

OPERATOR PrevProcDecl IS -EElem -EDecLi;

OPERATOR TypeDecl (Identifier : STRING) IS
   +EDecLi +EElem \ TypeDeclList +EElem +EIdent (Name = Identifier);

OPERATOR Cursor IS \ Cursor +Get;

Fig. II.34: Beispiel einer komplexen Graphersetzungsregel

Werkzeugen weiterentwickelt (vgl. /Le 88a/, /Schü 89/). Außerdem sind nun auch entsprechende, unterstützende Werkzeuge wie syntaxgestützter Editor und Interpreter geplant.

3. Eine Standard-Software-Architektur

Unter Zugrundelegung der im ersten Kapitel erläuterten Anforderungen an die Benutzerschnittstelle einer PEU und der im zweiten Kapitel dargestellten formalen Spezifikation der internen Datenstrukturen werden wir in diesem Kapitel die Überlegungen zum Entwurf der **(Software-)Architektur** einer PEU vorstellen. Wir verlassen somit die noch weitgehend implementierungsunabhängige konzeptionelle Ebene, da die Festlegung einer konkreten Softwarearchitektur in der Entwurfsphase, d.h. die Aufteilung in einzelne Module, die konkrete Vorgabe für eine Implementierung bildet. In der Implementierungsphase wird "nur noch" die in den einzelnen Modulschnittstellen definierte Funktionalität ausprogrammiert.

Vergleicht man die in der Literatur vorgestellten Architekturen (vgl. etwa /EL 86/, /To 89/, /IEEE 87/, /TB 87/, /Ti 87/, /PR 88/, /SW 88/, /DP 89/), so lassen sich eine Reihe von Gemeinsamkeiten feststellen. Es ist Ziel dieses Kapitels, diese Gemeinsamkeiten und insbesondere auch die Überlegungen, die zu einer solchen Architektur führen, zu erläutern. In diesem Sinne läßt sich das folgende Kapitel als das "design rationale" für die Grobarchitektur einer PEU (oder sogar SEU) im Sinne einer **Standardarchitektur** auffassen.

Um dem interessierten Leser auch die Möglichkeit zu geben, die Details der Architektur einer konkreten PEU kennenzulernen (, die wir bei der Darstellung einer Standardarchitektur nicht berücksichtigen können), werden wir diese anhand des Beispiels IPSEN in Kapitel III.3 erläutern.

3.1. Grundlegende Strategien

Bei der systematischen Entwicklung einer Softwarearchitektur hat sich die sogenannte **JoJo-Strategie** (vgl. etwa /SF 76/, /KK 79/, /So 85/) weitgehend durchgesetzt, die wir auch hier zugrunde legen wollen. Ausgehend von einer möglichst präzisen und vollständigen Anforderungsdefinition wird das gesamte entstehende Softwaresystem (also hier die PEU) in voneinander möglichst unabhängige, logisch in sich aber zusammenhängende Teilsysteme zerlegt. Diese Teilsysteme werden dann entweder schrittweise bis auf die Ebene einzelner Module zerlegt (top-down) oder es werden sogenannte Basismodule oder auch ganze Teilsysteme zu komplexeren Teilsystemen zusammengesetzt (bottom-up). (Bei einer PEU sind solche Basissysteme z.B. ein komfortables Fenstersystem oder die Verkapselung des Datenmodells zur Darstellung von Programmen in einer Projektdatenbank.)

Teilsysteme oder einzelne Module verkapseln in einer solchen Zerlegung logisch zusammenhängende Informationen, d.h. wesentliche Entwurfsentscheidungen wie z.B. die Art der Darstellung eines Programms oder die Art der Darstellung von Fehlermeldungen. Weiterhin sollte die Zerlegung auf der Idee der Datenabstraktion basieren, d.h. ein einzelner Modul repräsentiert und verkapselt einen (ggf. umfangreichen) Datentyp zusammen mit allen seinen Operationen (Stichwort "information hiding", vgl. /Pa 72/).

Zusammenfassend heißt JoJo-Strategie, daß auf der Basis der Lokalisierung von Entwurfsentscheidungen sowie Datenabstraktion eine Softwarearchitektur schrittweise bis auf die Ebene einzelner Module verfeinert wird. Verfeinerungsschritte können sowohl top-down durch Zerlegung eines größeren Teilsystems in kleinere als auch bottom-up durch Zusammensetzen kleinerer Teilsysteme in ein größeres erfolgen.

Wendet man diese Strategie an, ergibt sich für eine PEU zunächst die in Fig II.35 dargestellte erste grobe Zerlegung in Teilsysteme. Diese Zerlegung ergibt sich unmittelbar aus dem in Fig. II.20 dargestellten Transformationsschema.

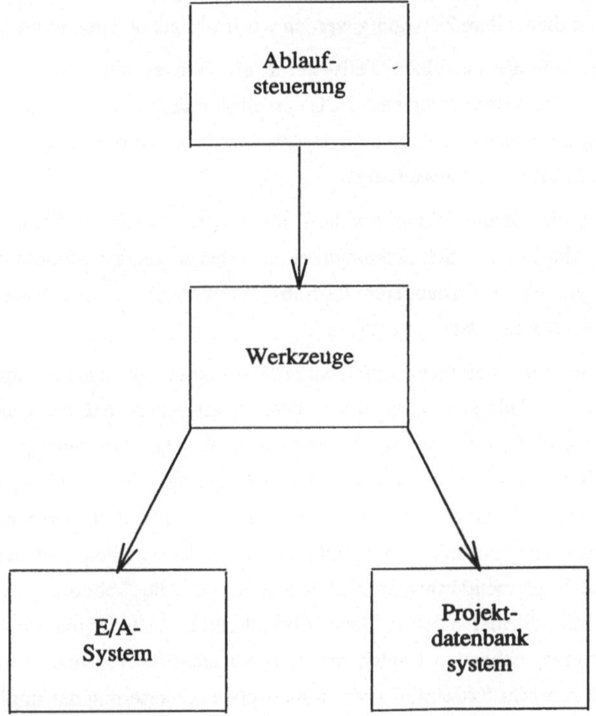

Fig. II.35: Grobarchitektur einer PEU

Die Pfeile in Figur II.35 kennzeichnen eine sogenannte **"Benutztbeziehung"**, d.h. ein Teilsystem (Modul), das Quelle eines solchen Pfeils ist, benutzt die Ressourcen, die von dem Teilsystem (Modul), das Ziel eines solchen Pfeils ist, zur Verfügung gestellt werden, zu seiner eigenen Realisierung. Die disziplinierte Verwendung einer solchen Benutztbeziehung durch den Entwickler führt zu einer sogenannten **Schichtenarchitektur,** d.h. Module benutzen im wesentlichen nur die Exporte der Module, die in der gleichen oder direkt unterhalb liegenden Schicht definiert sind.

Die in Abschnitt 1.2 dargestellten Anforderungen an einen übersichtlichen Bildschirmaufbau sowie die spezielle Gestaltung der einzelnen Fensterinhalte und die verschiedenen Möglichkeiten der Kommandoeingabe werden durch das Ein-/Ausgabesystem (E/A-System) realisiert. Das Projektdatenbanksystem verkapselt das interne Datenmodell und stellt somit alle notwendigen Operationen zur Manipulation aller abgespeicherten Programme (Dokumente) zur Verfügung. Mit Hilfe der Ablaufsteuerung wird ermittelt, welches Werkzeug aufgrund des eingegebenen Benutzerkommandos zu aktivieren ist (Editor, Analyse, usw.). Verwendet der Benutzer die freie Eingabe, werden mit Hilfe eines speziellen Werkzeugs, eines Parsers, die notwendigen Veränderungen der internen Datenstrukturen ermittelt und initiiert. Nach erfolgter Veränderung der internen Datenstrukturen wird wieder mit Hilfe eines speziellen Werkzeugs, eines Unparsers, die erfolgte Veränderung auf dem Bildschirm angezeigt. Auf die Funktionalität der einzelnen Teilsysteme sowie die weitere Zerlegung werden wir im folgenden detailliert eingehen.

Neben der Tatsache, daß die einzelnen Teilsysteme als Ganzes die spezifizierten funktionalen Anforderungen an das Softwaresystem (hier eine PEU) erfüllen müssen, werden ggf. spezielle Anforderungen an einzelne Teilsysteme gestellt. Allgemein lassen sich diese Anforderungen durch die Kriterien Portabilität, Flexibilität und Effizienz charakterisieren.

Portabilität bedeutet die leichte Übertragbarkeit auf andere Hardware. Diese Anforderung gilt natürlich hauptsächlich für die in einer Schichtenarchitektur unten liegenden Module bzw. Teilsysteme. Diese benutzen gerade die von einem vorhandenen Betriebssystem angebotenen Dienste wie z.B. elementare Bildschirmein-/ausgabe oder das Dateisystem.

Flexibilität bedeutet möglichst einfache Anpaßbarkeit der einmal entstandenen Implementierung an veränderte Anforderungen. Sie läßt sich zum einen dadurch erreichen, daß Entwurfsentscheidungen möglichst in einem einzigen Modul verkapselt werden (z.B. die Darstellung von Menüs, die Abspeicherung eines Objekts usw.). Bei einer Änderung einer solchen Entscheidung muß dann in den meisten Fällen nur das einzelne Modul oder zumindest nur ein kleiner Teil des Gesamtsystems geändert werden (vgl. /KK 79/). Zum anderen läßt sich Flexibilität dadurch erreichen, daß der Zusammenhang zwischen Spezifikation und Implementierung möglichst eng ist, d.h. die Abbildung zumindest systematisch, wenn nicht sogar ganz formal erfolgt. Dann sind nämlich Änderungen in der problemnahen Spezifikation leicht in der entsprechenden Implementierung zu identifizieren und durchzuführen. Diese Forderung nach Flexibilität führt im Extremfall zur automatischen Generierung der Implementierung, wie dies bei Parsergeneratoren und zumindest teilweise auch bei PEUen (vgl. Abschnitt 2.2) heute üblich ist. Die letztere Vorgehensweise setzt natürlich voraus, daß die funktionale Spezifikation in einer sehr formalen Form vorliegt, was nicht immer der Fall sein muß oder oft gar nicht zu erreichen ist. Dies zeigen auch Kapitel 1 und 2. Die Anforderungen an die Benutzerschnittstelle wurden mehr informal vorgestellt, während die internen Datenstrukturen einer PEU durch formale Spezifikationstechniken beschrieben wurden. Entsprechend wird die weitere Zerlegung der verschiedenen Teilsysteme von diesen unterschiedlichen Ausgangspunkten abhängen.

Effizienz bedeutet insbesondere Laufzeiteffizienz, kann aber (trotz des rapiden Preisverfalls im Hardwarebereich) auch heute noch die Forderung nach möglichst geschickter Ausnutzung des vorhandenen Speicherplatzes sein.

Leider sind natürlich alle diese Kriterien nicht unabhängig voneinander. Insbesondere zwischen Flexibilität und Effizienz besteht in vielen Fällen ein unangenehmer trade-off. Es ist deswegen oft im Einzelfall, d.h. für ein einzelnes Teilsystem oder ein Modul zu entscheiden, welches Kriterium höhere

Priorität hat. Manchmal hängt es auch vom geplanten Einsatz des Softwaresystems ab. Handelt es sich um eine Prototypversion, die nur die Machbarkeit eines speziellen Ansatzes zeigen soll oder ist es ein industrielles Produkt, das in (möglichst) großer Stückzahl vertrieben werden soll und deshalb in erster Linie laufzeiteffizient sein muß.

3.2. Komponenten einer Standardarchitektur

In diesem Abschnitt werden wir die in der Grobarchitektur (Fig. II.35) identifizierten Teilsysteme weiter verfeinern. Wir werden diese Verfeinerung allerdings nicht immer bis auf die Ebene einzelner Moduln durchführen, da dies oft sehr spezifische Entwurfsentscheidungen voraussetzt. Diese sind nicht mehr allgemein für beliebige PEUen zu treffen, sondern hängen direkt von den spezifischen Anforderungen an eine konkrete PEU ab.

3.2.1. Das E/A-System

Die gerade skizzierte Vorgehensweise ergibt in einem ersten Verfeinerungsschritt die Zerlegung des E/A-Systems in drei noch sehr umfangreiche Teilsysteme, die in Fig. II.36 dargestellt sind.

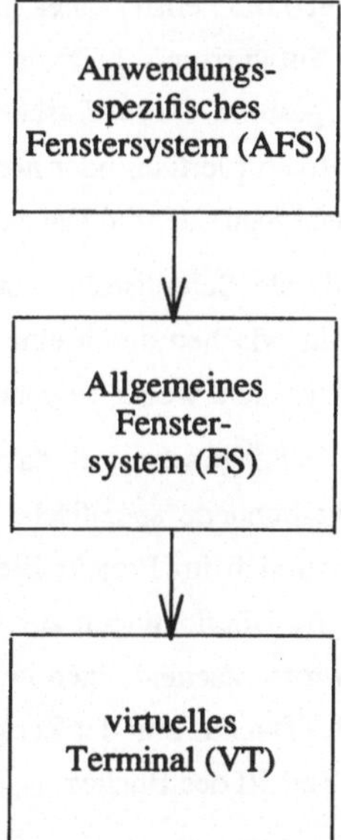

Fig. II.36: Grobarchitektur des E/A-Systems

Motivation für diese Zerlegung ist insbesondere die Lokalisierung von Entwurfsentscheidungen. Das unterste Teilsystem, **virtuelles Terminal (VT)** genannt, soll die Portabilität des gesamten E/A-Systems sicherstellen. Es verkapselt deshalb Entscheidungen über die zugrundeliegende Hardware. Seine Schnittstelle stellt elementare Ein- /Ausgabeoperationen zur Verfügung, die von der Hardware abstrahieren. Diese Operationen beinhalten z.B. das Schreiben von Zeichenketten bzw. elementaren Graphiksymbolen, das Lesen von Tastatureingaben, Feststellen der Mausposition usw.. Eine übliche Vorgehensweise, um von einem konkreten Terminal zu abstrahieren, d.h. seine Besonderheiten in einem Teilsystem zu verkapseln, ist die Definition eines virtuellen Terminals (vgl. /KB 76/).

Das zweite Teilsystem ist ein **Allgemeines Fenstersystem (FS)** zur Verwaltung sich überlappender Fenster und deren Inhalte. Es stellt Ressourcen zur Verfügung, wie z.B. elementare Operationen auf Fenstern (Öffnen, Schließen, Verschieben,....), elementare Operationen auf Fensterinhalten (Lesen/Schreiben von Zeichenketten, Schreiben von Graphiksymbolen, Verwalten von Cursorbewegungen). Diese Operationen leisten mehr als die oben angesprochenen Ressourcen des virtuellen Terminals. Mit ihnen läßt sich ein Bildschirm in prinzipiell beliebig viele Fenster strukturieren, die angezeigt, gelöscht und deren Inhalt verändert werden kann. Alle E/A-Operationen werden auf die Grenzen eines Fensters bezogen, d.h. man liest und beschreibt den Bildschirm relativ zu vorhandenen Fenstern. Weiter ist in diesem Teilsystem die spezielle Geometrie von Fenstern verkapselt (z.B. Form der Fenster (nur rechteckige Fenster), Fensterrahmengestaltung usw.).

Mit Hilfe der Ressourcen des FS werden in einem dritten Teilsystem, dem **Anwendungsspezifischen Fenstersystem (AFS)** die Fenster einer speziellen Anwendung, also hier einer PEU, realisiert. Dieses Teilsystem verkapselt Entwurfsentscheidungen über den spezifischen Bildschirmaufbau einer PEU, wie in Abschnitt 1.2.2 dargestellt. Diese Entscheidungen betreffen z. B. die Darstellung von Menüs, d.h. Anordnung der Alternativen (vertikal oder horizontal), Art des Ankreuzverfahrens (mit Maus oder Tastatur), Gestaltung von Schablonen oder die Darstellung von Nachrichtenfenstern.

Eine die Portabilität erhöhende prozedurale Schnittstelle von elementaren Ein- /Ausgabeoperationen, wie sie das VT realisieren soll, wird inzwischen durch eine Reihe von **graphischen Standardpaketen** angeboten, auf deren Zerlegung wir hier nicht weiter eingehen wollen (vgl. z.B. /EK 84/).

Die weitere Zerlegung des Teilsystems FS hängt sehr stark davon ab, welches graphische Standardpaket ausgewählt wird, d.h. welche damit verbundene spezifische Funktionalität vom Teilsystem VT angeboten wird. Beispielsweise entschied man sich im Projekt IPSEN für das graphische Kernsystem (GKS) (vgl. /HD 83/, /EK 84/). Somit sind die Überlegungen zur weiteren Zerlegung des allgemeinen Fenstersystems direkt abhängig von den Entwurfsentscheidungen in einem speziellen Projekt. Deswegen wenden wir uns in diesem allgemeinen Teil des Buches nun der Zerlegung des AFS zu und verweisen für die speziellen Überlegungen bzgl. des FS auf Teil III des Buches.

Die oberste Schicht des E/A-Systems, das **anwendungsspezifische Fenstersystem** (AFS), realisiert den für eine PEU spezifischen Bildschirmaufbau, dessen grundlegende Konzepte wir in Abschnitt 1.2 beschrieben haben. Das AFS verkapselt die Entwurfsentscheidungen über die Art der spezifischen Fenstertypen, d.h. deren spezielle Gestalt (Rahmen, Größe, Anzeigeposition usw.) sowie den für jeden Fenstertyp spezifischen Operationensatz.

Beispielsweise gibt es für den Typ **Eingabefenster** Operationen zum Lesen und Schreiben von Zeichenketten und zur Markierung von Teilen von Zeichenketten. Da im Eingabefenster ggf.

umfangreichere Ein-/Ausgaben gemacht werden, muß man blättern können. Es muß also eine Operation existieren, die abfragt, ob das Kommando zum Blättern eingegeben wurde. Bei einem komfortableren Verhalten der PEU können im Eingabefenster Schablonen angezeigt und ausgefüllt werden. Dann muß es spezifische Operationen zum Definieren geschützter Felder (Bereiche, die nicht vom Benutzer überschrieben werden können) und zur Cursorsteuerung geben (z.B. Springen von Eingabefeld zu Eingabefeld in einer Schablone mit einem Zeichencursor).

Für den Typ **Menüfenster** gibt es Operationen zum Anzeigen einer Liste von Alternativen sowie die Abfrage, welche Alternative selektiert wurde.

Für ein **Dokumentenfenster** sind Operationen wie "Stelle eine Zeichenkette als Schlüsselwort dar", "Rücke einen Block um eine Stufe ein", "Markiere das aktuelle Inkrement" usw. angebracht. In solchen Moduln sind somit die Entscheidungen über die Repräsentation von Programmen auf dem Bildschirm verkapselt. Es ist festgelegt, ob eine Darstellung graphisch oder textuell erfolgt (dann existieren natürlich verschiedene Moduln), ob ein Schlüsselwort fett oder kursiv dargestellt wird, welches graphische Symbol einem Schlüsselwort in einer Nassi-Shneiderman Darstellung entspricht usw..

Es ist klar, daß die genaue Zerlegung des AFS spezifisch auf eine konkrete PEU zugeschneidert ist, während das FS durchaus zum Einsatz in vielen verschiedenen PEUen geeignet ist. Das AFS muß außerdem besonders änderungsfreundlich sein, da sich kleine Änderungen der Benutzerschnittstelle, die im Rahmen der Entwicklung einer PEU häufiger vorkommen, insbesondere in diesem Teilsystem auswirken. Deswegen sollten insbesondere hier Entwurfsentscheidungen soweit wie möglich lokalisiert werden. Demzufolge ist es naheliegend, für jeden Fenstertyp einen eigenen Modul zu definieren, der die skizzierten fensterspezifischen Operationen exportiert (vgl. Fig. II.37). In der Implementierung der Operationen dieser Module sind die Entscheidungen über die spezifische Gestalt der Fenstertypen realisiert (z.B. die Darstellung der Menüalternativen untereinander, die Darstellung des aktuellen Inkrements in Fettschrift).

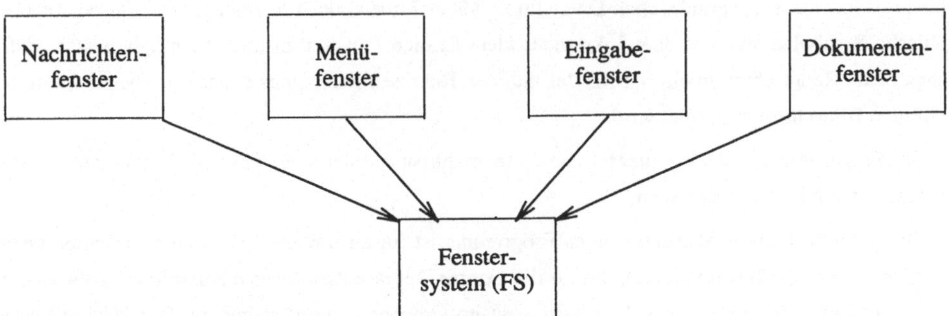

Fig. II.37: Beispiel einer Softwarearchitektur für ein AFS

Es ist klar, daß sich das dargestellte AFS bei einer eventuellen Anforderung nach neuen Fenstertypen leicht erweitern läßt. Andere denkbare und u.U. notwendige Erweiterungen werden wir nun diskutieren.

Für verschiedene der oben erwähnten Fenster besteht die Anforderung, daß Fensterinhalte bereits vor ihrer Anzeige aufgebaut werden müssen oder daß Fensterinhalte auch dann noch gespeichert sein müssen, wenn sie gar nicht oder nur noch teilweise auf dem Bildschirm zu sehen sind. Dies trifft z.B. auf das Dokumentenfenster zu, dessen Inhalt von einem Unparser vorab erzeugt wird (vgl. auch Abschnitt 3.2.3.2). Weiterhin muß für den Inhalt eines Dokumentenfensters gespeichert werden, an welcher Stelle im Fenster welches Inkrement angezeigt wird. Nur dann kann ein Benutzer mit der Maus ein neues aktuelles Inkrement selektieren (wie in Abschnitt 1.2.3 gefordert). Sind bei der freien Eingabe (vgl. Abschnitt 1.1.2) Inkremente, die eingegeben werden, größer als das zur Verfügung stehende Eingabefenster, dann muß der Benutzer die Möglichkeit haben, im Eingabefenster zu blättern. Außerdem benötigt der Parser, der anschließend das eingegebene Inkrement auf syntaktische Korrektheit untersucht, das vollständige Inkrement und nicht nur den Teil, der im Eingabefenster gerade zu sehen ist. Die Anforderung nach Speicherung der Inhalte besteht außerdem, wenn bestimmte Fensterinhalte schon vor Laufzeit der PEU, d.h. des Programms, das die Implementierung einer konkreten PEU darstellt, aufgebaut werden können. Dies trifft z.B. auf sich nie ändernde Menüs, Fehlermeldungstexte oder spezielle Eingabeschablonen zu. Letztere werden durch sogenannte Formular- oder Maskengeneratoren vorab erzeugt (vgl. /HP 80/, /Kl 84/, /TA 84/).

An dem konkreten Beispiel des Dokumentenfensters wollen wir verdeutlichen, welche Erweiterungen der Architektur des AFS notwendig sind, um diese Anforderungen erfüllen zu können.
Um ermitteln zu können, welches Inkrement vom Benutzer als aktuelles selektiert wurde, muß sich das AFS für jedes Inkrement den Bereich merken, den es im Fenster belegt, d.h. es muß die **Inkrementstruktur des Fensterinhalts** kennen. Hierzu wird für jedes im Dokumentenfenster angezeigte Inkrement ein fester Bereich definiert. Klickt der Benutzer mit der Maus in diesen (normalerweise nicht explizit angezeigten, sondern virtuell vorhandenen) Bereich, ist das Inkrement selektiert. In der textuellen Darstellung wird z.B. immer das kleinste, das Inkrement ganz umfassende, Rechteck als dieser Bereich definiert (vgl. Fig. II.38). In einer graphischen Darstellung läßt sich meist noch leichter immer das entsprechende graphische Symbol direkt mit dem Inkrement identifizieren. Weiterhin muß es möglich sein, daß der Unparser eine Repräsentation eines Teils der internen Repräsentation eines Moduls aufbauen kann, bevor sie auf dem Bildschirm angezeigt wird.

Die Frage ist nun, wie eine **zusätzliche Datenstruktur** aussieht, die diese Möglichkeiten bietet, und in welchem Modul sie verkapselt ist.

Die gesamte Inkrementstruktur eines Programms ist im abstrakten Syntaxbaum/-graphen bekannt. Man könnte somit die Informationen, die für die externe Repräsentation eines Ausschnitts gebraucht werden (die erwähnten Rahmen), zu jedem Inkrement im Graphen (Baum) speichern. Der Nachteil ist aber, daß es zu einem Graphen (Baum) u.U. mehrere externe Repräsentationen gleichzeitig geben kann und vor allem, daß normalerweise immer nur ein kleiner Teil des Graphen (Baum) betroffen ist. Der Ausschnitt, der angezeigt wird, ist ja im allgemeinen viel kleiner als das gesamte durch den Graphen (Baum) repräsentierte Programm. Deshalb ist der Einsatz einer Projektdatenbank, die insbesondere für die Speicherung und Manipulation in Graph- (Baum-)form vorhandener Module entwickelt wird, im

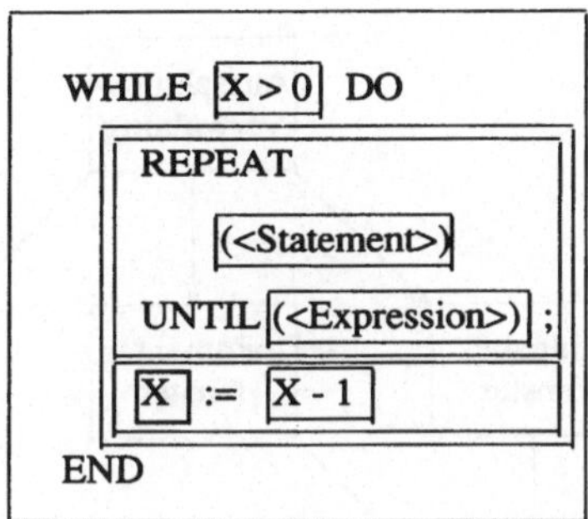

Fig. II.38: Darstellung der Inkrementstruktur in der textuellen Repräsentation

allgemeinen nicht angemessen.

Aufgrund dieser Überlegungen wird in z.B. in /En 86/ und /YTT 88/ die Einführung einer neuen Datenstruktur, einer sogenannten **Zwischendatenstruktur** vorgeschlagen, die zum Aufbau von Fensterinhalten verwendet wird und die außerdem die Inkrementstruktur (d.h. die Rahmen) beinhaltet. Die konkrete Gestalt dieser Zwischendatenstruktur wird bei der Erläuterung des Unparsers in Abschnitt 3.2.3.2 ausführlich motiviert, da naheliegenderweise die meisten Anforderungen an sie aus der Realisierung des Unparsers abgeleitet werden müssen. Dann wird auch erst deutlich, daß sie noch weitere Vorteile mit sich bringt. Wir haben sie hier deswegen schon eingeführt, da der sie realisierende Modul, den wir **KonkreteRepr** nennen, Bestandteil des AFS ist. Insbesondere ist er wesentliche Grundlage für die Flexibilität des AFS, wie wir noch näher erläutern wollen. Man könnte dieses Modul allerdings auch, wie schon erwähnt, logisch dem Teilsystem Unparser zuordnen.

Für die vollständige Realisierung der Anforderungen an eine Zwischendatenstruktur müssen wir aber noch ein weiteres Modul einführen. Wie schon erwähnt, ist der in der Zwischendatenstruktur gehaltene Ausschnitt einer externen Programmrepräsentation umfangreicher als der in dem entsprechenden Fenster auf dem Bildschirm angezeigte Ausschnitt. Deshalb muß zusätzlich zu dem die Zwischendatenstruktur verkapselnden Modul KonkreteRepr ein weiteres Modul, die **Ausschnittsverwaltung,** die notwendige Ausschnittsverwaltung vornehmen, d.h. die Koordination zwischen dem auf dem Bildschirm dargestellten Fensterinhalt und dem in der Zwischendatenstruktur zur Verfügung stehenden Ausschnitt. Dieses Modul exportiert dann im wesentlichen Operationen wie ein Dokumentenfenster. Allerdings wird bei diesen Operationen gleichzeitig die im Modul KonkreteRepr enthaltene Information mit dem Inhalt des Dokumentenfensters konsistent gehalten. Dies trifft insbesondere bei Operationen wie Blättern zu (, dann wird im Modul KonkreteRepr markiert, wie sich der Bildschirmausschnitt verändert hat) oder, wenn ein neues aktuelles Inkrement selektiert wird. Daraus ergibt sich die in Fig. II.39 dargestellte Erweiterung der AFS-Architektur. Natürlich wird der Modul Ausschnittsverwaltung ggf. wieder in zwei Module zerlegt, falls die Ausschnittsverwaltung für unterschiedliche Fenstertypen (z.B. Eingabe- und Dokumentenfenster) sehr unterschiedliche Verwaltungsoperationen erforderlich macht.

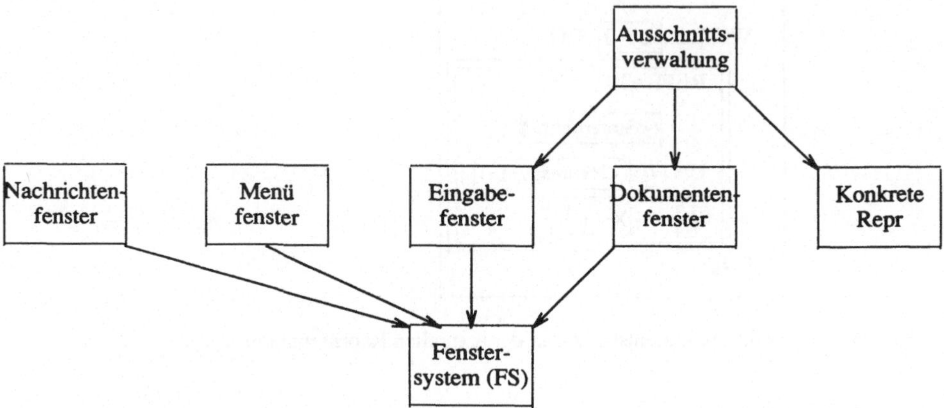

Fig. II.39: Erweiterte Architektur des AFS

Die Idee einer Zwischendatenstruktur und des daraus entstehenden Modulgeflechts wurde an Hand des Beispiels Dokumentenfenster erläutert. Eine Verallgemeinerung führt zu einer Vorgehensweise, die beschreibt, wie das Modulgeflecht für die Realisierung beliebiger Fenstertypen (in einer AFS) entwickelt werden kann.

Allgemein begründet die Tatsache, daß Fensterinhalte vorab ohne unmittelbare Anzeige auf dem Bildschirm aufgebaut werden sollen, immer die Einführung einer Zwischendatenstruktur. Insbesondere trifft dies zu, wenn

(1)   die externe Repräsentation (die Darstellung, die der Benutzer sieht) und die interne Repräsentation (die Darstellung im Rechner) sehr unterschiedlich sind,

(2)   immer nur ein Ausschnitt der gesamten im Rechner vorhandenen Information angezeigt wird (werden kann),

(3)   Operationen zur Verfügung gestellt werden sollen, die der Benutzer anhand der externen Repräsentation eingibt, die aber nur realisiert werden können, wenn zusätzlich nur in der internen Repräsentation vorhandene Information bekannt ist (z.B. die Inkrementstruktur).

(4)   Fensterinhalte durch Formulargeneratoren aufgebaut werden sollen.

Diese Überlegungen lassen sich durch das sogenannte E/A-Transformationsschema in Fig. II.40 zusammenfassen.

Ein auf diesem Schema basierendes Modulgeflecht ist nicht in jedem Fall in dieser Deutlichkeit zu erkennen, d.h. es besteht nicht immer aus genau fünf Moduln. Der Grund ist, daß einer oder sogar beide Transformationsschritte sehr einfach sind. Die Datenstrukturen und die Algorithmen zur Transformation finden dann im Entwurf keine direkte Entsprechung in jeweils einem Modul, sondern werden ggf. in weniger Moduln zusammengefaßt. Dies betrifft aber nur den Aspekt, wie obiges Schema in eine konkrete Implementierung umgesetzt wird. Es ändert nichts an der allgemeinen Vorgehensweise, nach der der

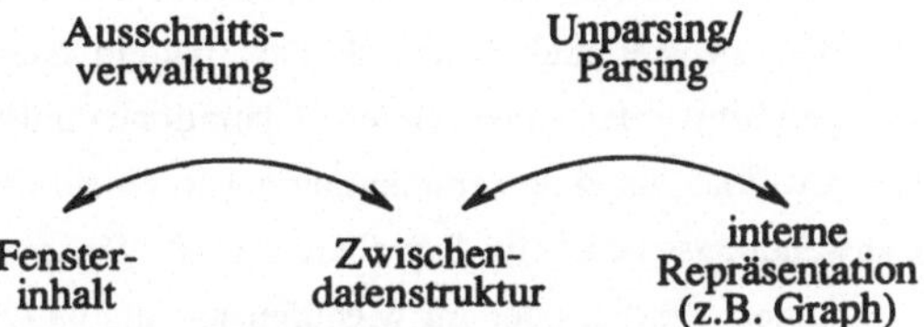

Fig. II.40: Das E/A-Transformationsschema

Entwurf zustande gekommen ist.

Die interne Repräsentation von Menüs und Nachrichten ist beispielsweise in vielen Fällen fast identisch mit der externen Repräsentation. Hier wird das obige Schema auf ein einziges Modul abgebildet. Anders ist die Situation bei Eingabe- und Dokumentenfenster, wie wir gerade geschildert haben.

Zusammenfassend können wir sagen, daß das **E/A-Transformationsschema** in den letzten beiden Fällen aufgrund der Kompliziertheit des Transformationsschrittes von interner in externe Repräsentation und umgekehrt durch entsprechende Moduln im Entwurf **deutlich wird.**

Die Moduln, die aufgrund der linken Hälfte des E/A-Transformationsschemas entstehen (das ist gerade das AFS), haben wir in diesem Abschnitt beschrieben. Parser und Unparser sind aufwendigere Teilsysteme, die man nicht mehr zum Fenstersystem zählt. Sie werden deshalb im Abschnitt 3.2.3 beschrieben. Ihr Anschluß an das E/A-System erfolgt, wie aus dem Transformationsschema und der Beschreibung des Modulgeflechts in diesem Abschnitt zu entnehmen ist, über die Zugriffsoperationen des Moduls KonkreteRepr.

Eine noch ausführlichere Darstellung der Architektur eines solchen Fenstersystems findet sich in /Sc 86/. Insbesondere wird ausführlich auf denkbare Erweiterungen wie autonome Fensteroperationen und Formulargeneratoren eingegangen, die wir im folgenden nur kurz skizzieren wollen.

Was versteht man unter **autonomen Fensteroperationen?** Die in diesem Abschnitt eingeführte Benutztbeziehung zwischen Moduln oder Teilsystemen führt leicht zu der Annahme, daß die Ausführung einer bestimmten Operation eines Moduls oder Teilsystems X nur dann erfolgt, wenn sie explizit in dem Rumpf eines anderen Moduls, der X benutzt, aufgerufen wird. Dies muß aber insbesondere bei auf mehrere Prozessoren verteilten Systemen nicht immer der Fall sein. Die Ausführung von Operationen kann auch durch entsprechende Benutzereingaben initiiert werden und dann nebenläufig erfolgen (, was natürlich geeignete Synchronisationsmechanismen erfordert).

Gerade bei Fenstersystemen ist ein solches Vorgehen gängige Praxis. Jedem auf dem Bildschirm angezeigtem Fenster wird ein eigener Prozeß zugeordnet, der bei Selektion des Fensters durch den Benutzer automatisch aktiviert wird und selbständig weitere Fensteroperationen aufgrund entsprechender Benutzereingaben ausführt (vgl. etwa /SH 82/, /SG 86/, /SU 86/). Ein das Fenstersystem benutzendes anderes Programm (wie z.B. das AFS) muß von dieser Aktivierung gar nicht erfahren. Diese Vorgehensweise ist problemlos anwendbar, solange nur Operationen wie das Verschieben oder

Vergrößern/Verkleinern des Fensters (nicht des Inhalts!) ausgeführt werden. Sie ist bei PEUen aber nicht mehr sinnvoll, wenn Operationen auf dem Fensterinhalt, wie z.B. das Blättern oder Verkleinern des angezeigten Ausschnitts autonom durchgeführt werden sollen. Solche Operationen müssen, wie wir oben erläutert haben, durch das AFS gesteuert werden, da eine Veränderung des in einem Fenster angezeigten Ausschnitts eines Dokuments eine anwendungsspezifische Entscheidung ist. Beispielsweise sollte im Dokumentenfenster inkrementweise geblättert werden oder im Menüfenster alternativenweise. (1 Zeile muß nicht immer einer Alternative entsprechen!). Aus diesen Gründen ist die autonome Ausführung von Fensteroperationen durch das FS bei PEUen in den meisten Fällen nicht sinnvoll.

Die Einbindung von **Formular- oder Maskengeneratoren** in die geschilderte Architektur ist wieder mit Hilfe der im Modul KonkreteRepr verkapselten Zwischendatenstruktur möglich. Sie dient ja gerade zum "Vorabaufbau" von Fensterinhalten. Die mit einem Formulargenerator erzeugte Schablone kann mit diesem Modul gespeichert und (ggf. wieder mit einer speziellen Ausschnittsverwaltung) dann in einem Fenster angezeigt werden. Allerdings zeigt eine in /Kl 84/ durchgeführte Untersuchung zum Einsatz von solchen Generatoren inPEUen, daß ihr Einsatzbereich für PEUen sehr beschränkt ist, da nur wenige Fensterinhalte vorab in Form von Masken definiert werden können.

Vergleiche mit existierenden Fenstersystemen, die teilweise bereits Industriestandard geworden sind (vgl. etwa APPLE's LISA /Eh 83/, XWindows /SG 86/, SUN-View /SU 86/), zeigen, daß der hier geschilderte, im Sinne eines modernen "Software Engineerings" ideale Aufbau nie vollständig realisiert wurde. Üblicherweise bieten diese Fenstersysteme Operationen zum Aufbau beliebiger Fenster und deren Inhalte als auch Operationen für spezifische Fenstertypen an (wie z.B. Menüs und Eingabefenster). Hinzu kommt, daß sie im allgemeinen keine offenen Schnittstellen haben, d.h. daß die hier dargestellte Schichteneinteilung für den Benutzer eines solchen Fenstersystems (d.h. den Programmierer, der die vom Fenstersystem exportierten Operationen in seinem Programm benutzt) nicht einsichtig ist, und er nur die exportierten Operationen der obersten Schicht zur Verfügung hat. Dies hat den Nachteil, daß die Erweiterung um neue anwendungsspezifische Fenstertypen die Einführung einer neuen Architekturebene bedeutet, was logisch falsch ist, da andere anwendungsspezifische Typen wie z.B. Menüs in dem gegebenen Fenstersystem vordefiniert sind. Dies führt vor allem auch dazu, daß Änderungen an bestehenden Fenstertypen (wie z.B. Menüs) gar nicht möglich sind.
Ehrlicherweise muß man natürlich zugestehen, daß die hier geschilderten Anforderungen bzgl. Flexibilität und Portabilität nicht immer in dieser extremen Weise gestellt werden, so daß die existierenden Systeme, wenn auch mit einigen Nachteilen, durchaus einsetzbar sind. Allerdings wollten wir hier ein "ideales" Vorgehen darstellen, das, wie das Beispiel IPSEN in Teil III des Buches zeigt, aber auch realisierbar ist. Diese Darstellung macht es zusätzlich möglich, andere Fenstersysteme zu beurteilen und ihre Einsatzfähigkeit für bestimmte Einsatzgebiete zu entscheiden.

Letztlich ist zu bemerken, daß die inzwischen de-facto Standard gewordenen Fenstersysteme ebenfalls Portabilität einer Benutzerschnittstelle gewährleisten können, da sie teilweise, wie z.B. das System XWindows, auf einer Reihe von Rechnern zur Verfügung stehen. Das Portabilität sichernde Teilsystem umfaßt dadurch die beiden unteren Schichten der in Fig. II.36 angegebenen Architektur. Eine weitere

Zerlegung dieses Teilsystems ist dann für die Entwicklung einer PEU nicht mehr von Interesse, wenn auch die gerade erwähnten Probleme durch die Vermischung von anwendungsspezifischen und anwendungsunabhängigen Entwurfsentscheidungen dadurch nicht ausgemerzt werden.

3.2.2. Das Projektdatenbanksystem

Die Projektdatenbank in einer PEU, oder sogar allgemeiner in einer SEU, dient zur Speicherung und Manipulation aller während der Softwareentwicklung anfallenden Dokumente, ihrer zugehörigen Verwaltungsinformationen, wie Zugriffsrechte, Lebensdauer, usw. sowie ihrer gegenseitigen Abhängigkeiten. Kurz gesagt handelt es sich um sämtliche Information, die über einen längeren Zeitraum während der Softwareentwicklung zur Verfügung stehen muß und deswegen auf externen Speichermedien und nicht nur temporär im Hauptspeicher abgelegt wird. Alle diese Informationen müssen außerdem aufgrund der hochgradig interaktiven Benutzung von SEUen sehr schnell zugreifbar und insbesondere auch schnell modifizierbar sein.

Die von einer **Projektdatenbank** angebotenen Zugriffsoperationen beinhalten somit alle Operationen zum Erzeugen, Manipulieren (Verfeinern und Abfragen der Dokumenteninhalte) und Löschen der Softwaredokumente. Weiterhin müssen Operationen zur Verfügung stehen, die Abhängigkeiten zwischen Dokumenten (wie z.B. der Modulrumpf gehört zu der Modulschnittstelle oder das Pflichtenheft gehört zu der daraus abgeleiteten Modularchitektur) eintragen und abfragen. Letztlich sind Verwaltungsoperationen zum Eintragen und Abfragen von z.B. Zugriffsrechten von Personen auf Dokumente oder dem Fertigstellungsdatum von Dokumenten notwendig. Natürlich wird eine solche Projektdatenbank von mehreren Personen gleichzeitig benutzt, so daß Mechanismen zur Mehrbenutzerfähigkeit realisiert sein müssen. Unter Umständen kann zusätzlich das Datenbanksystem noch auf mehrere Rechner bzw. Prozessoren verteilt sein (Stichwort: verteilte Datenbanken). Dies bedingt den Einsatz komfortabler Transaktionsmechanismen (Stichwort: lange Transaktionen). Für eine detaillierte Übersicht über Anforderungen an solche Projektdatenbanken oder kürzer Objektbanken verweisen wir auf z.B. /DKL 85/ und /Be 87/.

Der Name **Objektbank** soll insbesondere andeuten, daß adäquate Implementierungskonzepte eingesetzt werden müssen, die die komplexen, üblicherweise stark vernetzt aufgebauten Objektstrukturen und ihre Beziehungen effizient zu verwalten erlauben. Ein solches System ermöglicht somit die für eine spezifische Anwendung (z.B. eine PEU) spezifischen Objekte (z.B. Programme und ihre Bestandteile) effizient zu verwalten. Im Unterschied zu Datenbanken, die den allgemeinen Anspruch haben, nicht nur Objekte einer spezifischen Anwendung zu verwalten, soll deutlich gemacht werden, daß auf spezielle Anwendungen abgestimmte Methodiken zur Realisierung dieser Objektbanken eingesetzt werden.

Die Objektbank in einer PEU unterscheidet sich in Bezug auf die bisher für eine SEU skizzierte Funktionalität nur insoweit, als daß weniger Dokumente, im wesentlichen nur Programme, und weniger verschiedenartige Querbezüge verwaltet werden müssen. Außerdem tritt die Anforderung nach verteilter Realisierung in PEUen nur selten auf. Prinzipiell ist somit die von einer Objektbank in einer PEU geforderte Funktionalität eine echte Untermenge der von einer Objektbank in einer SEU geforderten Funktionalität. Wir konzentrieren uns deshalb, vor allem unter dem Aspekt größtmögliche Allgemeinheit zu erzielen, wenn sie ohne großen Aufwand möglich ist, hier im wesentlichen auf die Untersuchung von Objektbanken für SEUen.

Der Aufbau eines Dokuments selbst (wie in Kapitel 2 dargestellt) als auch die Abhängigkeiten zwischen Dokumenten lassen sich, wie schon erwähnt, als hochgradig netz- oder graphartige Struktur charakterisieren. Das generellste Modell, um solche Strukturen darzustellen, sind attributierte Graphen (vgl. wieder Kapitel 2). Knoten mit ihren Attributen beschreiben die Objekte bzw. Objekttypen, wie z.B. die Dokumente oder ihre Einzelteile, und Kanten die Abhängigkeiten zwischen diesen Objekten.

Wir haben in Kapitel 2 für den Bereich PiK dargestellt, wie sich solche Strukturen formal spezifizieren lassen. Naheliegenderweise sollte das in einer Objektbank realisierte Datenmodell möglichst nahe an dem auf konzeptioneller Ebene spezifizierten Modell liegen, um aufwendige und dadurch fehleranfällige Transformationen von dem konzeptionellen Modell in die Implementierung zu vermeiden.

In der Tat realisieren fast alle bisher bekannt gewordenen Ansätze im Bereich Objektbanken für SEUen zumindest an ihrer Schnittstelle die Darstellung (ggf. spezieller) **graphartiger Strukturen** (vgl. etwa PCTE /GM 87/, CAIS /CAIS 85/, VTP (Virtual Tree Processor) /La 86/, Project Master Data Base /Pen 87/, WORLDS /WA 87/, GRAS (Graphenspeicher) /LS 88/, DAMOKLES /AD 87/, PGRAPHITE /WW 88/, für eine Übersicht: /ST 87/). Die Ansätze unterscheiden sich aber insbesondere in der Granularität der Objekte (d.h. der Knotentypen), die sie unterstützen. In PCTE (/GM 87/) oder CAIS (/CAIS 85/) sind die Objekte beispielsweise immer ganze Dokumente, die Relationen (Kanten) zwischen ihnen drücken Abhängigkeiten zwischen diesen Dokumenten aus. Unterstützung auch für die Feinstruktur von Dokumenten gibt es nicht. Diese muß in Werkzeugen, die auf die Objektbank aufbauen, realisiert werden. Das ist nicht problemlos und manchmal unmöglich, wie die mit PCTE gemachten Erfahrungen zeigen (vgl. z.B. /CA 87/). Solche Systeme wären damit für die Verwaltung der in Kapitel 2 eingeführten Datenmodelle (Syntaxbaum bzw. -graph), die die Feinstruktur von Dokumenten repräsentieren, ungeeignet.

Weiterhin ist bisher nicht klar, inwieweit Strukturierungskonzepte wie strenge Typisierung von Objekten, Vererbungsrelation auf Typen, usw. von einer Objektbank unterstützt werden müssen.

Es ist überhaupt noch ein generelles Problem, welche Funktionalität in Werkzeugen oberhalb der Objektbank realisiert ist und welche von einer zugrundeliegenden Objektbank unterstützt werden sollte. Dies gilt insbesondere auch für Funktionen, wie Kontrolle von Zugriffsrechten auf bestimmte Objekte, einen speziellen Transaktionsmechanismus zur Integritätskontrolle und zum Recovery, Unterstützung von verteilten Arbeitsplätzen in einer SEU durch verteilte Datenbanken usw. Klar ist bisher nur, daß Basismechanismen für eine solche Funktionalität zur Verfügung stehen müssen.

Letztlich ergibt sich auch für dieses Teilsystem wieder der schon mehrfach beobachtete Trade-off zwischen Flexibilität und Effizienz. Je mehr Funktionalität von einer Objektbank zur Verfügung gestellt wird, desto effizienter läßt sie sich implementieren, desto weniger Spielraum läßt sie aber auch bei der Implementierung der Werkzeuge, die sich u.U. an schon weitgehend vorhandene Funktionen zur Manipulation von Dokumenten anpassen müssen. Diesen Trade-off werden wir anhand des Beispiels einer Projektdatenbank in Teil III noch verdeutlichen.

Zusammenfassend fehlt bisher eine einigermaßen einheitliche und präzise Zusammenstellung der Anforderungen an die Objektbank einer SEU. Dies liegt sicher auch daran, daß, wie in Teil I dargestellt, die funktionalen Anforderungen an eine SEU bisher ebenfalls nicht klar sind.

Aufgrund der bisherigen Überlegungen läßt sich daher für dieses Teilsystem ein bottom-up Schritt analog zur Realisierung des virtuellen Terminals im E/A-System nicht durchführen. Man kann leider noch nicht auf eine "Standardobjektbank" zurückgreifen.

Es gibt zwar erste europäische und amerikanische **Standardisierungsversuche** für Objektbanken, die insbesondere durch die Projekte PCTE und CAIS initiiert wurden. Aufgrund der skizzierten Unsicherheit über die notwendige Funktionalität einer Objektbank sind sie aber eher als marktpolitische Strategien großer Firmen zu werten, denn als Standardisierung gesicherter technischer Ergebnisse.

Das einzige vorliegende gesicherte technische Ergebnis in diesem Bereich ist die Tatsache, daß Standarddatenbanken (insbesondere relationale Ansätze) bzw. ihre Erweiterungen im allgemeinen nicht die für den Einsatz in SEUen notwendige Effizienz bei der Manipulation graphartiger objektorientierter Strukturen bieten können. Der wesentliche Nachteil dieser Systeme ist der, daß die Darstellung der komplexen Objektstrukturen verloren geht. Beispielsweise wird ein Objekt in einer relationalen Datenbank durch viele Tupel repräsentiert. Dabei geht dann verloren, daß diese Tupel logisch zusammengehören. Dies hat dann direkte Auswirkung auf den effizienten Zugriff auf solche Objekte (vgl. z.B. /Pe 87/). Um den unterschiedlichen Ansatz im Bereich Objektbanken deutlich zu machen, nämlich die Entwicklung dedizierter Datenbanken für spezielle Objektmodelle, spricht man deshalb allgemein oft von **Nichtstandarddatenbanksystemen.**

3.2.3. Werkzeuge

Die weitere Zerlegung des nächsten Teilsystems, den Werkzeugen, hängt teilweise schon sehr eng von der Funktionalität einer konkreten PEU ab. Beispielsweise beeinflußen Entscheidungen über die spezifische Funktionalität eines syntaxgestützten Editors (mit oder ohne kontextsensitive Prüfungen) oder über die gewünschte Analyse- oder Testunterstützung diese Zerlegung.

Unabhängig von einer konkreten PEU läßt sich das Teilsystem aber noch in zwei weitere aufeinander aufbauende Teilsysteme zerlegen. Das untere dieser beiden Teilsysteme enthält die sogenannten **Basiswerkzeuge,** die in jeder PEU vorhanden sein müssen. Diese ergeben sich wieder aus dem allgemeinen Transformationsschema in Abschnitt 2.2. Sie bilden die Basis für die wesentlichen in einer PEU notwendigen Transformationsschritte. Diese waren die Transformation der Benutzereingaben in die interne Repräsentation und umgekehrt die Erzeugung der Bildschirmrepräsentation aus der internen Repräsentation. Es handelt sich somit um die schon mehrfach erwähnten Parser und Unparser. Weiterhin ist für die effiziente Ausführung eines in Baum- oder Graphdarstellung gegebenen Programms die Transformation in eine maschinennähere Repräsentation u.U. sinnvoll, wie wir noch erläutern werden. Dadurch wird ein weiterer Transformationsschritt notwendig, der mit Hilfe eines speziellen Ausführungswerkzeugs realisiert wird, das ebenfalls zu den Basiswerkzeugen gerechnet wird. In dem oberen der beiden Teilsysteme sind die Werkzeuge verkapselt, die die von einer konkreten PEU angebotene spezifische Funktionalität im Sinne der in Kapitel 1 dargestellten Anforderungen realisieren.

Weiterhin hängen die Entwurfsüberlegungen zu beiden Teilsystemen auch von dem durch die zugrundeliegende Objektbank realisierten Objektmodell und deren spezifischer Funktionalität ab. Wir werden daher in diesem Abschnitt die wesentlichen Konzepte zur Realisierung von Parsern, Unparsern und Interpretern sowie ihre weitere Zerlegung erläutern. In Teil III des Buches werden wir dann wieder anhand eines Beispiels alle weiteren Detaillierungen vorstellen, die die Annahme einer spezifischen Funktionalität einer PEU und einer speziellen Objektbank voraussetzen.

3.2.3.1. Der Parser

Der Parser ist die wesentliche Komponente zur Realisierung der in 1.1.2 geschilderten freien Eingabe (Änderung) beliebiger Inkremente. Durch diese Möglichkeit wird ein syntaxgestützter Editor zu einem sogenannten **Hybrideditor,** der wahlweise die syntaxgestützte oder freie Eingabe von Programmen ermöglicht.

Wir orientieren uns bei der Realisierung des Parsers an **Standardtechniken** im **Compilerbau,** die z.B. in /WG 84/ oder /AU 86/ ausführlich beschrieben werden. Wir erläutern hier insbesondere, wann bei der Realisierung eines Parsers für eine PEU auf diese Standardtechniken zurückgegriffen werden kann und wann und warum davon abgewichen werden muß.

Üblicherweise grenzt man die logischen Aufgabenbereiche eines Compilers durch unterschiedliche **Phasen** voneinander ab. Diese Phasen sind zumindest die lexikalische Analyse, die kontextfreie und kontexsensitive Syntaxanalyse sowie Codeerzeugung und Codeoptimierung.
Abhängig von speziellen Programmiersprachen oder auch vorgegebenen Maschinenkonfigurationen, können eine oder mehrere Phasen in einem **Pass** oder eine Phase in mehreren Passes erledigt werden. Ein Pass liest die Ausgabe des vorangegangenen bzw. den vom Benutzer eingegebenen Quelltext, führt auf dieser Ausgabe bzw. dem Quelltext die Aufgaben der Phasen dieses Passes durch und erzeugt die Eingabe für den nächsten Pass.

Der **Parser** stellt das sogenannte "front-end" eines Compilers dar, d.h. er beinhaltet normalerweise die lexikalische sowie die kontextfreie und kontextsensitive Analyse. Beim Durchlauf dieser Phasen transformiert der Parser dabei einen vom Benutzer eingegebenen Quelltext in einen sogenannten Zwischencode. (Aus diesem wird dann in den weiteren Phasen der endgültige Maschinencode erzeugt).

Hier findet sich bereits der erste Unterschied zu einem Parser in einer PEU. Während bei üblichen Compilern der vom Parser erzeugte Zwischencode meist durch einen Ableitungsbaum mit Symboltabellen repräsentiert wird, ist bei einer PEU der Zwischencode die interne Repräsentation eines Programms, d.h. ein abstrakter Syntaxbaum oder -graph.

Der weitere wesentliche Unterschied zu einem üblichen Parser ist die Tatsache, daß für eine PEU immer ein **Multiple-Entry-Parser** zu realisieren ist, da die textuelle Eingabe (und Änderung) beliebiger Inkremente möglich sein soll und außerdem nach erfolgter Eingabe eine sofortige Prüfung auf syntaktische Korrektheit gefordert ist (vgl. /HM 84/). Ein solcher Parser akzeptiert nicht nur den Quelltext zu einem vollständigen Modul (Programm) als Eingabe (d.h. er hat nicht nur einen "Eingang"), sondern den Quelltext zu fast jeder syntaktischen Einheit der zugrundeliegenden Grammatik, d.h. zu fast jedem auf der linken Seite vorkommenden nichtterminalen Symbol. Fast jede syntaktische Einheit sagen wir deswegen, weil Ausdrücke und Bezeichner einfache Inkremente sind, d.h. keine freie und auch keine kommandogestützte Eingabe von Teilausdrücken oder einzelnen Teilen von Bezeichnern möglich ist. (Ändern von Teilausdrücken oder einzelnen Bezeichnern ist natürlich möglich, aber dann wird aus Effizienzgründen das gesamte entsprechende Inkrement neu analysiert und transformiert.)

Man beachte dabei, daß sich die Syntaxprüfung bei der freien Eingabe auf kontextfreie und kontextsensitive Syntax erstreckt, da der Benutzer im Gegensatz zur kommandogestützten bei der freien Eingabe auch Verletzungen der kontextfreien Syntax verursachen kann.

Da prinzipiell die Bearbeitung unvollständiger Programme möglich ist, kann es weiterhin vorkommen, daß ein Inkrement bei der freien Eingabe Platzhalter enthält (vgl. Abschnitt 1.1.2). Für den Benutzer ist es gerade bei der Änderung eines Inkrements, das Platzhalter enthält, sehr angenehm, wenn er nicht gezwungen wird, diese Platzhalter alle zu löschen, bevor er die freie Eingabe abschließt. Der Parser in einer PEU sollte somit auch einen Text mit Platzhaltern ggf. als syntaktisch korrekte Eingabe akzeptieren (, vorausgesetzt, die Platzhalter stehen an der richtigen Stelle).

Werden bei der Syntaxprüfung durch den Parser Fehler erkannt, so muß der Parser nach deren Feststellung entsprechende **Fehlermeldungen** direkt auf dem Bildschirm ausgeben oder dem ihn aufrufenden Editorbaustein mitteilen. Die sofortige Anzeige dieser Fehlermeldungen auf dem Bildschirm beinhaltet das Markieren der Fehlerstelle in dem eingegebenen Text in einem Eingabefenster und aus Gründen der Benutzerfreundlichkeit die Angabe der Fehlermeldungen relativ nahe zu der Stelle, wo der Fehler aufgetreten ist (vgl. Abschnitt 1.2.2). Soll der syntaxgestützte Editor kontextsensitive Inkonsistenzen zeitweilig erlauben (vgl. Abschnitt 1.1.2), so müssen die vom Parser erkannten Inkonsistenzen von diesem im Syntaxbaum- oder graphen markiert werden, damit sie durch einen speziellen Unparsingschritt dem Benutzer angezeigt und bei späteren Syntaxanalysen des gleichen Programmstücks berücksichtigt werden können.

Bei den folgenden Erläuterungen sehen wir kein **Wiederaufsetzen im Fehlerfall** vor, da dies bei der hochgradig interaktiven Arbeitsweise in einer PEU nicht notwendig ist und deshalb die Realisierung des Parsers unnötig erschweren würde. In /Sl 86/ wird dies ausführlich begründet, aber auch dargestellt, welche technischen Konsequenzen sich für die Realisierung des Parsers ergeben, wenn trotz allem Wiederaufsetzen ermöglicht werden soll.

Nachdem wir die Unterschiede zu einem üblichen Parser skizziert haben, wenden wir uns nun der Realisierung der einzelnen Phasen zu. Ein Scanner für die **lexikalische Analyse** wird analog der üblichen Technik ausgehend von dem Modell eines endlichen Automaten entwickelt. Nur die geforderte Erkennung von Platzhaltersymbolen im eingegebenen Quelltext erfordert eine kleine Erweiterung der zugrundeliegenden Grammatik.

Wir führen deshalb eine neue Regel in der EBNF ein. Mit dieser werden Platzhalter analog einer Textkonstanten definiert. Textkonstanten sind immer durch eine Klammerung eindeutig erkennbar. In Modula-2 sind dies z.B. Hochkommata am Anfang und Ende. Platzhalter sind immer durch spezielle Symbole z.B. "<" am Anfang bzw. ">)" am Ende geklammert. Sinnvollerweise führt man für alle Platzhalter nur eine einzige neue Regel ein und keine unterschiedlichen Regeln bzw. verschiedene Symbole. Dies hat den Vorteil, daß nicht jedesmal die Grammatik erweitert und damit der Scanner geändert werden muß, wenn neue Platzhalter hinzukommen. Neue Platzhalter können hinzukommen, wenn komfortablere Unparsing - Techniken eingesetzt werden (vgl. 1.2). Der Einsatz dieser Techniken bedeutet, daß z.B. Platzhalter wie "(<Proc-Body>)" oder "(<Proc-Header>)" existieren. Das Nichterkennen von unterschiedlichen Platzhaltern hat allerdings den Nachteil, daß bei der Eingabe "falsche" Platzhalter verwendet werden können und die Eingabe trotzdem als syntaktisch korrekt akzeptiert wird. Eine solche Eingabe hat aber keine Auswirkungen auf die interne Repräsentation eines Inkrements, da Namen von Platzhaltern nicht im Syntaxbaum oder -graphen abgelegt werden sollten, sondern durch den Unparser erzeugt werden. Beim erneuten Unparsing eines Inkrements wird der vom Benutzer eingegebene "falsche" Platzhalter vom Unparser durch den "richtigen" ersetzt.

Für die **Syntaxanalyse** lassen sich prinzipiell alle im Compilerbau gängigen Verfahren wie LR(1), LL(1) und zugehörige Spezialfälle sowie rekursiver Abstieg auch in einer PEU einsetzen. Mögliche Verletzungen der LL(1)- bzw. LR(1)-Eigenschaft, wie sie z.B. durch die Einführung der Regeln für die Platzhalter entstehen, lassen sich in den meisten Fällen durch einen Lookahead von 2 auflösen (vgl. /Sl 86/). Da sich die jeweilige Präferenz für ein Verfahren aus den ganz spezifischen Anforderungen einer konkreten PEU herleitet (z.B., ob ein Parsergenerator zur Verfügung steht oder nicht), werden wir das bei der Realisierung von IPSEN gewählte Verfahren des rekursiven Abstiegs sowie die damit verbundene Behandlung der LL(1)-Verletzungen ausführlich in Teil III erläutern. Für die Darstellung eines durch ein LR(1)-Verfahren realisierten Multiple-Entry-Parsers verweisen wir auf /HM 84/, für die entsprechende Darstellung eines LL(1)-Parsers auf /MS 81/.

Da die jeweils zu analysierenden Quelltextstücke aufgrund der interaktiven inkrementorientierten Programmerstellung in den meisten Fällen sehr kurz sind und somit ein nichtlinearer Aufwand bei der Analyse keine große Rolle spielt, schlagen einige Autoren sogar ein nichtlineares und insbesondere nicht-deterministisches Verfahren vor (vgl. /SP 88/). Dies hat den wesentlichen Vorteil, daß bei der Erkennung von kontextfreien Fehlern durch den Parser, dem Benutzer alle Möglichkeiten für die Korrektur seiner Eingabe vorgeschlagen werden können, d.h. alle möglichen Inkremente, die seine Eingabe kontextfrei korrekt machen würden. Es ist sogar möglich, nicht vollständige Inkremente ohne Angabe von Platzhaltern einzugeben. Diese Platzhalter werden automatisch eingetragen, falls dies eindeutig geht, ansonsten werden dem Benutzer wieder alle erlaubten Alternativen zur Auswahl angeboten.

Aus den Überlegungen dieses Abschnitts ergibt sich die in Fig. II.41 dargestellte Zerlegung in die wesentlichen Teilsysteme bzw. Module und die Einbettung in die bisher dargestellte Architektur einer PEU. Die weitere Zerlegung in einzelne Module hängt nun (außer von der bereits erwähnten Wahl des in der Projektdatenbank verkapselten Datenmodells) von der Wahl des speziellen Parsing-Verfahrens ab. Deswegen werden wir die, aufgrund des in IPSEN gewählten Verfahrens des rekursiven Abstiegs, sich ergebende Zerlegung des Parsers ausführlich in Teil III erläutern.

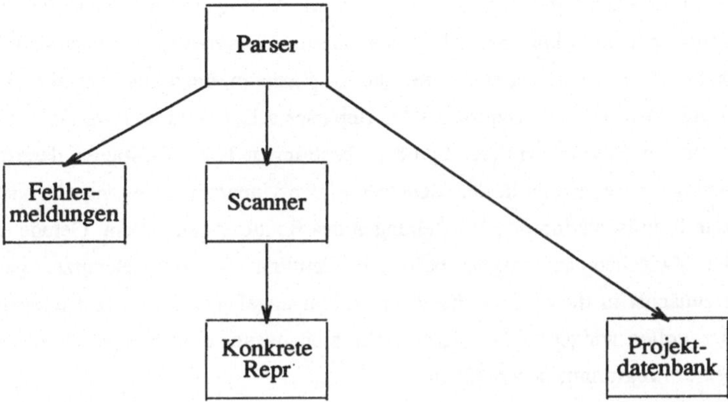

Fig. II.41: Entwurf des Parsers

3.2.3.2. Der Unparser

Wir haben erläutert, daß bei der Realisierung von PEUen die bearbeiteten Softwaredokumente intern üblicherweise in der Form abstrakter Syntaxbäume bzw. -graphen gehalten werden. Um unnötige Konsistenzprobleme zu vermeiden, verzichtet man darauf, parallel zu dieser abstrakten Darstellung auch permanent die zugehörige konkrete Repräsentation zu halten. Hier ist es üblich, bei einer Darstellung eines
Auszugs eines Softwaredokuments in einem Fenster auf dem Bildschirm die zugehörige konkrete
Repräsentation mit Hilfe eines Transformators aus der abstrakten Darstellung zu erzeugen. Diese
Transformation wird in der Literatur mit **Unparsing** (z.B. /Me 82/) oder **Pretty-printing** (z.B. /Op 80/)
bezeichnet. Wie bereits im Abschnitt 3.2.1 erläutert, wird das Ergebnis dieser Transformation nicht
unmittelbar auf dem Bildschirm ausgegeben, sondern zunächst in einer Zwischendatenstruktur abgelegt
(vgl. hierzu Figur II.39). Durch eine Ausschnittsverwaltung wird dann in einem entsprechenden Fenster
ein Teil dieser konkreten Repräsentation dem Benutzer angezeigt. Wie in /YTT 88/ erläutert wird, ist eine
derartige Vorgehensweise bei der Realisierung des Zusammenspiels zwischen interner Datenstruktur und
externer Repräsentation mittlerweile in vielen Projekten zu finden. Es ist Ziel dieses Abschnitts, die
Anforderungen an einen derartigen Unparser in einer PEU zusammenzufassen, die daraus resultierenden
Anforderungen an die Gestalt der Zwischendatenstruktur zu erläutern und Realisierungsvarianten für
diese Zwischendatenstruktur und die Arbeitsweise des Unparsers zu diskutieren. Naheliegenderweise wird
die Darstellung des Unparsers einen breiteren Raum einnehmen als die des Parsers, da ein solches Teilsystem sich noch nicht auf bekannte Standardtechniken abstützen kann und deswegen wesentlich
ausführlicher erläutert werden muß.

Da in der internen Darstellung eines Softwaredokuments nur seine abstrakte Syntax dargestellt wird,
ist es die wesentliche Aufgabe des Unparsers, den zu einer konkreten Repräsentation eines Softwaredokuments gehörenden **"syntactic sugar"** hinzuzufügen und eine geeignete **Formatierung** festzulegen Bei
einer textuellen Darstellung von Programmen gehören zu diesem "syntactic sugar" z.B. resetzutert Wie
und Begrenzer, während eine Formatierung durch ein Verteilen des Textes auf unterschiedliche tellen

und durch geeignetes Einrücken ("indentation") erreicht wird. Analog sind bei einer graphischen Darstellung eines Programms (z.B. als Fluß- oder Nassi-Shneiderman-Diagramm) unterschiedliche graphische Symbole als "syntactic sugar" zu erzeugen und geeignet zu plazieren. Letzteres kann allerdings sehr kompliziert sein, wenn die Position eines Symbols vom Unparser selbst bestimmt werden muß, da sie sich nicht automatisch aus der Position anderer Symbole bestimmen läßt. Existieren derartige Freiheiten während des Unparsings, ist es sinnvoll, den Benutzer in den Unparsing-Vorgang einzubeziehen, damit die erzeugte konkrete Repräsentation den Vorstellungen des Benutzers entspricht. Gerade hier wird dann die Bedeutung der Zwischendatenstruktur besonders deutlich, da vom Benutzer getroffene Layoutentscheidungen zunächst in dieser Zwischendatenstruktur abgelegt werden. Auf derartige interaktive graphische Unparser wollen wir jedoch an dieser Stelle nicht weiter eingehen, sondern uns auf die textuelle Darstellung eines Programms beschränken.

Wesentliche Aufgabe eines derartigen **Text-Unparsers** für Programme ist es also, aus der abstrakten internen Darstellung die zugehörige konkrete Repräsentation durch Hinzufügen von reservierten Worten und Begrenzern und Aufteilen des entstehenden Textes auf Textzeilen zu erzeugen. Hinzu kommt, daß die während der Arbeit mit einem syntaxgestützten Editor noch existierenden Lücken im Quelltext durch entsprechende Platzhalter dargestellt werden. Ebenso müssen die in einer bestimmten PEU möglichen Ergänzungen des Quelltextes (z.B. Unterbrechungsanweisungen (vgl. Figur II.6)) vom Unparser geeignet berücksichtigt werden. Schließlich bieten eine Reihe von PEUen dem Benutzer das Kommando an, Teile der textuellen Darstellung auszublenden und nur durch einen entsprechenden Platzhalter darzustellen (vgl. Abschnitt 1.1.6). Auch dies muß vom Unparser berücksichtigt werden. Weiterhin hatten wir im Abschnitt 3.2.1 bereits erläutert, daß die Beziehung zwischen der erzeugten textuellen Darstellung eines Programms, d.h. der konkreten Repräsentation, und dem abstrakten Syntaxbaum/-graph nicht verlorengehen darf, wenn der Benutzer die Möglichkeit hat, durch einen Mausklick ein beliebiges Inkrement in der textuellen Darstellung zu selektieren. In diesem Fall muß das zugehörige Inkrement, d.h. der entsprechende Wurzelknoten, in der abstrakten Darstellung ohne allzu großen Aufwand ermittelbar sein.

Diese Anforderungen an die Arbeitsweise des Unparsers legen somit auch unmittelbar die Anforderungen an die Gestalt der **Zwischendatenstruktur** fest. Diese wurde in Abschnitt 3.2.1 bereits motiviert und ist im Modul KonkreteRepr verkapselt. Hier wird sie nun ausführlich erläutert. Zum einen muß der eigentliche Text und die damit verbundene Zeilen-/Spaltenstruktur in dieser Datenstruktur abgelegt werden. Neben dieser physischen Struktur des Textes muß zum anderen auch die logische Struktur dargestellt werden, d.h. die dem Text zugrundeliegende Inkrementstruktur und die damit verbundene Beziehung zur abstrakten Darstellung. Eine naheliegende und übliche Modellierung der **physischen Struktur** ist ein Feld oder eine verkettete Liste von Textzeilen mit einer festen Länge. Figur II.42 zeigt für einen Quelltextausschnitt die entsprechende Darstellung.

Durch die Aufteilung des Quelltextes auf verschiedene Zeilen sowie durch Einrücken bestimmter Quelltextstücke versucht man, die einer textuellen Repräsentation zugrundeliegende **logische Struktur** sichtbar zu machen. Diese logische Struktur wird besonders deutlich, wenn man um jedes Inkrement, wie schnitt 3.2.11 angedeutet, einen rechteckigen Rahmen zeichnet (siehe Figur II.43). Man erkennt dann,

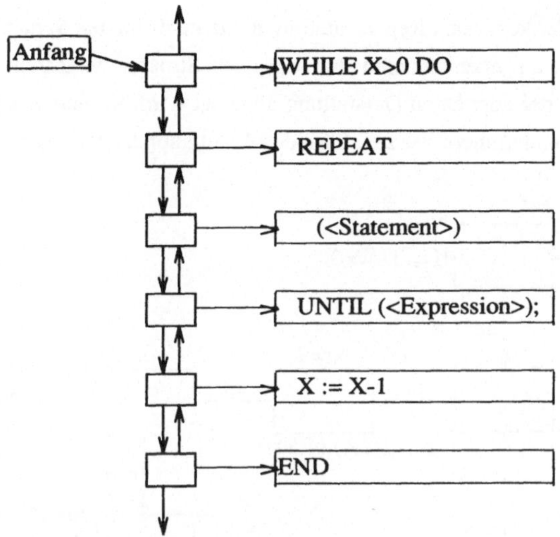

Fig. II.42: Darstellung der physischen Struktur

daß die logische Struktur in der textuellen Darstellung durch eine horizontale bzw. vertikale Reihung und Ineinanderschachtelung derartiger rechteckiger Rahmen ausgedrückt wird.

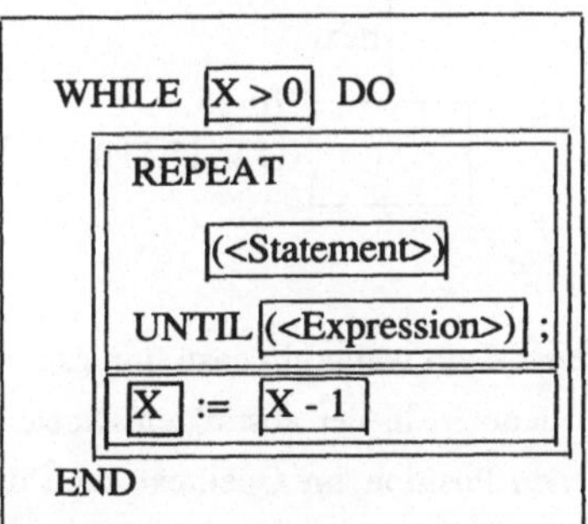

Fig. II.43: Inkrementstruktur in einem Quelltextausschnitt

Es ist naheliegend, zur Darstellung der logischen Struktur, d.h. der Ineinanderschachtelung bzw. Reihung von Rahmen einen **Baum** als Datenstruktur zu wählen (vgl. Figur II.44). Jeder Knoten in diesem Baum steht für einen rechteckigen Rahmen. Die Ineinanderschachtelung der Rahmen, d.h. die Beziehung zwischen einem Rahmen und dem ersten darin enthaltenen Rahmen, wird durch eine mit "in" markierte Kante zwischen den entsprechenden Knoten gekennzeichnet. Die Reihung derartiger Rahmen wird durch mit "next" markierte Kanten dargestellt. Um die Beziehung zwischen der logischen und physischen Struktur verwalten zu können, wird an jedem Knoten der logischen Struktur in einem Attribut Anfangs- und Endposition des zugehörigen Rahmens in der physischen Struktur abgelegt. Diese Angaben bestehen aus Zeilen- und Spaltennummer der linken oberen Ecke bzw. rechten unteren Ecke des rechteckigen

Rahmens. Die Beziehung zwischen der konkreten Repräsentation und dem abstrakten Syntaxbaum/-graph wird durch ein zusätzliches Attribut an jedem Knoten der logischen Struktur hergestellt, in dem die zugehörige Nummer des Knotens in der abstrakten Darstellung abgelegt wird. In dem Beispiel in Figur II.44 stehen die entsprechenden Knotennummern der zugehörigen Modulgraphdarstellung aus Figur III.11 (S. 128).

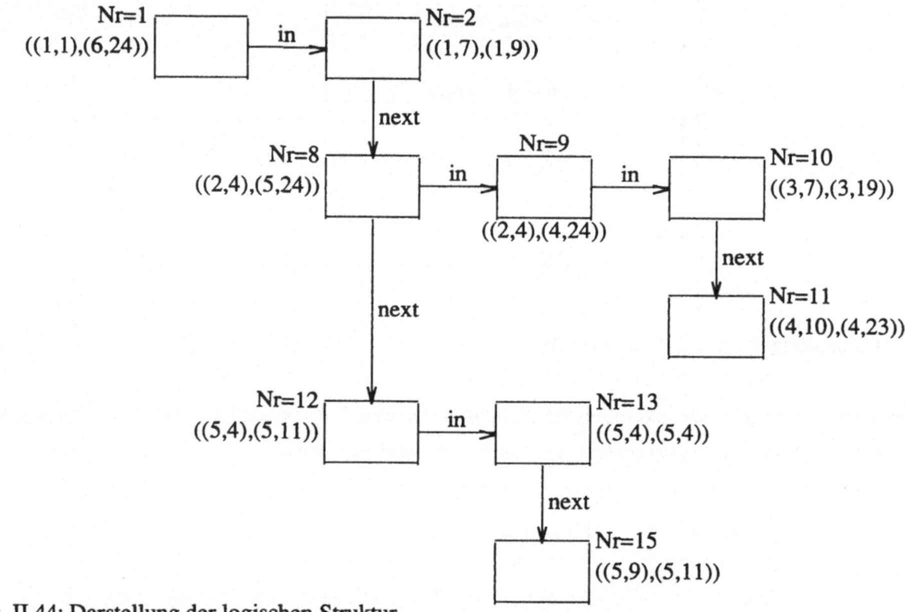

Fig. II.44: Darstellung der logischen Struktur

Diese Darstellung der logischen Struktur dient dann weiterhin dazu, um nach einer Inkrementselektion durch einen Mausklick den entsprechenden Knoten in der abstrakten Darstellung zu identifizieren (vgl. Abschnitt 3.2.1). Mit Hilfe der angegebenen Position im Quelltext kann durch einen Suchalgorithmus schnell der kleinste umfassende Rahmen und damit das zugehörige Inkrement ermittelt werden.

Eine Realisierung der Datenstruktur zur Darstellung der **konkreten Repräsentation** könnte somit darin bestehen, diese beiden Bäume (eine Liste ist ein spezieller Baum) zur Darstellung der physischen bzw. logischen Struktur parallel zu verwalten. Hierbei ist jedoch zu beachten, wie wir im Abschnitt 2.1 im Rahmen von Kriterium 3 erläutert hatten, daß Konsistenzprobleme entstehen können, wenn dieselbe Information in mehreren Datenobjekten abgelegt wird. Im obigen Fall müßte z.B. darauf geachtet werden, daß nach dem Einfügen einer Zeile in der physischen Struktur die Angaben zur Lage von dadurch vergrößerten Rahmen in der logischen Struktur aktualisiert werden. Um derartige Konsistenzprobleme zu vermeiden, wird in /En 86/ eine Datenstruktur vorgestellt, die im Prinzip durch Überlagern der beiden Bäume und durch Einfügen zusätzlicher Knoten und Kanten entsteht. In der dadurch entstehenden graphartigen Datenstruktur werden dann alle Informationen zur physischen und logischen Struktur nur einmal abgelegt. Außerdem erleichtert diese Datenstruktur auch eine spaltenausgerichtete Darstellung des

Quelltextes, z.B. nach einem Zeilenumbruch bei Zeilenüberlauf oder bei einer kontextabhängigen Spaltenausrichtung (vgl. Spaltenausrichtung der Typdefinition in Figur II.45).

```
VAR A    : INTEGER;
    B, C : CARDINAL;
```

Fig. II.45: Beispiel für eine kontextabhängige Spaltenausrichtung

Nach der Vorstellung möglicher Realisierungen der Datenstruktur zur Darstellung der konkreten Repräsentation ist nun noch die **Realisierung des Unparsing-Algorithmus** zu diskutieren. Wie bereits im Abschnitt 2.1 bei Kriterium 4 erläutert, bieten sich hier zwei Möglichkeiten an. Verkapselt man alle Informationen "hart" in einem Algorithmus, bedeutet z.B. bereits der Wunsch nach einem geänderten Einrückwert ("indentation") eine Modifikation und Recompilation des Algorithmus. Leichte Anpaßbarkeit an geänderte Anforderungen wird erreicht, wenn man große Teile der benötigten Informationen in separaten Datenstrukturen, d.h. Tabellen, ablegt. Diese Vorgehensweise wird in den meisten Projekten verfolgt (z.B. im Gandalf-Projekt (/Me 82/) oder DICE-Projekt (/Fr 83/)). Üblicherweise wird eine einfache formale Sprache eingeführt, um zu jedem Inkrementtyp des abstrakten Syntaxbaums ein sogenanntes **Unparsing-Schema** anzugeben. Diese Unparsing-Schemata legen für jedes Inkrement fest, welche konkrete Syntax auszugeben ist, welche Attributwerte aus dem abstrakten Syntaxbaum/-graph auszugeben sind, an welcher Stelle die konkrete Repräsentation von Söhnen einzufügen ist und wie die gesamte konkrete Repräsentation zu formatieren ist. Jedes Unparsing-Schema besteht aus einer Folge von Unparsing-Primitiven, die bei der Erzeugung der konkreten Repräsentation von einem Unparsing-Schema-Interpreter von links nach rechts interpretiert werden.
Anhand eines Beispiels aus dem IPSEN Projekt wollen wir dieses Vorgehen erläutern. Das Unparsing-Schema für eine while-Anweisung hat die in Fig. II.46 angegebene Gestalt.

```
"WHILE " <EExpr> " DO" NL ___ <EStaLi> NL "END"
```
Die hier auftretenden Unparsing-Primitive haben die folgende Bedeutung:
```
"<String>"
```
    das zwischen den beiden "-Symbolen stehende reservierte Wort wird an der aktuellen Position in der Zwischendatenstruktur ausgegeben

___

    an der aktuellen Position wird ein Blank ausgegeben

NL

    (Abk. für New Line) an der aktuellen Position wird ein Zeilenumbruch durchgeführt

Fig. II.46: Unparsing-Schema für eine while-Anweisung in IPSEN

Durch ein Unparsing-Schema wird eine konkrete Repräsentation eines Inkrements festgelegt. Das bedeutet, daß bei der Interpretation der Schemata beim Beginn der Interpretation eines Schemas ein neuer Rahmen in der logischen Struktur eröffnet werden muß. In welcher Reihenfolge die Söhne eines Inkrements bearbeitet werden, wird durch die Angabe der entsprechenden Kantenmarkierung im Modulgraphen im Unparsing-Schema festgelegt. Im Beispiel der while-Anweisung wird die konkrete Repräsentation des Schleifenausdrucks zwischen dem reservierten Wort WHILE und DO ausgegeben, während der Quelltext des Schleifenrumpfes und damit auch der zugehörige Rahmen in der zweiten Zeile ab der vierten Spalte beginnt.

Diese interpretative Vorgehensweise hat den Vorteil, daß durch den Austausch der Unparsing-Schemata das Aussehen der konkreten Repräsentation leicht und effizient an geänderte Benutzerwünsche angepaßt werden kann. Als Nachteil muß man dafür in Kauf nehmen, daß bei jedem Inkrement das zugehörige Unparsing-Schema vom Unparsing-Schema-Interpreter gelesen und interpretiert werden muß. Eine effizientere Lösung besteht deshalb darin, alle Informationen unmittelbar im Unparsing-Algorithmus zu verkapseln. Das heißt, daß für jeden Inkrementtyp eine Prozedur existiert, in der festgelegt ist, welche konkrete Syntax zu erzeugen ist, welche Formatierungsangaben zu beachten sind und in welcher Reihenfolge entsprechende Prozeduren für die Erzeugung des Quelltexts der Söhne aufzurufen sind. Als Beispiel geben wir auch hier aus dem IPSEN - Projekt in Figur II.47 eine derartige Prozedur für die Erzeugung des Quelltextes einer while-Anweisung an.

Die Prozeduren des Unparsers beginnen mit dem Kürzel UP, die Zugriffsoperationen auf die konkrete Repräsentation beginnen mit KR und die Zugriffsoperationen auf die abstrakte Repräsentation, d.h. auf den abstrakten Syntaxbaum/-graph, beginnen mit MG (in Anlehnung an den Modulgraph).

Eine derartige prozedurale Realisierung des Unparsers kann in einem Modul **Unparser** verkapselt werden, der Zugriff auf die beiden Moduln KonkreteRepr und auf die abstrakte Programmrepräsentation in der Projektdatenbank hat (vgl. Figur II.48). Bei der interpretativen Variante kann der Unparser-Modul in die beiden Moduln Unparsing-Schema-Interpreter und Unparsing-Schemata-Tabelle aufgespalten werden.

3.2.3.3. Ausführung

Die Verwendung syntaxgestützter Editoren in PEUen bedeutet insbesondere, daß die kontextfreie und, in Abhängigkeit von der Funktionalität des Editors, auch die kontextsensitive Korrektheit des Programms bereits während des Edierens überprüft und gewährleistet wird. Somit ist der erste Schritt zu einer Ausführung des Programms, die üblicherweise in Compilern enthaltene syntaktische Analyse, bereits während des Edierens inkrementell vollzogen worden. Die während des Edierens, z.T. mit Hilfe des erläuterten Parsers, erstellte interne Darstellung des Programms in der Form eines abstrakten Syntaxbaums/-graphs ist deswegen sinnvollerweise auch die Datenstruktur, auf der die Realisierung der Ausführung aufsetzt.

```
PROCEDURE UPWhileStat (          Increment : Nodenumber;
                                 StartCol  : CARDINAL;
                          VAR    MaxCol : CARDINAL);


VAR   LocMaxCol : CARDINAL;
      Target : Nodenumber;

BEGIN
  KRNewFrame( Increment, StartCol );                      (* Anlegen eines Rahmens *)
  KRWriteString( "WHILE ", 6 );
  MGGetTargetNode( Increment, EExpr, Target );            (* Ermitteln des 1. Sohns *)
  UPExpr( Target, StartCol+6, LocMaxCol );                (* rekursiver Aufruf *)
  KRWriteString( " DO", 3);
  MaxColumn := LocMaxCol + 3;
  MGGetTargetNode( Increment, EStaLi, Target );           (* Ermitteln des 2. Sohns *)
  KRWriteLn( StartCol );
  UPStaLi( Target, StartCol+Indent, LocMaxCol );          (* rekursiver Aufruf *)
  MaxCol := MAXIMUM( MaxCol, LocMaxCol );
  KRWriteLn( StartCol );
  KRWriteString( "END", 3);
  KRCloseFrame( MaxCol );                                 (* Abschluß des Rahmens *)

END UPWhileStat;
```

Fig. II.47: Beispiel für eine rekursive Unparsing-Prozedur

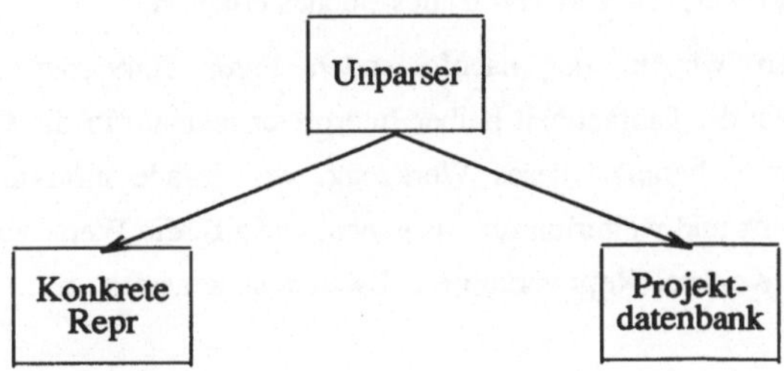

Fig. II.48: Entwurf des Unparsers

Für die Realisierung der Ausführung ist dann der Trade-off zwischen einer interpretativen und compilativen Vorgehensweise zu diskutieren. Der wesentliche Unterschied zwischen diesen beiden Vorgehensweisen besteht darin, daß bei der **interpretativen Vorgehensweise** die interne Datenstruktur unmittelbar interpretiert wird, während sie bei einer **compilativen Vorgehensweise** zu Beginn der Ausführung in eine maschinennähere Form übersetzt wird. Eine rein interpretative Vorgehensweise wird z.B. im Cornell Program Syntheziser verfolgt (/RT 81/). Da die compilative Vorgehensweise bei Benutzung eines üblichen Compilers selbst bei kleinen Quelltextmodifikationen eine vollständige Recompilation bedeuten würde, verwendet man in einigen Projekten einen sogenannten **inkrementellen Compiler.** Grundidee hierbei ist, bei einer Veränderung des Quelltextes nur die wirklich betroffenen Inkremente neu zu übersetzen und den restlichen Objektcode unverändert zu lassen. Eine derartige Vorgehensweise findet man z.B. im Gandalf-Projekt (/KE 82/), wo man sich allerdings auf Prozeduren als kleinste Recompilationseinheit beschränkt. In anderen Projekten (z.B. DICE (/Fr 85/)) geht man bis auf Anweisungsebene als Recompilationseinheit herunter.

Es ist klar, daß im Gegensatz zu einer rein interpretativen Vorgehensweise bei der compilativen Vorgehensweise die Ausführung erheblich (laufzeit-)effizienter ist, da das Programm in einer maschinennäheren Form vorliegt. Andererseits hat eine interpretative Vorgehensweise Vorteile, die besonders in einer integrierten PEU von Bedeutung sind. Einige dieser Vorteile sind:

- nur teilweise fertiggestellte Programme können bereits ausgeführt werden

- eine Modifikation des Quelltextes erfordert nicht erst einen Compilationsvorgang

- eine Änderung der Testumgebung, z.B. eine andere Schrittweite im Trace-Modus, bedeutet nur das Umsetzen eines Schalters im Interpreter und ebenfalls keine erneute Compilation

- zur Realisierung einer integrierten Vorgehensweise verschiedener Werkzeuge muß nicht jeder bei einer Unterbrechung der Ausführung mögliche Wechsel zu anderen Werkzeugen bereits im übersetzten Code vorgesehen werden.

Idealerweise sollte man bei der Realisierung eines Ausführungswerkzeugs natürlich versuchen, die Vorteile des interpretativen Vorgehens mit dem Vorteil der effizienten Ausführung bei der compilativen Vorgehensweise zu verbinden. Ein solcher Ansatz, der zu einem sogenannten Hybridinterpreter führt, ist allerdings unseres Wissens nach bisher nur im IPSEN Projekt realisiert worden. Deshalb wird er als spezielles Fallbeispiel eines Hybridinterpreters in Teil III des Buches erläutert.

An dieser Stelle geben wir in der nachfolgenden Figur II.49 nur die Einbettung des Ausführungswerkzeugs, das wir der Einfachheit halber Interpreter nennen, in die Gesamtarchitektur an. Analog zu Parser und Unparser benutzt dieses Werkzeug, wie gerade motiviert, die Syntaxbaum-/graphdarstellung des Programms und weiterhin für Ausgaben, wie z.B. die Werte von Variablen während der Ausführung, die im Modul KonkreteRepr verkapselte Zwischendatenstruktur.

3.2.4. Ablaufsteuerung

Bisher haben wir die einzelnen Teilsysteme einer PEU, d.h. die sogenannten Basissysteme wie E/A-System und Projektdatenbanksystem sowie einzelne Basiswerkzeuge, dargestellt. In diesem letzten Abschnitt unserer Entwurfsüberlegungen beschäftigen wir uns mit dem letzten in der Darstellung der Grobarchitektur in Fig. II.35 eingeführten Teilsystem, der Ablaufsteuerung.

Dieses Teilsystem steuert den sogenannten **Dialogablauf** in einer PEU. Dieser beginnt mit dem Ermitteln aller für ein Inkrement gültigen Kommandos. Diese können dann mit Hilfe des E/A-Systems in

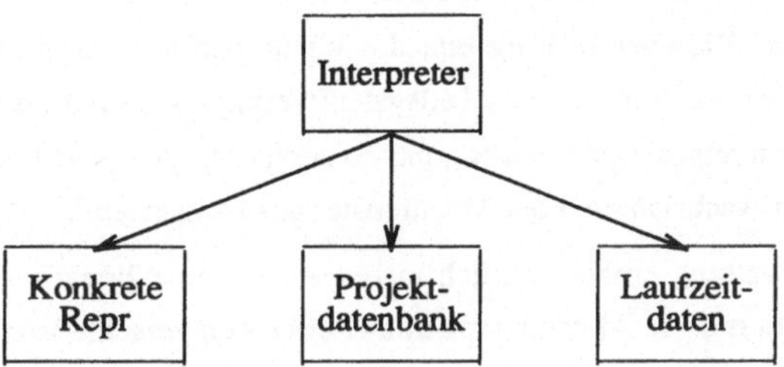

Fig. II.49: Entwurf des Interpreters

Form eines Menüs angezeigt werden. Anschließend wird (wieder durch Aufruf von Ressourcen des E/A-Systems) ein Kommando eingelesen, dann erfolgt die Aktivierung des entsprechenden Werkzeugs und letztlich muß die Ausführung des Kommandos durch ein Werkzeug gesteuert werden. Diese Werkzeugsteuerung beinhaltet den Zugriff und ggf. die Modifikation der Projektdatenbank, ggf. das Einlesen weiterer Parameter (z.B. bei der freien Eingabe eines Inkrements) und die Initiierung der Anzeige der entsprechenden Veränderungen der internen Datenstruktur auf dem Bildschirm.

Dieser skizzierte Dialogablauf bestimmt die **Zerlegung** dieses obersten Teilsystems einer PEU (vgl. Fig. II.50). Im Teilsystem **Kommandoeingabe** wird verkapselt, welche Kommandonamen dem Benutzer in einem Menü angezeigt werden (z.B. englische oder deutsche), wie die Menüs aufgebaut sind, sowie die Möglichkeit Kommandos auf verschiedene Art und Weise (Menü oder Tastatur) einzugeben.
In einem weiteren Teilsystem, **Zentrale Steuerung,** wird dann gesteuert, welches Werkzeug aufgrund eines eingelesenen Kommandos zu aktivieren ist. Ist die Ausführung eines Kommandos durch ein Werkzeug abgeschlossen, ermittelt dieses Teilsystem durch Zugriff auf die Projektdatenbank die Liste der in der aktuellen Situation gültigen Kommandos. Diese wird dann wieder mit den Ressourcen des Moduls Kommandoeingabe angezeigt, so daß der Benutzer eines dieser Kommandos auswählen kann. Der Zugriff auf die Projektdatenbank erlaubt die Feststellung, welches Inkrement nach Ausführung eines Kommandos das neue aktuelle und damit das die gültige Kommandoliste bestimmende ist.

Die Koordination der Kommadoausführung findet dann in einem für jedes Werkzeug spezifischen Modul statt. Je nach Funktionsumfang des Werkzeugs ist dies ein eigener spezieller Steuermodul oder das gesamte Werkzeug ist durch einen einzigen Modul realisiert. Für weitergehende Beispiele verweisen wir auf Teil III des Buches.

Das Einlesen weiterer Parameter sowie das Initiieren der Anzeige entsprechender Veränderungen der Projektdatenbank müßte nun naheliegenderweise durch Zugriff der Werkzeugsteuerung auf die bereits erläuterten Teilsysteme E/A-System, Parser bzw. Unparser erfolgen. Dieser direkte Zugriff ist aber nicht mehr möglich, wenn wie in Abschnitt 1.2 erläutert, mehrere Programmausschnitte gleichzeitig auf dem Bildschirm angezeigt werden, d.h. mehre Dokumentenfenster geöffnet sind. In diesem Fall muß es eine zentrale Steuerung geben, die verwaltet, welches Fenster jeweils angesprochen werden muß, d.h. entsprechend unserem E/A-Transformationsschema in Abschnitt 3.2.1, welche Zwischendatenstruktur die aufbereitete externe Repräsentation für welches Dokumentenfenster enthält. Für diese Verwaltungsaufgabe führen wir das Teilsystem **Viewverwaltung** ein, das einheitlich von allen Werkzeugen zur Ein-/Ausgabe auf dem Bildschirm benutzt wird. Dieses Teilsystem verkapselt weiterhin die Information über alle weiteren auf dem Bildschirm angezeigten Fenster, um so auch ggf. zuordnen zu können, zu welchem angezeigten Dokumentenfenster Nachrichten- oder Menüfenster anzuzeigen sind.

Das Teilsystem Viewverwaltung erhält natürlich insbesondere seine Berechtigung beim Bau einer SEU. Hier müssen nämlich nicht nur die Abhängigkeiten zwischen den verschiedenen Ausschnitten eines einzigen Dokuments, eben des Programms, verwaltet werden, sondern hier handelt es sich im allgemeinen um Ausschnitte aus verschiedenen Dokumenten, die gleichzeitig angezeigt werden, d.h. letztlich um verschiedene Parser und Unparser, die durch die Viewverwaltung koordiniert werden.

Aus den Überlegungen dieses Abschnitts ergibt sich die in Fig. II.50 dargestellte Gesamtarchitektur, die im wesentlichen die in diesem Kapitel 3 erläuterte Verfeinerung der in Fig. II.35 dargestellten Grobarchitektur ist.

Die hier dargestellte Ablaufsteuerung bedeutet, daß ein spezifischer Dialogablauf durch die Implementierung festgeschrieben ist. Natürlich gibt es auch in diesem Bereich Forschungsansätze, um durch den Einsatz von Spezifikationssprachen mehr Flexibilität zu gewährleisten. Solche Sprachen, wie sie z.B. in /De 77/, /Ch 82/, /St 84/ und /Ws 84/ erläutert werden, erlauben einen Dialogablauf formal auf einer sehr hohen Abstraktionsebene zu beschreiben und daraus systematisch eine spezifische Dialogsteuerung z.B. in einer PEU abzuleiten oder sogar zu generieren. Eine detaillierte Darstellung dieser Ansätze findet sich in /Sc 86/. Zusammenfassend läßt sich sagen, daß diese Arbeiten noch nicht so weit ausgereift sind, daß sie sich zur Spezifikation beliebiger Dialogabläufe einsetzen lassen.

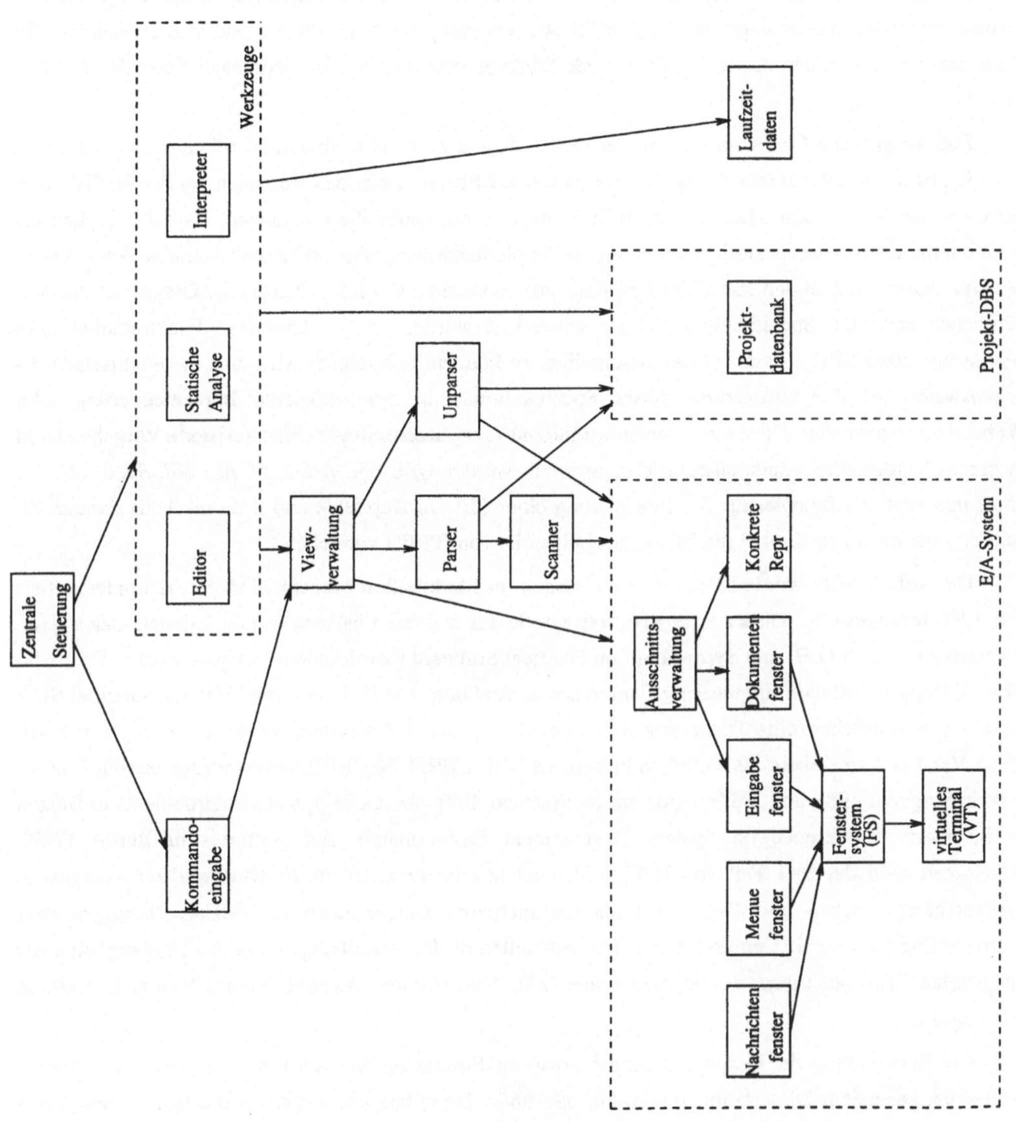

Fig. II.50: Architektur der Ablaufsteuerung und Einbettung in die Gesamtarchitektur

III Realisierung einer Programmentwicklungsumgebung am Beispiel IPSEN

Zur Klasse der SEUen, die Integration auf allen 3 Ebenen anstreben und zum Teil realisiert haben, gehört auch das Projekt IPSEN (Integrated Programming Support Environment (/Na 85a/)). Aufbauend auf Ideen, die in /Sch 75/ und /Na 80/ dargestellt sind, wurde es 1981 an der Universität Osnabrück ins Leben gerufen und wird mittlerweile an der RWTH Aachen fortgeführt. In seinem Rahmen entstanden die Dissertationen der beiden Autoren (/En 86/, /Sc 86/), die eine wesentliche Grundlage dieses Buches bilden.

Das wesentliche Charakteristikum, das IPSEN von allen vergleichbaren Forschungsansätzen unterscheidet, ist die Art der Realisierung der Integration auf Ebene 2, d.h. das Vorgehen bei der Realisierung der einzelnen Werkzeuge. Hier wird in IPSEN insofern ein neuer Weg gegangen, als daß Graphen als hohe interne Datenstruktur zur Modellierung und Implementierung aller Softwaredokumente benutzt werden (im Unterschied zu den sonst üblichen Bäumen) und daß eine auf der Theorie der Graphgrammatiken beruhende neuartige Spezifikationsmethode entwickelt wurde, um die komplexe Funktionalität aller Werkzeuge einer SEU formal präzise beschreiben zu können. Schließlich wird eine systematische Vorgehensweise bei der Umsetzung dieser Spezifikationen in eine effiziente Implementierung aller Werkzeuge angewendet. Dieses zusammenfassend mit **Graphtechnologie** charakterisierte Vorgehen ist in mehreren Veröffentlichungen ausführlich vorgestellt worden (/ES 85/, /Na 85b/, /En 86/, /ELS 88/, /Le 88b/) und wird als Beispiel für die Realisierung einer PEU in Kapitel 2 und 3 dieses Teils dargestellt, während wir im ersten Kapitel die Benutzerschnittstelle von IPSEN vorstellen.

Die SEU IPSEN wurde in einer ersten Version in Modula-2 auf einem IBM AT 02 implementiert und 1986 fertiggestellt. Dieser erste **Prototyp** wurde auf mehreren nationalen und internationalen Konferenzen vorgestellt (z.B. 2nd Symposium on Practical Software Development Environments in Palo Alto 1986, European Software Engineering Conference in Straßburg 1987). Eine zweite Version auf einer SUN 3/60, im wesentlichen eine Portierung und Erweiterung der AT-Version, wurde 1987 implementiert. Diese Version wurde ebenfalls mehrfach präsentiert (z.B. CEBIT 88, IEEE Software Engineering Conference in Singapur 1988 und 3rd Symposium on Practical Software Development Environments in Boston 1988, Intern. Conference on System Development Environments and Factories in Berlin 1989). Inzwischen wird der PiG Teil von IPSEN für studentische Praktika als Entwurfswerkzeug eingesetzt (Universitäten Aachen und Dortmund) und an mehreren Universitäten in Spezialvorlesungen über Software Engineering, SEUen und Benutzerschnittstellen für Rechnerübungen, die den Umgang mit einer integrierten SEU illustrieren sollen, verwendet (z.B. Universitäten Aachen, Braunschweig, Darmstadt, Dortmund).

Die Entwicklung der Graphtechnologie sowie ihr Einsatz im Bereich PiK ist insbesondere Thema der beiden genannten Dissertationen (/En 86/, /Sc 86/). Diese beschreiben somit die Realisierung einer PEU mit Hilfe der Graphtechnologie ausgehend von einer Spezifikation der Funktionalität einer PEU bis hin zur Implementierung. Die Zusammenfassung der Ergebnisse dieser beiden Dissertationen bildet das Gerüst der Fallstudie des Teils III des Buches, in dem wir aufzeigen wollen, wie die bisher geschilderten

Konzepte zum Bau einer ganz konkreten PEU angewendet wurden.

1. Unterstützung des Programmierens im Kleinen

Bei der Vorstellung der IPSEN Benutzerschnittstelle anhand des Beispiels PiK orientieren wir uns naheliegenderweise an dem in Teil II Kapitel 1 aufgestellten Anforderungskatalog und der Strukturierung von PEU Benutzerschnittstellen.

Das Projekt IPSEN unterstützt für das PiK die Programmiersprache Modula-2. Es stehen integrierte Werkzeuge zum syntaxgestützten Edieren, Analysieren und Testen von Modula-2 Modulen zur Verfügung.

Unser Beispiel basiert auf der IBM AT Implementierung von IPSEN, um zu demonstrieren, daß ein hoher Komfort für den Benutzer bereits auf kleineren Bildschirmen zu erzielen ist. Natürlich kann das Fehlen einer großformatigen Bildschirms, wie ihn die SUN zur Verfügung stellt, nicht völlig wettgemacht werden.

Als Beispiel haben wir den Test und daraus resultierende Änderungen eines abstrakten Datenobjekts "Schlange" ausgewählt. Der Benutzer hat bereits durch Aufruf einer entsprechenden Folge von Kommandos des syntaxgestützten Editors den entsprechenden Datentyp und die üblichen Zugriffsoperationen dieses Datentyps eingetragen. Im Hauptprogramm hat er angefangen, eine Folge von Aufrufen dieser Zugriffsoperationen einzugeben. Es ergibt sich folgender bisher erstellter Quelltext:

```
MODULE QueueTest;
CONST MaxQueueLength = 5;
TYPE Queue =    RECORD
                    First, Last : CARDINAL;
                    QueueCont : ARRAY [0..MaxQueueLength-1] OF CARDINAL;
                    ActLength : CARDINAL;
                END;


VAR ActQueue : Queue;


PROCEDURE Insert (ActElem : CARDINAL );
BEGIN
    WITH ActQueue DO
        IF ActLength > 0 THEN
            Last := MOD (Last + 1, MaxQueueLength);
        END;
        QueueCont [Last] := ActElem;
        ActLength := ActLength +1;
    END;
```

```
END Insert;

PROCEDURE Delete ();
BEGIN
    WITH ActQueue DO
       IF ActLength > 1 THEN
          First := MOD (First + 1, MaxQueueLength);
       END;
       ActLength := ActLength -1;
    END;
END Delete;

PROCEDURE IsEmpty () : BOOLEAN;
BEGIN
   RETURN (< Expression >);
END IsEmpty;

PROCEDURE Init ();
BEGIN
   (< Statement >);
END Init;

BEGIN   (* QueueTest *)
    Init ();
    Insert (1);
    WHILE NOT IsEmpty () DO
      Delete ();
    END;
END QueueTest.
```

In IPSEN wird der Bildschirm aus vier logischen Fenstertypen aufgebaut: dem Dokumentenfenster, dem Menüfenster, dem Eingabefenster und dem Nachrichtenfenster. Die folgende Figur III.1 verdeutlicht diesen Aufbau und zeigt im Dokumentenfenster (einen hier aus Übersichtlichkeitsgründen verkleinerten) Ausschnitt aus dem obigen Programm. Als aktuelles Inkrement ist das "WHILE-Statement" im Hauptprogramm selektiert. Dementsprechend sind im Menü die gültigen Kommandos für dieses Inkrement angezeigt. Der Benutzer hat aber bereits die textuelle Eingabeform von Kommandos gewählt, und deswegen ist ein Eingabefenster mit der eingegebenen Kommandokurzbezeichnung eröffnet worden. Den Typ Nachrichtenfenster werden wir im Verlaufe unseres Beispiels noch kennenlernen.

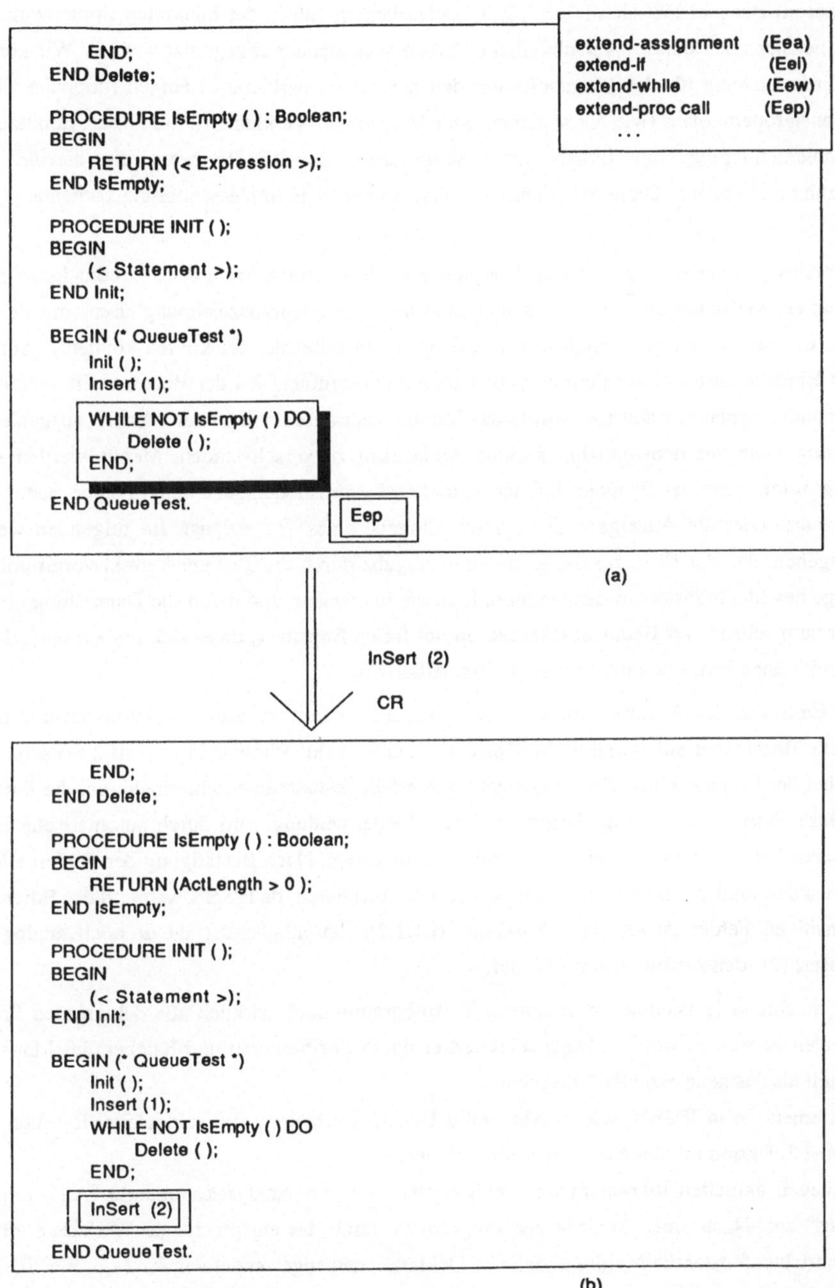

Fig. III.1: Eingabe eines Prozeduraufrufs

In diesem Beispiel läßt sich leider nicht verdeutlichen, daß in der konkreten Implementierung die einzelnen Fenster noch durch unterschiedliche Farben voneinander abgegrenzt werden. Wir können hier nur als Verdeutlichung für das Eingabefenster den besonders markierten Rahmen (doppelte Linie) einsetzen. Fensteroperationen (wie Verschieben oder Vergrößern/Verkleinern) durch den Benutzer sind in dieser Implementierung von IPSEN nicht vorgesehen, da die Hardware die hierfür sinnvolle Unterstützung nicht bietet. Diese Möglichkeit ist erst bei der SUN Implementierung vorhanden (/EJS 88/, /Le 88b).

Als erstes will der Benutzer nun im Hauptprogramm weitere Aufrufe der Prozedur Insert eintragen. Deshalb hat er, wie schon erwähnt, das Kommando über seine Kurzbezeichnung "Eep" mit der Tastatur eingeben. (Er hätte es natürlich auch mit der Maus im Menüfenster selektieren können.) Automatisch wurde ein Eingabefenster hinter dem aktuellen Inkrement eröffnet. Da der Benutzer die textuelle Form der Kommandoeingabe gewählt hat, wurde das Menüfenster anschließend automatisch ausgeblendet, um nicht unnötig Platz auf dem ohnehin kleinen Bildschirm zu verschwenden. Menüs werden erst dann wieder angezeigt, wenn der Benutzer bei der textuellen Kommanodeingabe einen Fehler macht (automatische Anzeige) oder die Anzeige explizit durch Eingabe eines "?" verlangt. Im folgenden werden wir davon ausgehen, daß der Benutzer die Kommandoeingabe durch die Tastatur korrekt vornimmt, um uns die Anzeige des Menüfensters in den weiteren Figuren zu ersparen und damit die Darstellung etwas übersichtlicher zu machen. Der Benutzer trägt nun in der freien Eingabe (, da es sich um ein einfaches Inkrement handelt) einen Prozeduraufruf ein (vgl. Fig. III.1 (b)).

Das Eintragen des Aufrufs wird mit einer speziellen Funktionstaste abgeschlossen und damit der eingetragene Bezeichner auf syntaktische Korrektheit untersucht. Wie wir in Fig. III.2 (a) sehen, hat der Benutzer bei der Eingabe einen Fehler gemacht und erhält deshalb eine Fehlermeldung, die ihm mitteilt, daß der Bezeichner noch nicht deklariert ist. Diese Fehlermeldung wird durch automatische Eröffnung eines weiteren Fensters vom Typ Nachrichtenfenster angezeigt. Nach Bestätigung der Fehlermeldung mit einem Mausklick muß der Benutzer diesen Bezeichner korrigieren, da IPSEN während des Edierens keine kontextsensitiven Fehler zuläßt (vgl. Abschnitt II.1.1.2). Anschließend trägt er noch analog zu dem Aufruf "Insert (2)" den Aufruf "Insert (3)" ein.

Nun möchte er feststellen, ob in seinem Testprogramm auch wirklich alle deklarierten Prozeduren und Variablen verwendet werden. Dazu selektiert er durch Positionieren und Klicken der Maus den Deklarationsteil als das neue aktuelle Inkrement.
Jedem Inkrement ist in IPSEN, wie in Absschnitt II.3.2.3.2 erläutert, ein rechteckiger Rahmen zugeordnet, der seine Selektion mit der Maus eindeutig erlaubt.
Auf dem neuen aktuellen Inkrement ruft der Benutzer nun das Analysekommando "An - non applied declarations" auf. Nach einer Analyse des Programms durch das entsprechende Werkzeug erhält er in einem Nachrichtenfenster die Meldung, daß alle Deklarationen angewendet wurden (vgl. Fig. III.2 (b)).

Wenn auch der Modul noch nicht vollständig erstellt ist, möchte der Benutzer bereits zu diesem Zeitpunkt insbesondere die schon fertigen Prozeduren testen. Vor Beginn der Ausführung hat er die Möglichkeit, den Quelltext um den Aufruf von Kommandos zu erweitern, die während der Ausführung

```
    END;
END Delete;

PROCEDURE IsEmpty ( ) : Boolean;
BEGIN
    RETURN (ActLength > 0 );
END IsEmpty;

PROCEDURE INIT ( );
BEGIN
    (< Statement >);
END Init;

BEGIN (* QueueTest *)
    Init ( );
    Insert (1);
    WHILE NOT IsEmpty ( ) DO
        Delete ( );
    END;
    InSert (2)          Identifier not declared
END QueueTest.
```

(a)

```
MouseClick
Insert (2)
  CR
 Eep
Insert (3)
  CR
MouseClick
An
```

```
MODULE  QueueTest;
CONST MaxQueueLength = 5;
TYPE Queue = RECORD
             First, Last : CARDINAL;
             QueueCont : ARRAY [0..MaxQueueLength-1] OF CARDINAL;
             ActLength : CARDINAL;
         END;

VAR ActQueue : Queue;

PROCEDURE Insert (ActElem : CARDINAL );
BEGIN
END Insert;

PROCEDURE Delete ( );
BEGIN
END Delete;

PROCEDURE IsEmpty ( ) : BOOLEAN;
BEGIN
END IsEmpty;

PROCEDURE Init ( );
BEGIN
END Init;
                              All declarations are applied
```

(b)

Fig. III.2: Ausgabe von Meldungen und Aufruf des Kommandos An

bei Erreichen der entsprechenden Stelle implizit zu aktivieren sind (vgl. II.1.1.4). Da der Rumpf der Prozedur Init noch nicht ausgefüllt ist, macht es keinen Sinn, diese Prozedur während der Ausführung zu aktivieren. Deshalb wird als erstes vom Benutzer der Aufruf der Prozedur Init im Hauptprogramm als aktuelles Inkrement selektiert. Durch Aufruf des Kommandos "Tip - insert proc. call simulation" des Werkzeuges Testvorbereitung wird der Quelltext wie in Fig. III.3 angegeben verändert. (Da wir den Bildschirmaufbau von IPSEN durch die Figur III.1 ausreichend beschrieben haben, wird in den folgenden Figuren aus Platzgründen nur noch der jeweils für die vorgestellten Kommandos wichtige Ausschnitt des Bildschirms gezeigt).

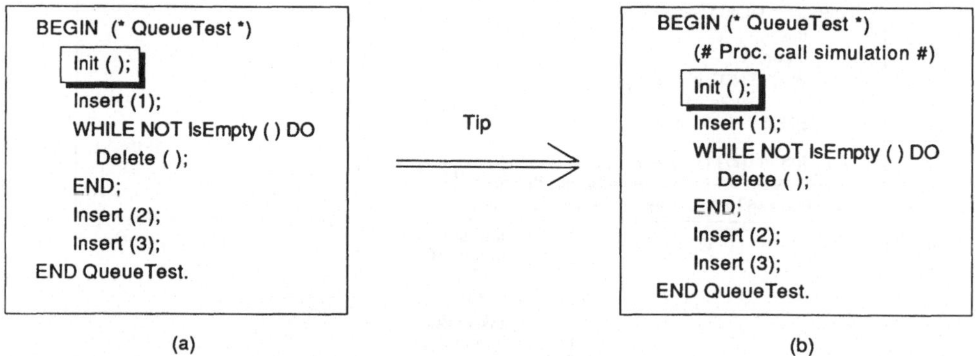

Fig. III.3: Aufruf des Kommandos Tip - insert proc. call simulation

Bei Aufruf dieses Kommandos wird implizit die Testumgebung angeschaltet, und das während der Ausführung implizit zu aktivierende Kommando wird im Quelltext entsprechend dargestellt.

Anschließend selektiert der Benutzer den gesamten Modul als aktuelles Inkrement und startet die Ausführung mit dem Kommando "Xr - run". Bei Erreichen des Aufrufs der Prozedur Init erkennt IPSEN einen impliziten Unterbrechungspunkt, die Ausführung wird damit unterbrochen (vgl. wieder Abschnitt II.1.1.4) und anschließend implizit das eingetragene Kommando Tip aktiviert. Bei Aktivierung dieses Kommandos wird ein weiteres Dokumentenfenster angezeigt, in dem die aktuellen Werte der zur Prozedur Init globalen Datenobjekte angezeigt werden. Alle CARDINAL-Werte sind automatisch mit 0 vorbesetzt (vgl. Fig. III.4).

Der Benutzer kann nun entweder die Vorbesetzungen in dem neu eröffneten Fenster ändern oder, falls er mit ihnen einverstanden ist, setzt er die Ausführung durch erneuten Aufruf von "Xr" fort. Letzteren Fall nehmen wir in unserem Beispiel an. Dann hält IPSEN bei Erreichen des nächsten impliziten Unterbrechungspunktes an. Dieser ist der fehlende Ausdruck in der RETURN-Anweisung der Prozedur IsEmpty. Hier trägt der Benutzer den Ausdruck "ActQueue.ActLength < 0" in der freien Eingabe ein. Anschließend setzt er die Ausführung wieder durch Aufruf des Kommandos "Xr" fort.

Die Ausführung bricht dann das nächste Mal wegen eines Laufzeitfehlers bei Ausführung der Prozedur Delete ab (Bereichsüberschreitung bei der Wertzuweisung an die Variable ActLength). Dem Benutzer wird dies durch Kennzeichnung des entsprechenden Inkrements (der Anweisung "ActLength:=

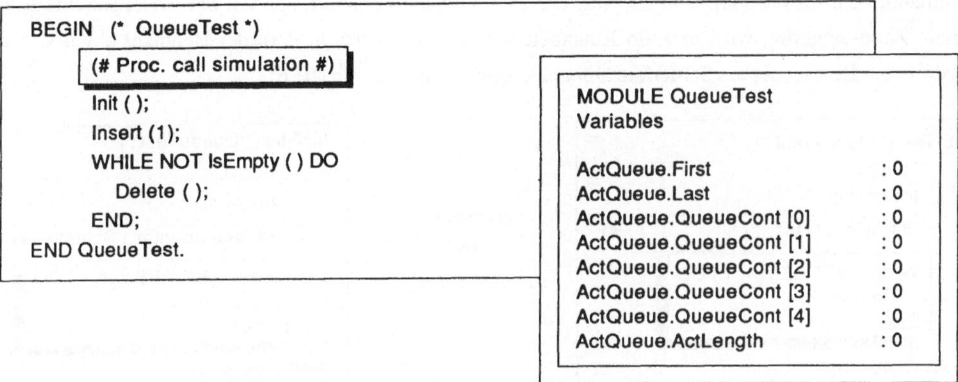

Fig. III.4: Impliziter Aufruf von proc. call simulation

ActLength-1") sowie einer Fehlermeldung angezeigt.

Es gibt nun verschiedene Möglichkeiten, diesen Fehler zu lokalisieren. Zunächst einmal kann der Benutzer verhindern, daß bei nochmaliger Ausführung wiederum die Ausführung der Prozedur Delete wegen eines Laufzeitfehlers unterbrochen wird, indem er am Anfang der Prozedur einen expliziten Unterbrechungspunkt setzt, d.h. eine Unterbrechungsanweisung einfügt (vgl. Fig. III.5).

Fig. III.5: Quelltext erweitert durch bedingte Unterbrechungsanweisung

Würde beim nächsten Durchlauf von Delete wieder ein Laufzeitfehler auftreten, weil der Wert von ActLength kleiner oder gleich 0 ist, würde die Ausführung zunächst nur unterbrochen und nicht abgebrochen. Der Benutzer hätte dann z.B. die Möglichkeit, sich die Werte bestimmter Variablen anzusehen.

Weiterhin nehmen wir hier für unser Beispiel an, daß der Benutzer den Verdacht hat, daß der Laufzeitfehler aufgetreten ist, weil die im Hauptprogramm stehende WHILE-Schleife zu häufig ausgeführt worden ist. Aus diesem Grunde selektiert er diese Schleife als aktuelles Inkrement und ruft das

Kommando "Til - insert loop counter" auf. Dieses Kommando bewirkt, daß vor der WHILE-Schleife eine weitere Zeile eingefügt wird und ein Eingabefenster eröffnet wird, in dem der Benutzer einen von ihm gewünschten Bezeichner als Schleifenzähler eintragen kann (vgl. Fig. III.6).

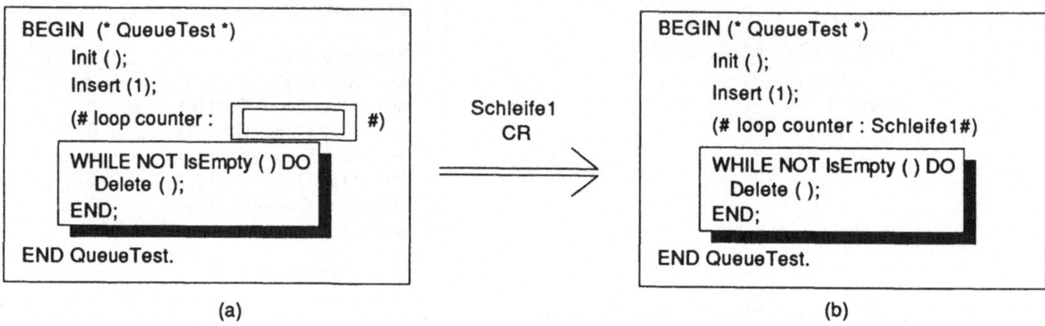

Fig. III.6: Eintragen eines Schleifenzählers

Nach diesen Vorbereitungen startet der Benutzer die Ausführung erneut von Beginn an. Diesmal wird die Ausführung bei Ausführung der Unterbrechungsanweisung in der Prozedur Delete unterbrochen. Der Benutzer hat nun die Möglichkeit, sich durch Aufruf des Kommandos "Xv - variable inspection" den Wert des vorher eingetragenen Schleifenzählers anzusehen (vgl. Fig. III.7).

Fig. III.7: Ausgabe eines Variablenwertes bei Ausführungsunterbrechung

Der Benutzer weiß nun, daß die Zusicherung ActLength > 0 dadurch verletzt wurde, daß die Schleife bereits einmal ausgeführt worden ist und die Prozedur Delete zum zweiten Mal durchlaufen wird, obwohl nur ein Element in der Schlange enthalten war. Er schließt daraus, daß die Abbruchbedingung, d.h. die Prozedur IsEmpty falsch sein muß. Tatsächlich wurde dort (aus Versehen?) ActQueue.ActLength < 0 anstelle von ActQueue.ActLength = 0 eingetragen. Mit Hilfe eines entsprechenden Editorkommandos kann dieser Fehler leicht korrigiert werden. Bei einer erneuten Ausführung des Programms wird dieses dann fehlerfrei zu Ende geführt.

In der Hoffnung, daß dies der einzige Fehler war, vervollständigt der Benutzer zunächst den Rumpf der Prozedur Init, löscht dann mit Hilfe des Kommandos "Td - delete" die implizite Aktivierung der Simulation des Prozedurrumpfs von Init im Hauptprogramm und schaltet mit dem Kommando "To - on/off" die Testumgebung aus. Dies bedeutet, daß alle für Testzwecke im Quelltext eingetragenen Ergänzungen nicht dargestellt werden und während der Ausführung nicht beachtet werden.

Würde allerdings bei einer erneuten Ausführung nach einer Erweiterung des Programms (z.B. durch die ausführliche Behandlung von Fehlersituationen in den Prozeduren Insert und Delete sowie weitere Zugriffsoperationen) wieder ein Fehler festgestellt, ist der Benutzer nicht gezwungen, alle bisher für Testzwecke eingetragenen Ergänzungen des Quelltextes erneut einzutragen. Nur durch Aufruf des Kommandos "To" kann er die alte Testumgebung wieder einschalten. Die entsprechenden Ergänzungen des Quelltextes werden dann wieder entsprechend dargestellt.

Das obige Beispiel gibt einen kleinen Einblick, wie die in Kapitel II.1 beschriebenen Anforderungen an die Benutzerschnittstelle einer PEU in einer konkreten PEU realisiert wurden. Insbesondere sollte der strukturierte und damit übersichtliche Bildschirmaufbau sowie die inkrementorientierte, modifreie Arbeitsweise mit verschiedenen Werkzeugen des PiK illustriert werden. Eine ausführliche Darstellung der Funktionalität der IPSEN-Werkzeuge findet sich in /En 86/, eine detaillierte Beschreibung der Ausgestaltung der IPSEN-Benutzerschnittstelle (Bildschirmaufbau, Kommandosprache, usw.) ist in /Sc 86/ enthalten. Die aufgrund Hardwaregegebenheiten noch komfortablere Benutzerschnittstelle der SUN Implementierung ist in /EJS 88/ und /Le 88b/ beschrieben.

2. Graphen als konzeptionelles Datenmodell

Im IPSEN-Projekt wird als zentrales Datenmodell für alle zum Bereich des Programmierens-im-Kleinen gehörenden Werkzeuge eine graphartige Datenstruktur, der sogenannte Modulgraph, eingesetzt. Wir erläutern im Abschnitt 2.1 wie unter Berücksichtigung der im Teil II, Abschnitt 2.1.1 diskutierten Kriterien, ein derartiges Datenmodell systematisch entwickelt werden kann. An Hand dieser systematischen Vorgehensweise ist es leicht möglich, analog zu dem im IPSEN-Projekt im Bereich PiK auf die Programmiersprache Modula-2 ausgerichteten Datenmodell ein Datenmodell für andere Programmiersprachen zu entwickeln. Im Abschnitt 2.2 beschreiben wir dann ausführlich die im IPSEN-Projekt entwickelte und eingesetzte Methode, mit Graphersetzungssystemen die erlaubten Operationen auf einem Modulgraphen und damit die erlaubten Aktionen eines syntaxgestützten Modula-2 Editors zu spezifizieren.

2.1. Konstruktion des Modulgraphen

Dieser Abschnitt gliedert sich in drei weitere Abschnitte: Im Abschnitt 2.1.1 wird als Grundlage für die weiteren Betrachtungen eine normierte Form einer Programmiersprachengrammatik definiert, bevor dann im Abschnitt 2.1.2 die Darstellung des kontextfreien Anteils und im Abschnitt 2.1.3 die Darstellung des kontextsensitiven Anteils eines Modula-2-Moduls im Modulgraphen erläutert wird.

2.1.1. Normierte Sprachgrammatik

Ausgangspunkt für die Entwicklung des Datenmodells Modulgraph ist die eine Programmiersprache definierende Grammatik. Hierbei ist es üblich, eine Programmiersprache durch eine kontextfreie Grammatik in Form eines erweiterten Backus-Naur-Systems (EBNF-Systems) und eine Menge von zusätzlichen kontextsensitiven Regeln zu definieren.

Das eine Programmiersprache definierende Backus-Naur-System ist jedoch nicht eindeutig bestimmt. Das heißt, daß die Menge der benutzten nichtterminalen Symbole und die Art der Strukturierung der einzelnen Backus-Naur-Produktionen von den Intentionen des Grammatikautors abhängt. So kann z.B. der Entwerfer eines Compilers gezwungen sein, eine Reihe von zusätzlichen technischen nichtterminalen Symbolen und dazugehörenden Produktionen einzuführen, um die LL(1)-Eigenschaft der zugrunde liegenden Grammatik zu erhalten (vgl. z.B. /AU 86/). Nur die Menge der terminalen Symbole ist durch die zu beschreibende Programmiersprache eindeutig festgelegt. Um nun eine wohldefinierte Basis für die weiteren Entwicklungsschritte zu haben, legen wir eine normierte Strukturierung für die Ausgangsgrammatik fest. Es ist das Ziel einer derartigen normierten Gestalt, eine Grammatik zu erhalten, die unmittelbar die rein syntaktische Struktur eines ableitbaren Programms widerspiegelt.

Ein **EBNF-System** wird gebildet über den endlichen Mengen der terminalen und nichtterminalen Symbole und besteht aus einer endlichen Menge von EBNF-Produktionen. Jede EBNF-Produktion besteht aus einer linken Seite, einem nichtterminalen Symbol und einer rechten Seite. Diese rechte Seite besteht aus einer oder mehreren Alternativen von (u.U. leeren) Folgen von terminalen und nichtterminalen Symbolen. Insbesondere gilt, daß zu jedem nichtterminalen Symbol genau eine EBNF-Produktion existiert, in der dieses nichtterminale Symbol auf der linken Seite steht. Ein EBNF-System nennen wir dann

normiert, wenn die Menge der nichtterminalen Symbole in drei disjunkte Teilmengen der folgenden Arten zerlegt werden kann:

(i)   Auswahl-Nonterminal:

Diese Teilmenge von nichtterminalen Symbolen zerfällt in zwei weitere disjunkte Teilmengen:

-   Alternativen-Nonterminal:

    Die rechte Seite der zugehörigen EBNF-Produktion besteht aus einer Reihe von Alternativen, wobei entweder alle Alternativen jeweils aus einem nichtterminalen Symbol oder alle Alternativen jeweils aus einem terminalen Symbol bestehen.

    Beispiel:

    ```
    <statement> ::=

                    <assignment_statement> | <procedure_call>  |
                    <if_statement>          | <case_statement>  |
                    <while_statement>       | <repeat_statement> |
                    ...
    ```

-   Optionales Nonterminal:

    Die rechte Seite der zugehörigen EBNF-Produktion besteht aus zwei Alternativen, dem leeren Wort und dem optionalen Teil.

    Beispiel:

    ```
    <opt_statement_list> ::=  <empty> | <statement_list>
    ```

    Zur Kennzeichnung dieser nichtterminalen Symbole beginnen die Namen stets mit "opt_".

(ii) Struktur-Nonterminal:

Die rechte Seite der zugehörigen EBNF-Produktion besteht aus einer nicht-leeren Folge von nichtterminalen und terminalen Symbolen.

Beispiel:

```
<if_statement> ::= IF <expression> THEN
                        <opt_statement_list>
                        <opt_elsif_part_list>
                        <opt_else_part>
                   END
```

(iii) Listen-Nonterminal:

Die rechte Seite der zugehörigen EBNF-Produktion beschreibt eine nicht-leere Liste von, u.U. durch einen Begrenzer getrennten, gleichen syntaktischen Einheiten.

Beispiel:

```
<statement_list> ::= <statement> { ; <statement> }
```

Zur Kennzeichnung dieser nichtterminalen Symbole enden die Namen stets mit "_list".

Im Vergleich zu der im Abschnitt II.2.1.2 vorgestellten Baumgrammatik entsprechen die Auswahl-Nonterminals den dort eingeführten Phyla und die Struktur- bzw. Listen-Nonterminals den Operatoren.

Jede gegebene Programmiersprachengrammatik in EBNF-Gestalt kann in diese normierte Form gebracht werden, indem in geeigneter Weise nichtterminale Symbole hinzugefügt oder gestrichen werden, und die Produktionen hierarchisiert oder abgeflacht werden. Im Anhang A1 befindet sich ein derartiges normiertes EBNF-System für den Programmieren-im-Kleinen-Anteil von Modula-2, das ausgehend von dem in /Wi 86/ vorgefundenen EBNF-System erstellt worden ist.

Die Umgestaltung eines gegebenen EBNF-Systems in eine derartige normierte Form ist nicht eindeutig. Das heißt insbesondere, daß man verschiedene Möglichkeiten hat, einzelne syntaktische Teilstrukturen durch eine EBNF-Produktion zu einer syntaktischen Struktur zusammenzufassen. Bei der Normierung einer EBNF sollte man sich deshalb an den Vorstellungen über die vom syntaxgestützten Editor zur Verfügung zu stellenden Edierkommandos orientierten. Als Beispiel seien hier unterschiedliche Möglichkeiten für die Beschreibung einer bedingten Anweisung diskutiert: In der oben angegebenen EBNF-Produktion für die if-Anweisung ist auf der Ebene einer Anweisung nur eine beliebige if-Anweisung bekannt (vgl. hierzu die EBNF-Produktion für <statement>). Diese kann dann auf der Ebene der if-Anweisung aufgrund der nichtterminalen Symbole der optionalen Nonterminals, nämlich <opt_elsif_part_list> und <opt_else_part>, mit einer elsif-part-Liste bzw. mit einem else-Teil versehen werden oder nicht. Eine zweite Möglichkeit wäre gewesen, bereits auf der Ebene einer Anweisung zwischen den Alternativen "if_elsif_else_statement", "if_else_statement", "if_elsif_statement" und "if_then_statement" zu unterscheiden. Eine dritte Möglichkeit könnte sein, eine bedingte Anweisung durch die folgenden drei EBNF-Produktionen zu beschreiben:

```
<if_statement>        ::=   <if_begin_part> <if_end_part>
<if_begin_part>       ::=   IF <expression> THEN
                            <opt_statement_list>
<if_end_part>         ::=   <opt_elsif-part_list>
                            <opt_else_part>
                            END
```

Diese Möglichkeit zerlegt eine if-Anweisung in zwei Teilstrukturen, in der insbesondere die Schlüsselworte "IF" und "END" in verschiedenen Teilstrukturen stehen. Dies widerspricht der üblichen Aufteilung einer Programmiersprache in syntaktische Einheiten und erscheint von daher nicht sinnvoll. Die ersten beiden Möglichkeiten beachten die Aufteilung in derartige syntaktische Einheiten. Sie legen nur einen unterschiedlichen Zeitpunkt fest, wann die Entscheidung für die konkrete Gestalt der if-Anweisung zu treffen ist. Während dies bei der zweiten Möglichkeit von vornherein festzulegen ist, kann bei der ersten Möglichkeit auch noch später entschieden werden, ob eine elsif-part-Liste oder ein else-Teil einzufügen ist. Dies macht deutlich, daß die Überführung eines gegebenen EBNF-Systems in eine normierte Form zum einen die üblichen syntaktischen Einheiten berücksichtigen muß und zum anderen auch bereits von Vorstellungen über die Benutzerschnittstelle des syntaxgestützten Editors beeinflußt ist.

2.1.2. Abstrakter Syntaxgraph

Die Modula-2-Grammatik in der oben erläuterten normierten Form bildet die Grundlage für die Gestalt des sogenannten abstrakten Syntaxgraphen, der das Grundgerüst eines Modulgraphen darstellen wird. Diese abstrakten Syntaxgraphen sind attributierte Graphen, die analog zu abstrakten Syntaxbäumen die kontextfreie Struktur eines Dokuments unmittelbar darstellen. Im Abschnitt II.1 haben wir erläutert, daß sich alle Werkzeugaktivitäten an der Inkrementeinteilung eines Moduls orientieren. Somit liegt es nahe, auch in der internen Darstellung eines Moduls eine Inkrementeinteilung zu kennen, die im wesentlichen dieser Inkrementeinteilung an der Benutzerschnittstelle entspricht, um so die Realisierung der Werkzeugaktivitäten zu erleichtern. Ausgehend von der oben eingeführten normierten EBNF führen wir drei verschiedene Arten von Graphinkrementen ein, aus denen ein abstrakter Syntaxgraph dann zusammengesetzt ist. Diese drei Arten sind atomare, Struktur- und Listen-Graphinkremente.

In der EBNF befindet sich das unterste Strukturierungsniveau auf Zeichen- bzw. Ziffernebene. Da die Feinstruktur von Bezeichnern und Literalen nur bei der Eingabe zur Überprüfung auf syntaktische Korrektheit bekannt sein muß, aber später von keinem auf dem Modulgraphen arbeitenden Werkzeug benötigt wird, wird im Modulgraphen diese Feinstruktur nicht dargestellt. Dies bedeutet, daß im Modulgraph Bezeichner und Literale als nicht weiter strukturierte Inkremente, also **atomare Graphinkremente,** angesehen werden. Die Darstellung eines solchen atomaren Graphinkrements besteht aus einem einzelnen Knoten. Zur Markierung der Knoten in den Graphinkrementen benutzen wir die nichtterminalen Symbole der normierten EBNF (bzw. geeignete Abkürzungen). Der ein atomares Graphinkrement darstellende Knoten wird somit z.B. mit "Ident" bzw. "String" markiert. Der dazugehörende konkrete Bezeichner (bzw. Literal) wird in einem Attribut "Name" an solch einem Knoten abgelegt.

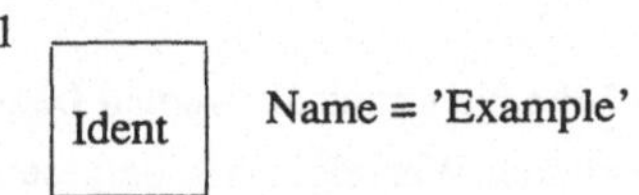

Fig. III.8: Darstellung eines atomaren Graphinkrements

Alle nichtterminalen Symbole, die in einer im üblichen Grammatik-Sinne mit den nichtterminalen Symbolen <ident>, <natural>, <rational> oder <string> startenden Ableitung auftreten und damit zur Beschreibung der Feinstruktur derartiger lexikalischer Einheiten dienen, brauchen dann bei der Graphinkrementfestlegung nicht weiter berücksichtigt zu werden.

Allen übrigen in der normierten EBNF enthaltenen Struktur-Nonterminals werden **Struktur-Graphinkremente** zugeordnet. Diese Graphinkremente werden durch einen Baum dargestellt, dessen Wurzelknoten mit diesem Struktur-Nonterminal (bzw. einer entsprechenden Abkürzung) markiert ist.

Entsprechend der Anzahl der nichtterminalen Symbole auf der rechten Seite der zu diesem Struktur-Nonterminal gehörenden EBNF-Produktion besitzt der Wurzelknoten entsprechend viele mit diesen nicht-terminalen Symbolen markierte Söhne. Zusätzlich werden die auftretenden Kanten mit unterschiedlichen, der Bedeutung eines Sohnes entsprechenden Kantenmarkierungen versehen. Zur Unterscheidung von Knoten- und Kantenmarkierungen beginnen die Kantenmarkierungen mit "E" (für Edge).

EBNF-Produktion:

<while_statement> ::=   WHILE <expression> DO
                                    <opt_statement_list>
                           END

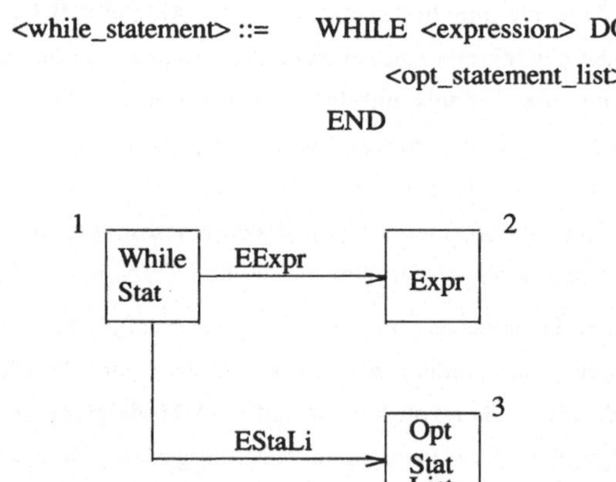

Fig. III.9: Darstellung eines Struktur-Graphinkrements

(Bem.: Entgegen der üblichen, vertikalen Schreibweise notieren wir Bäume und Graphen horizontal. Dadurch wird die Übersichtlichkeit der Darstellung für den Leser erhöht, da dadurch insbesondere die Inkrementanordnung im Graphen unmittelbar der Inkrementanordnung in einer textuellen Darstellung entspricht.)

Allen in der normierten EBNF enthaltenen Listen-Nonterminals werden **Listen-Graphinkremente** zugeordnet. Diese Listen-Graphinkremente werden durch Wurzelgraphen dargestellt, wobei der Wurzel-knoten mit dem Listen-Nonterminal markiert ist und die einzelnen Listenelemente als Söhne an diesen Wurzelknoten angehängt werden.

Während bei abstrakten Syntaxbäumen durch die Benutzung geordneter Bäume eine Reihenfolge zwischen den Söhnen eines Knotens festgelegt ist, verzichten wir auf diese zusätzliche formale Forderung eines Ordnungsbegriffs. Bei Struktur-Graphinkrementen ist durch die unterschiedliche Markierung der Kanten zu den Söhnen eine implizite Ordnung der Söhne gegeben. Bei Listen-Graphinkrementen wird die Reihenfolge der Listenelemente durch zusätzliche, mit "ENext" markierte Kanten zwischen den Listenelementen beschrieben. Außerdem wird das erste bzw. letzte Listenelement durch eine mit "EFirst" bzw. "ELast" markierte Kante mit dem Wurzelknoten verbunden.

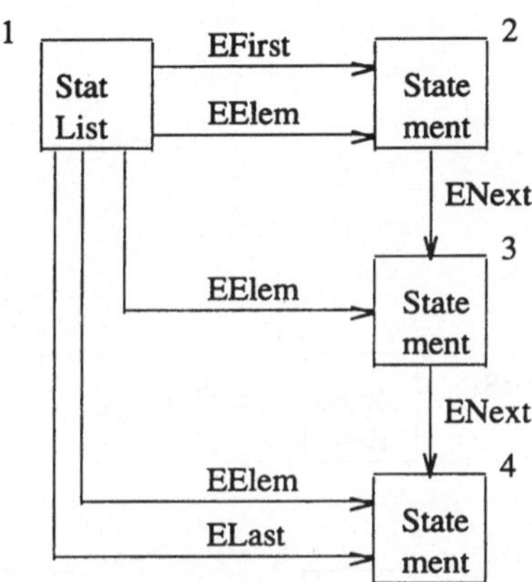

Fig. III.10: Darstellung eines Listen-Graphinkrements mit drei Listenelementen

Diese drei Arten von Graphinkrementen bilden die Bausteine, aus denen ein **abstrakter Syntaxgraph** zur Darstellung der kontextfreien Struktur eines Modula-2 Moduls zusammengesetzt wird. Dieses Zusammensetzen von Graphinkrementen geschieht durch Ersetzen eines Knotens (genauer eines Blattes bzw. einer Senke) in einem Graphinkrement durch ein an dieser Stelle erlaubtes anderes Graphinkrement. Durch wiederholte Ausführung derartiger Ersetzungschritte werden die oben eingeführten Graphinkremente zu größeren Graphen expandiert. Aus diesem Grunde heißen derartige Graphinkremente dann auch **expandierte Graphinkremente.** Wir werden diesen Ersetzungsmechanismus im nächsten Abschnitt bei der Erläuterung der Spezifikationssprache präzisieren. An dieser Stelle geben wir in Fig. III.11 zur Erläuterung zu einem kurzen, z.T. noch unvollständigen Programmausschnitt die zugehörige Darstellung als abstrakten Syntaxgraphen an.

Wie bei abstrakten Syntaxbäumen bereits erläutert (vgl. Teil II, Abschnitt 2.1.2), enthalten auch die abstrakten Syntaxgraphen keine konkrete Syntax (z.B. reservierte Worte). Eine textuelle Darstellung des Syntaxgraphen mit entsprechender konkreter Syntax und einem geeigneten Layout muß durch einen Unparsingalgorithmus erzeugt werden.

Ein derartiger abstrakter Syntaxgraph ist, formal gesprochen, ein gerichteter, attributierter, knoten- und kantenmarkierter Graph. Ein derartiger Graph wird wie folgt definiert:

Nodelabels bezeichne eine endliche Menge von Knotenmarkierungen, *Edgelabels* eine endliche Menge von Kantenmarkierungen und *Attributes* eine endliche Menge von Attributen. Jeder Knotenmarkierung wird durch die Funktion *nodeatt* : *Nodelabels* $\rightarrow$ P(*Attributes*) eine endliche Menge von Attributen zugeordnet.

Ein **gerichteter, attributierter, knoten- und kantenmarkierter Graph** (gakk-Graph) über *Nodelabels, Edgelabels, Attributes, nodeatt* ist ein Tripel $G = ($*Nodes, nodelab, Edges*$)$ mit

```
WHILE  X > 0  DO
  REPEAT
    (< Statement >)
  UNTIL  (< Expression >);
END
```

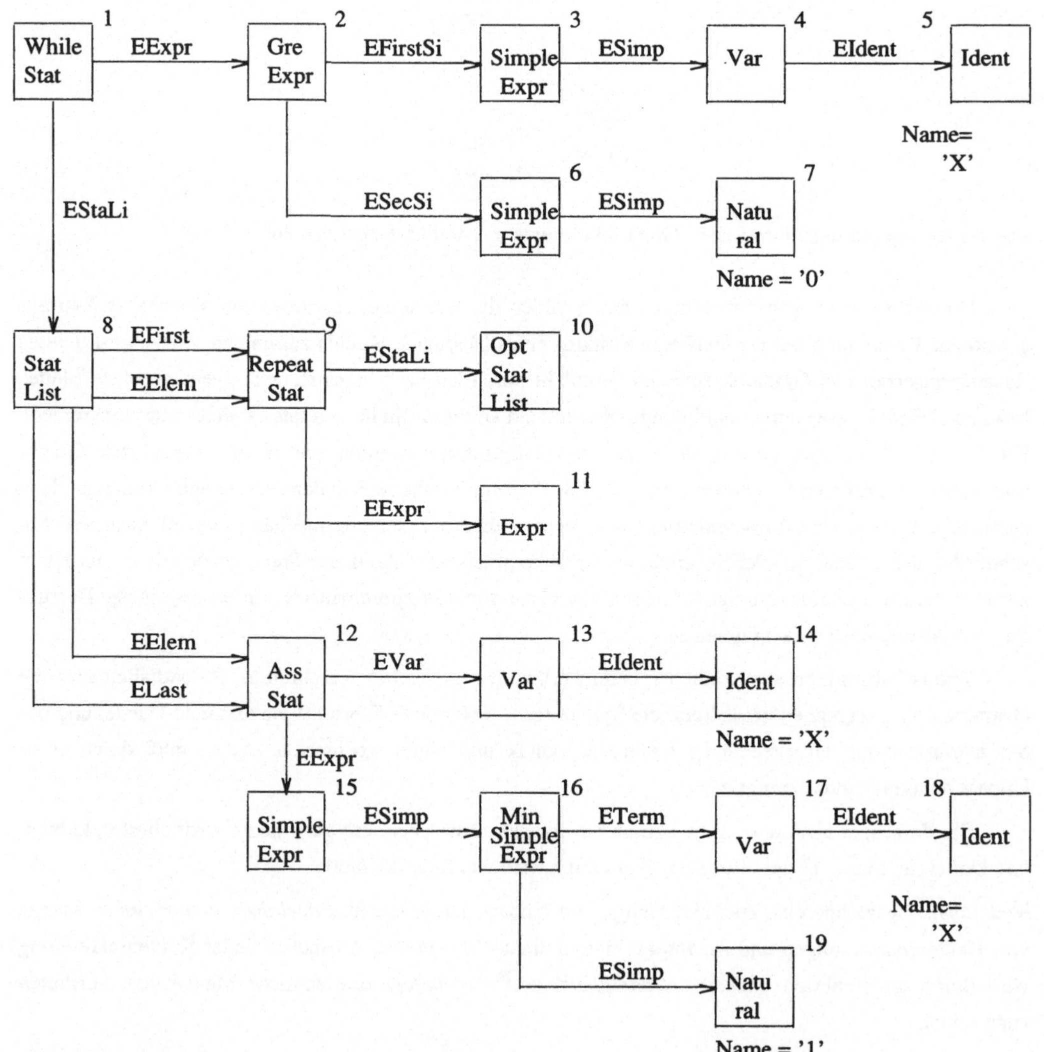

Fig. III.11: Beispiel eines abstrakten Syntaxgraphen

-    *Nodes* endliche Menge von Knotenbezeichnungen

-    *nodelab* : *Nodes* → *Nodelabels* Knotenmarkierungsfunktion,

-    *Edges* ⊂ *Nodes* × *Nodes* × *Edgelabels* markierte Kantenmenge.

Im folgenden benutzen wir als Knotenbezeichnungsmenge in der Regel eine Teilmenge $\{1, ..., m\}$ von $\mathbb{N}$. Ein Element $(k_1, k_2, el) \in$ *Edges* wird als gerichtete Kante vom Knoten k_1 zum Knoten k_2 aufgefaßt, die mit el markiert ist. Mit G(*Nodelabels, Edgelabels, Attributes, nodeatt*) bezeichnen wir die Menge aller gakk-Graphen über *Nodelabels, Edgelabels, Attributes* und *nodeatt*.

Jeder Knoten n $\in$ *Nodes* in einem gakk-Graphen besitzt eine endliche Menge von Attributen $\{A_1, ..., A_k\}$, die durch *nodeatt* (*nodelab* (n)) bestimmt ist. Jedes dieser Attribute A_i besitzt in einem gakk-Graphen einen konkreten Wert, der aus einem zugehörigen Attributwertebereich A_i-*Werte* stammt. In diesem Sinne kann jedes dieser Attribute als Funktion $A_i : Nodes_{/A_i} \to A_i$-*Werte* aufgefaßt werden, wobei die Menge $Nodes_{/A_i}$ die Menge aller Knoten in einem gakk-Graphen umfaßt, an denen das Attribut A_i steht. Formal heißt dies:

$$Nodes_{/A_i} := \{ \, n \in \text{Nodes} \mid A_i \in nodeatt\,(\,nodelab\,(n)\,) \, \}$$

Die oben erläuterten abstrakten Syntaxgraphen sind in diesem Sinne gakk-Graphen. Die zugrundeliegende Menge *Nodelabels* ist dabei im wesentlichen durch die Menge der nichtterminalen Symbole der zugehörigen normierten EBNF bestimmt. Als Attribut haben wir bisher nur "Name" kennengelernt mit dem Wertebereich "STRING". Wir werden im folgenden weitere Attribute einführen und auch die Menge der Knoten- und Kantenmarkierungen schrittweise erweitern. Als Attributwertebereiche verwenden wir die in Programmiersprachen üblichen Standarddatentypen CARDINAL, INTEGER, REAL, CHAR, BOOLEAN sowie den Typ STRING als Folge von Zeichen (CHAR).

2.1.3. Darstellung kontextsensitiver Informationen

Durch die aus einer normierten EBNF abgeleiteten abstrakten Syntaxgraphen wird die kontextfreie Struktur eines Modula-2 Moduls unmittelbar dargestellt. Dies bedeutet, daß gemäß der im Teil II, Abschnitt 2.1 erläuterten Kriterien, Informationen über die kontextfreie Struktur durch einen einfachen lesenden Zugriff aus der Datenstruktur ermittelt werden können. Neben dieser kontextfreien Syntax gehören eine Menge kontextsensitiver Regeln zur Festlegung einer Programmiersprache. Diese Regeln müssen bei jedem syntaktisch korrekten Programm dieser Programmiersprache erfüllt sein. Wir erläutern in diesem Abschnitt, welche kontextsensitiven Informationen zusätzlich im abstrakten Syntaxgraphen abgelegt werden, damit auch sie durch einen einfachen lesenden Zugriff unmittelbar ermittelt werden können.

Kontextsensitive Regeln fordern neben den kontextfreien Beziehungen zusätzliche Beziehungen zwischen einzelnen Inkrementen in einem Modula-2 Quelltext bzw. der zugehörigen Syntaxgraphdarstellung. Bei diesen kontextsensitiven Informationen können vier Arten unterschieden werden:

(i)   Beziehungen zwischen Inkrementen innerhalb des Deklarationsteils einer Prozedur bzw. eines Moduls

(ii)   Beziehungen zwischen Inkrementen in Deklarationsteilen verschiedener Prozeduren bzw. Moduln

(iii)   Beziehungen zwischen Inkrementen in einem Deklarationsteil und einem Anweisungsteil

(iv)   Beziehungen zwischen Inkrementen innerhalb eines Anweisungsteils.

Wie wir im Kapitel 1 erläutert haben, garantiert der zu IPSEN gehörende syntaxgestützte Editor neben der kontextfreien auch die kontextsensitive Korrektheit des aktuell bearbeiteten Modula-2-Moduls nach Ausführung eines jedes Editorkommandos. Dies bedeutet, daß bei der Ausführung eines Editorkommandos Inkremente im abstrakten Syntaxgraphen betrachtet werden müssen, die sich, je nach Art der zu untersuchenden kontextsensitiven Beziehung, u.U. weit entfernt voneinander im Syntaxgraphen befinden. Als Beispiel sei hier die Existenz einer Deklaration zu einer im Anweisungsteil benutzten Variablen genannt. Im bisher eingeführten Datenmodell des abstrakten Syntaxgraphen ist eine derartige Überprüfung einer kontextsensitiven Regel durch einen mehr oder weniger aufwendigen Suchalgorithmus zu realisieren. Hier bietet es sich nun an, die bei der Überprüfung einer kontextsensitiven Regel ermittelten Zusammenhänge zwischen Graphinkrementen für spätere Überprüfungen kontextsensitiver Regeln aufzuheben. Aufgrund unserer Benutzung eines graphartigen Datenmodells liegt es nahe, derartige Zusammenhänge durch zusätzliche Kanten im Syntaxgraphen zu beschreiben. Gemäß der im Teil II, Abschnitt 2.1.1 erläuterten Kriterien 1 und 2 ist nun für jede der oben genannten vier möglichen kontextsensitiven Beziehungen zu diskutieren, wie sie im Syntaxgraphen dargestellt wird und wann sie in den Graphen eingetragen wird bzw. dort aktualisiert wird.

An dieser Stelle ist es nicht möglich, analog zu dem Vorgehen im kontextfreien Fall eine systematische Vorgehensweise zu beschreiben. Denn, im Gegensatz zu der formalen Darstellung der kontextfreien Syntax z.B. durch eine EBNF, werden kontextsensitive Regeln bei der Sprachdefinition einer Programmiersprache üblicherweise umgangssprachlich formuliert (vgl. /Wi 86/), so daß an dieser Stelle kein formalisierter Ausgangspunkt gegeben ist. (Bem.: Die im IPSEN-Projekt erstellte, im nächsten Kapitel erläuterte Spezifikation stellt somit eine erste formalisierte Beschreibung der kontextsensitiven Regeln für Modula-2 dar.)

Die im folgenden beschriebene Erweiterung des abstrakten Syntaxgraphen hat sich bei der Entwicklung der einzelnen Werkzeuge, hierbei insbesondere des syntaxgestützten Editors, als sinnvoll erwiesen.

Zu (i) und (ii):

Kontextsensitive Beziehungen zwischen Inkrementen innerhalb eines oder mehrerer Deklarationsteile in einem Modula-2 Modul betreffen die **Verwendung von Typbezeichnern in Typ- und Variablendeklarationen.** In einem Modula-2-Modul muß jeder benutzte Typbezeichner deklariert sein. Hierbei kann unterschieden werden zwischen vordefinierten Standarddatentypbezeichnern und vom Benutzer definierten Typbezeichnern. Um beide Arten einheitlich behandeln zu können, betten wir jeden abstrakten Syntaxgraphen in einen Graphen ein, in dem alle vordefinierten Konstanten (z.B. "MaxInt"), die Standarddatentypen INTEGER, CARDINAL, REAL, BOOLEAN, CHAR und BITSET und die Standardprozeduren deklariert sind. Zur Kennzeichnung, daß es sich bei diesen Deklarationen um Standarddeklarationen handelt, wird der definierende Teil durch einen Knoten mit der Markierung "Standard" dargestellt. Fig. III.12 zeigt einen Ausschnitt aus einem Syntaxgraphen, der um die Deklaration des Standarddatentyps INTEGER erweitert wurde.

Der kontextsensitive Zusammenhang zwischen einem Typbezeichner in einer Typdefinition (d.h. innerhalb der rechten Seite einer Typdeklaration) und der Stelle, an der dieser Typbezeichner deklariert wurde, wird mit einer mit "EType" markierten Kante zwischen den beiden entsprechenden mit "Ident" markierten Knoten ausgedrückt.

Der kontextsensitive Zusammenhang zwischen einem Typbezeichner auf der rechten Seite einer Variablendeklaration und der Stelle, an der dieser Typbezeichner deklariert wurde, wird mit einer mit "EObject" markierten Kante zwischen den beiden entsprechenden mit "Ident" markierten Knoten ausgedrückt. Durch diese beiden unterschiedlich markierten Kanten kann für einen deklarierten Typbezeichner unmittelbar festgestellt werden, ob er an einer anderen Stelle benutzt wird und, im positiven Fall, ob Objekte dieses Typs deklariert sind. Fig. III.13 zeigt einen Ausschnitt aus einem erweiterten abstrakten Syntaxgraphen, in dem diese beiden Kanten enthalten sind.

Zu (iii):

Bei der Konstruktion **arithmetischer Ausdrücke** ist zu gewährleisten, daß die jeweiligen Operanden typverträglich sind. Analog müssen bei Zuweisungsanweisungen die Variable auf der linken Seite und der arithmetische Ausdruck auf der rechten Seite zuweisungsverträglich sein. Um diese Überprüfungen z.B. bei der Ausführung von Editorkommandos ohne großen Aufwand durchführen zu können, wird der Typ jedes Teilausdrucks und von jeder Variablen bestimmt und dieser kontextsensitive Zusammenhang durch entsprechende Kanten im Syntaxgraphen dargestellt. Hierzu wird eine mit "EExprType" markierte Kante von dem Wurzelknoten eines jeden Teilausdrucks zu dem Bezeichnerknoten der entsprechenden Typdeklaration gezogen. Analog wird für jede Variable auf der linken Seite einer Zuweisungsanweisung eine mit "EVarType" markierte Kante zu dem Bezeichnerknoten der entsprechenden Typdeklaration gezogen. Fig. III.14 zeigt einen Ausschnitt aus einem erweiterten abstrakten Syntaxgraphen, in dem diese beiden Kanten enthalten sind.

Ein weiterer kontextsensitiver Zusammenhang zwischen **Bezeichnern im Anweisungsteil und in einem Deklarationsteil** besteht darin, daß jeder Bezeichner, der im Anweisungsteil auftritt, deklariert sein muß. Hierbei betrachten wir zunächst nur das lokale angewandte Auftreten eines Bezeichners. Das heißt, daß eine zugehörige Deklaration im Deklarationsteil derselben Prozedur (bzw. desselben Moduls) steht, in deren (bzw. dessen) Rumpf das angewandte Auftreten des Bezeichners enthalten ist. Ein derartiger Bezeichner kann nun ein Konstanten-, Prozedur-, Aufzählungskomponenten- bzw. Verbundkomponentenbezeichner sein oder ein Datenobjektbezeichner, der an der entsprechenden Stelle nur benutzt, d.h. gelesen wird. In diesem Fall wird eine mit "ELocUseDec" markierte Kante von dem angewandten bzw. benutzenden Auftreten dieses Bezeichners zu der entsprechenden Deklarationsstelle gezogen. Falls dem Datenobjektbezeichner an der entsprechenden Stelle während einer Ausführung ein neuer Wert zugewiesen werden kann, sprechen wir von einem setzenden Auftreten des Bezeichners. Diese Situation liegt vor, wenn der Datenobjektbezeichner auf der linken Seite einer Wertzuweisung oder als call-by-reference-Parameter auftaucht. In diesem Fall wird eine mit "ELocSetDec" markierte Kante von diesem

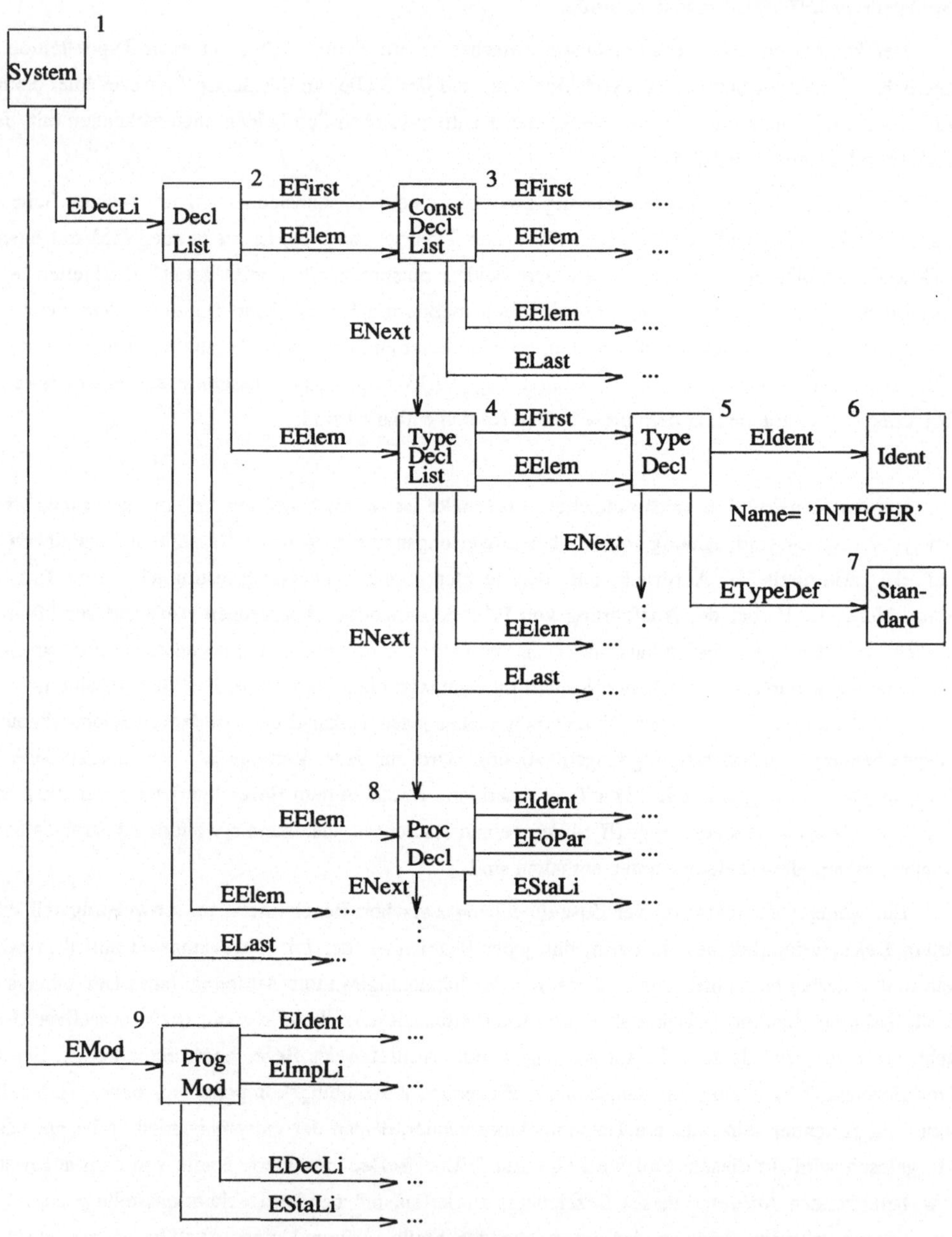

Fig. III.12: Ausschnitt eines abstrakten Syntaxgraphen mit Standarddatentypdeklaration

TYPE   Elem = ... ;

       Menge =   SET OF Elem;

VAR AMenge : Menge;

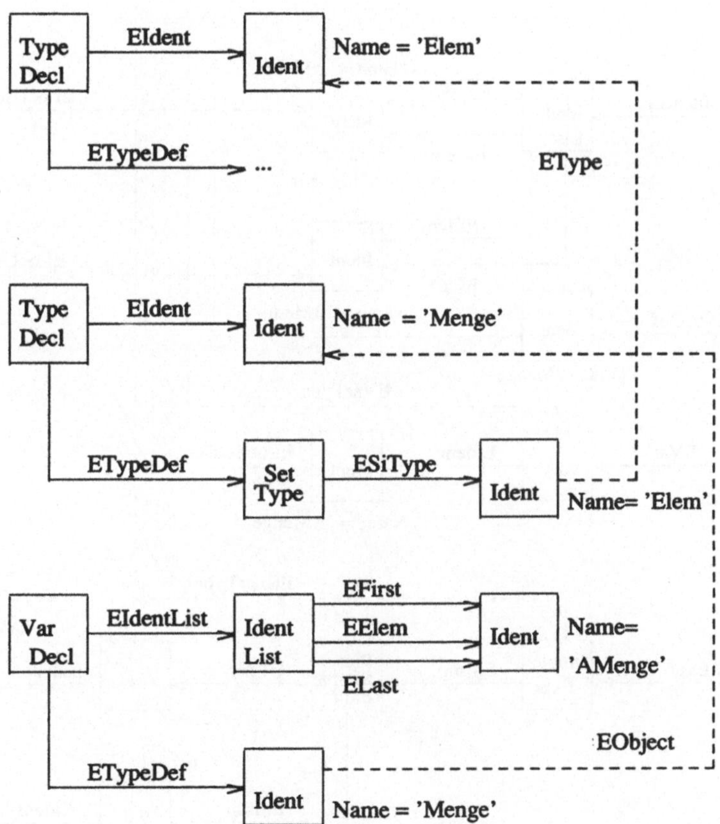

Fig. III.13: Abstrakter Syntaxgraph mit EObject- und EType-Kanten

setzenden Auftreten des Bezeichners zur zugehörigen Deklarationsstelle gezogen. Fig. III.14 enthält ein Beispiel für das Auftreten dieser Kanten.

Die beiden Kantenarten "ELocUseDec" und "ELocSetDec" dienen dazu, das lokale angewandte Auftreten eines Datenobjektbezeichners darzustellen. Wie werden nun entsprechende Kanten gezogen, wenn die zugehörige Deklarationsstelle in einem übergeordneten Deklarationsteil steht, also eine sogenannte **"global deklarierte Variable"** angewandt wird? Gemäß Kriterium 1 sind zwei

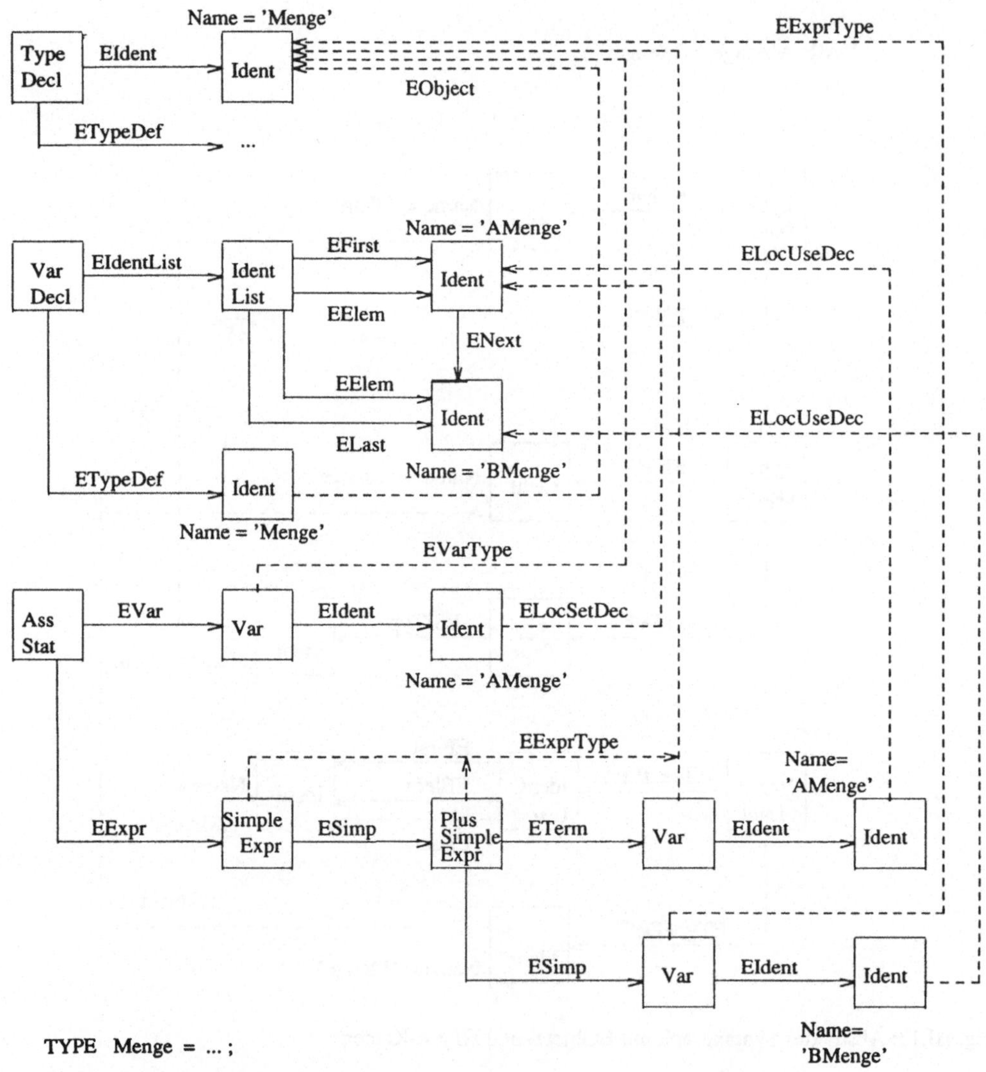

TYPE Menge = ... ;

VAR AMenge, BMenge : Menge;

AMenge := AMenge + BMenge

Fig. III.14: Abstrakter Syntaxgraph mit EExprType-, EVarType-, ELocUseDec-, ELocSetDec-Kanten

Möglichkeiten zu bedenken: Eine sehr naheliegende Möglichkeit wäre, analog zu lokal deklarierten Variablen eine entsprechend markierte Kante vom angewandten Auftreten des Bezeichners direkt zur Deklarationsstelle zu ziehen. Dadurch wird jedoch ein Großteil der Information nicht in der Datenstruktur abgelegt und damit verloren gehen, die beim Eintragen dieses Bezeichners in den Graphen ermittelt wird. Da gemäß unserer Philosophie jeder angewandte Bezeichner zuvor deklariert sein muß, werden beim Eintragen eines Bezeichners im Anweisungteil eines Moduls im zugehörigen abstrakten Syntaxgraphen von der aktuellen Stelle an aufwärts alle statisch umgebenden Deklarationsteile durchsucht, bis die zugehörige Deklarationsstelle gefunden ist. Würde man dann nur eine einzige direkte Kante in den Graphen eintragen, würde man das ermittelte Wissen über die Blockverschachtelung wieder vergessen. Um dies zu verhindern, wird der abstrakte Syntaxgraph wie folgt um Kopien von Bezeichnerknoten erweitert:

- Alle Prozedurdeklarationen erhalten als weiteren Bestandteil eine Liste von Bezeichnern, in der alle Datenobjekte aufgeführt werden, die global zu dieser Prozedur deklariert sind, und im Rumpf dieser Prozedur oder in statisch tiefer liegenden Prozeduren global angewandt werden. Der Listenkopfknoten dieser Liste von Bezeichnern (markiert mit "Ident") wird mit "VarCopyList" markiert.

- Von der angewandten Stelle eines global deklarierten Datenobjekts im Rumpf einer Prozedur P wird eine mit "ELocSetDec" bzw. "ELocUseDec" markierte Kante zum entsprechenden Knoten in der an dieser Prozedurdeklaration hängenden Liste von Bezeichnern gezogen.

- Von einem Datenobjektbezeichner in einer derartigen Liste wird eine mit "EGlobUse" bzw. mit "EGlobSet" markierte Kante zum entsprechenden Knoten der Liste in der statisch umgebenden Prozedur bzw. zur Deklarationsstelle gezogen.

  Fig. III.15 zeigt einen Ausschnitt aus einem abstrakten Syntaxgraphen, in dem diese zusätzlichen Knoten und Kanten an einem Beispiel verdeutlicht werden.

Die Grundidee obiger Modellierung besteht darin, ein 'Bündel' an einem Knoten einlaufender Kanten dadurch zu strukturieren, daß 'Teilmengen' dieses Bündels bereits vorher an 'Kopien' dieses Knotens zusammengeführt werden und nur noch 'eine' Kante von dieser Kopie zum Zielknoten gezogen wird. Wir haben das schematisch in Fig. III.16 dargestellt.

Durch diese Vorgehensweise wird der Informationsgehalt der Datenstruktur erheblich erhöht. Es ist nun leicht festzustellen, ob im Rumpf einer Prozedur globale Variable auftreten oder wie groß die Verschachtelungstiefe zwischen deklarierendem und angewandtem Auftreten eines Bezeichners ist. Wir kommen hierauf bei der Erläuterung der Realisierung der statischen Analyse (vgl. Abschnitt 3.6) und des Interpreters (vgl. Abschnitt 3.5) noch einmal zurück. An dieser Stelle soll zunächst Kriterium 2 näher untersucht werden, d.h. die Frage, wann diese Informationen in den Graphen eingetragen werden bzw. dort aktualisiert werden. Da während des Edierens etwaige Verletzungen der kontextsensitiven Syntax dem Benutzer sofort zu melden sind, ist es angebracht, die oben erläuterten Ergänzungen eines abstrakten Syntaxgraphen sofort nach einer Veränderung der kontextfreien Struktur zu aktualisieren. Wir diskutieren den dabei entstehenden Aufwand an Hand der vier, in diesem Zusammenhang interessanten Graphveränderungen:

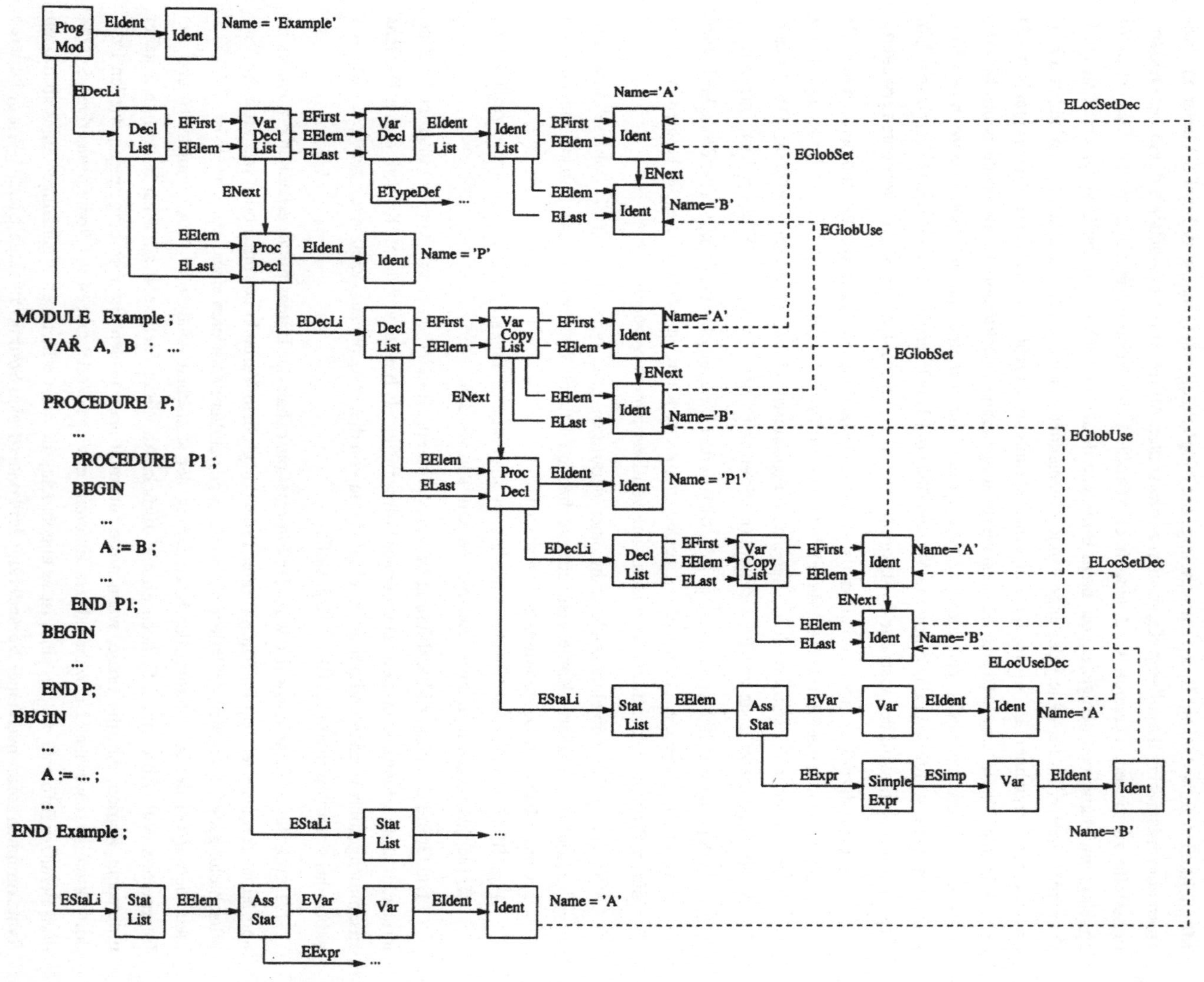

Fig. III.15: Abstrakter Syntaxgraph mit VarCopy-Listen

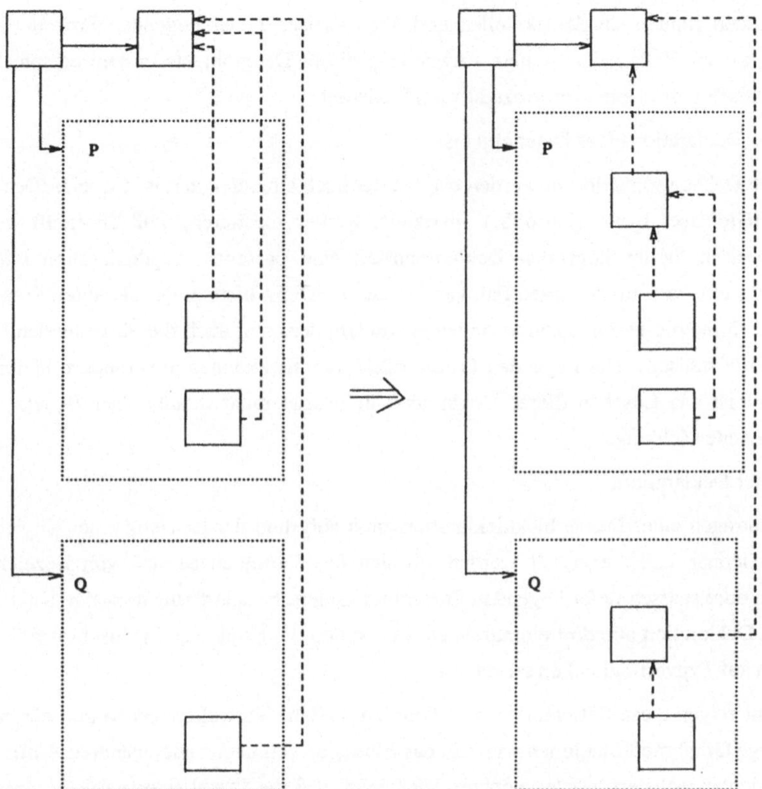

Fig. III.16: Strukturierung eines Kantenbündels durch Einführen von Kopien

- Eintragen eines neuen angewandten Auftretens eines Datenobjekts:

Falls im Deklarationsteil der aktuellen Prozedur die zugehörige Deklaration steht, wird eine mit "ELocUseDec" bzw. mit "ELocSetDec" markierte Kante gezogen. Ist der Bezeichner global deklariert, wird überprüft, ob bereits ein entsprechender Knoten in der Liste der Kopien von Datenobjektbezeichnern (VarCopyList) existiert. Im positiven Fall muß dann ebenfalls nur eine mit "ELocUseDec" bzw. "ELocSetDec" markierte Kante gezogen werden. Zur Typüberprüfung kann der zugehörige Typ dann leicht über eine Folge mit "EGlobUse" bzw. "EGlobSet" markierter Kanten gefunden werden. In diesem Fall erleichtert also die Existenz einer Kopie auch die Suche nach einer zugehörigen Deklaration. Denn nur in dem Fall, daß dieses Datenobjekt zum ersten Mal global angewandt wird, müssen in allen Prozedurdeklarationen zwischen der aktuellen Anwendung und der Deklaration dieses Datenobjekts eine Kopie angelegt und entsprechende Kanten gezogen werden.

- Löschen eines angewandten Auftretens eines Datenobjekts:

Zunächst muß die auslaufende mit "ELocSetDec" bzw. "ELocUseDec" markierte Kante gelöscht werden. Außerdem kann auch die Kopie des Bezeichners in der VarCopy-Liste (inkl. der verbindenden Kanten) in der aktuellen und allen statisch höher liegenden Prozedurdeklarationen gelöscht werden, falls keine weitere Anwendung dieses Datenobjekts in dem entsprechenden oder einem statisch tiefer liegenden Prozedurrumpf existiert.

- Löschen einer Deklaration eines Datenobjekts:

Falls eine Deklaration gelöscht werden soll, zu der noch einlaufende mit "ELocUseDec", "ELocSet-Dec", "EGlobUse" bzw. "EGLobSet" markierte Kanten existieren, muß überprüft werden, ob in einem statisch höher liegenden Deklarationsteil eine passende Typdeklaration mit demselben Bezeichner existiert. Im positiven Fall kann in der VarCopy-Liste in der aktuellen Prozedurdeklaration eine Kopie dieses Bezeichners angelegt werden, der dann auch die einlaufenden Kanten übernimmt. Alle statisch tiefer liegenden Prozedurdeklarationen können unverändert bleiben. Im negativen Fall ist das Löschen dieser Deklaration in IPSEN nicht erlaubt. Der Benutzer erhält eine entsprechende Meldung.

- Eintragen einer Deklaration:

Beim Eintragen einer Datenobjektdeklaration kann aufgrund der Existenz einer Kopie mit demselben Bezeichner sofort ermittelt werden, ob sich der Gültigkeitsbereich von Bezeichnern in der aktuellen oder statisch tiefer liegenden Prozeduren ändert. Existiert eine derartige Kopie, übernimmt die neue Deklaration alle dort einlaufenden Kanten und die Kopie kann gelöscht werden. Hierbei ist natürlich auf Typverträglichkeit zu achten.

Insgesamt zeigen diese Betrachtungen, daß der zusätzliche Verwaltungsaufwand sehr gering ist und außerdem einige Graphmodifikationen wie z.B. das Eintragen von neuen angewandten Auftreten teilweise erheblich effizienter realisiert werden können. Dies zeigt, daß die Entscheidung für die oben erläuterten Ergänzungen des Syntaxgraphenmodells und die Vorgehensweise der sofortigen Aktualisierung dieser Informationen vernünftig ist.

Die für das Beispiel der Datenobjektbezeichner ausführlich erläuterte verfeinerte Darstellung der Beziehung zwischen einem angewandten und deklarierenden Auftreten eines Bezeichners kann natürlich in derselben Form auf alle anderen Bezeichner, also z.B. Prozedur- oder Typbezeichner, übertragen werden. Dies soll jetzt hier nicht näher erläutert werden (vgl. hierzu /En 86/).

Zu iv):

Beziehungen zwischen Inkrementen innerhalb eines Anweisungsteils betreffen in erster Linie den dort verkapselten **Kontroll- und Datenfluß.** Gemäß Kriterium 1 ist auch hier die Frage zu diskutieren, inwieweit diese Informationen im Syntaxgraphen unmittelbar, z.B. durch zusätzliche Kanten ausgedrückt werden sollen oder bei Bedarf algorithmisch zu ermitteln sind. Wir wollen hier nicht in voller Breite alle Vor- und Nachteile der verschiedenen Möglichkeiten diskutieren, sondern im wesentlichen nur die vorgenommenen Erweiterungen des abstrakten Syntaxgraphen erläutern. Hauptkriterium für diese Erweiterungen war, mit welchem Aufwand sie nach einer Veränderung des abstrakten Syntaxgraphen im Graphen aktualisiert werden konnten. Dies führte dann zu der Entscheidung, nur den Kontrollfluß im abstrakten Syntaxgraphen unmittelbar durch zusätzliche Kanten darzustellen. Datenflußinformationen müssen bei Bedarf ermittelt werden. Dies wird bei der Erläuterung der Realisierung der statischen Analyse im Abschnitt 3.6 näher erläutert. Welche Bedeutung die direkte Darstellung des Kontrollflusses hat, wird bei der Erläuterung der Ausführung eines Modula-2-Moduls durch einen Interpreter (siehe Abschnitt 3.5) deutlich werden.

Den in einem Programm enthaltenen Kontrollfluß durch eine graphartige Datenstruktur zu repräsentieren, wird seit vielen Jahren durch die Benutzung von 'Flußdiagrammen' bei der Programmentwicklung praktiziert. Eine ähnliche Darstellung findet man auch in sogenannten 'Flußgraphen' (vgl. /AU 86/), die als Datenstruktur für die in Compilern während der Optimierung durchgeführte Datenflußanalyse dienen. Im Unterschied zu Flußdiagrammen werden hierbei Folgen von Zuweisungsanweisungen zu sogenannten "basic blocks" zusammengefaßt, die untereinander durch Kanten verbunden sind, die den möglichen Kontrollfluß symbolisieren.

Diese Darstellungen können nun analog auf unsere Darstellung eines Programms, den abstrakten Syntaxgraphen, übertragen werden, indem im Anweisungteil zusätzliche, sogenannte Kontrollflußkanten, eingetragen werden. Eine Kontrollflußkante zwischen einem Inkrement I und einem Inkrement I' besagt dann, daß das Inkrement I' unmittelbar nach dem Inkrement I ausgeführt werden kann. Zur Darstellung des Kontrollflusses verwenden wir vier unterschiedlich markierte Kanten, nämlich:

- EControlFlow
- ETrueControlFlow
- EFalseControlFlow
- EBackControlFlow

Falls der Kontrollfluß eindeutig und unbedingt ist, wird eine mit "EControlFlow" markierte Kante zwischen den beiden unmittelbar nacheinander auszuführenden Inkrementen gezogen. Ist der Kontrollfluß abhängig von einer auszuwertenden Bedingung (z.B. bei einer if-Anweisung) wird zu dem Inkrement, das bei zutreffender Bedingung auszuführen ist (z.B. then-Teil), eine mit "ETrueControlFlow" markierte Kante gezogen und zu dem Inkrement, das bei nicht zutreffender Bedingung auszuführen ist (z.B. elsif- oder else-Teil), eine mit "EFalseControlFlow" markierte Kante gezogen. Von der letzten Anweisung innerhalb eines Schleifenrumpfes wird eine mit "EBackControlFlow" markierte Kante zurück zum Schleifenanfang gezogen. Durch diese zusätzliche Kantenmarkierung kann das erstmalige Erreichen einer Schleifenanweisung (über eine mit "EControlFlow" markierte Kante) von der wiederholten Ausführung der Schleife unterschieden werden.

Um den durch diese zusätzlichen Kanten im abstrakten Syntaxgraphen dargestellten Kontrollfluß übersichtlicher zu machen, ergänzen wir außerdem jedes, eine Kontrollstruktur sowie eine Prozedur- oder Moduldeklaration darstellende Graphinkrement um einen sogenannten **Endeknoten.** In diesem Endeknoten werden die Kontrollflußkanten vor Verlassen dieses Graphinkrements zusammengeführt. Dies bedeutet, daß jedes derartige Graphinkrement einen eindeutigen Anfangsknoten mit einer einlaufenden Kontrollflusskante und einen eindeutigen Endeknoten mit einer auslaufenden Kontrollflußkante besitzt. Als Beispiele geben wir schematisch die Kontrollflußkanten in der Graphdarstellung einer if- und einer while-Anweisung in Fig. III.17 an.

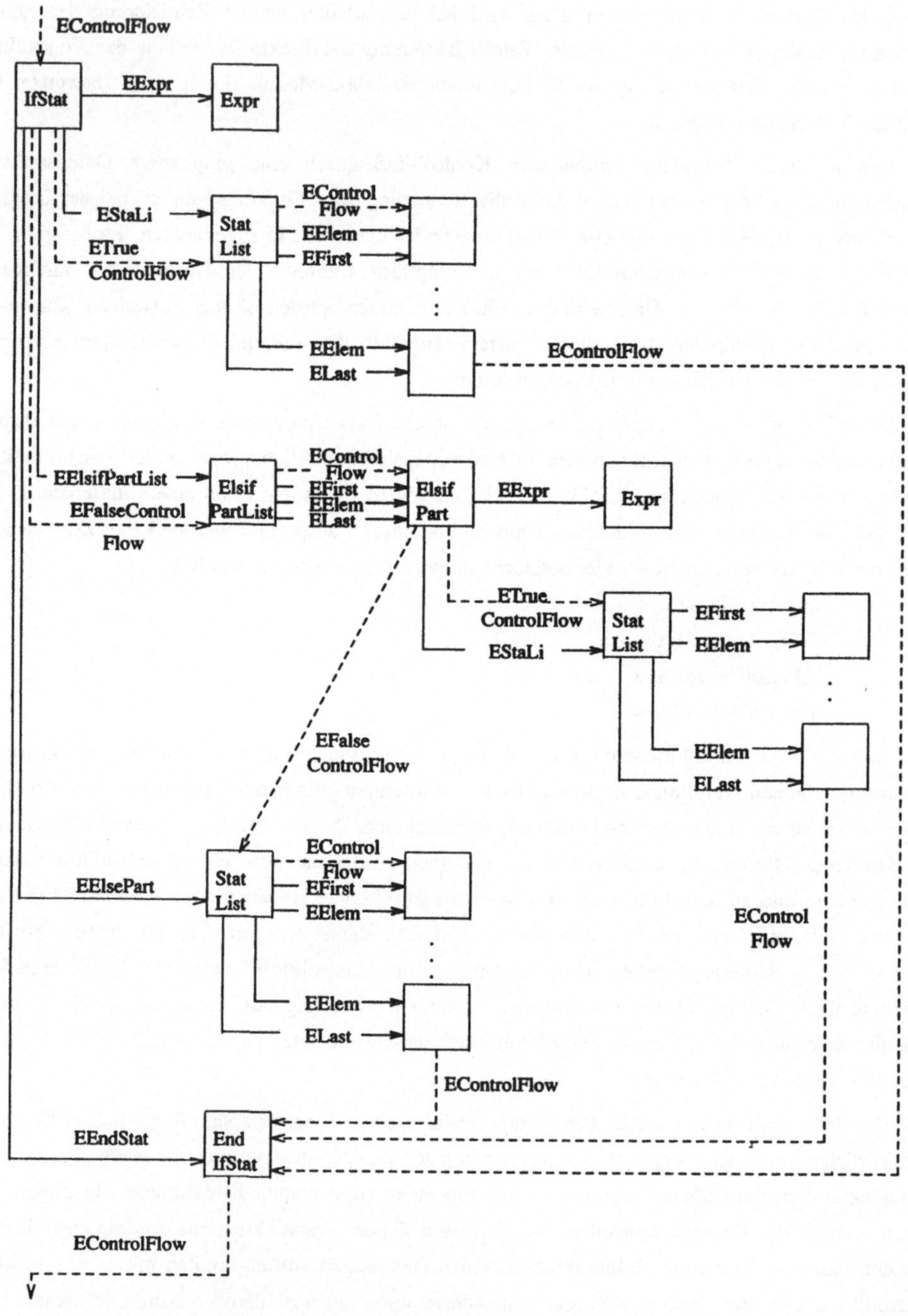

Fig. III.17a: Kontrollflußkanten in einer if-Anweisung

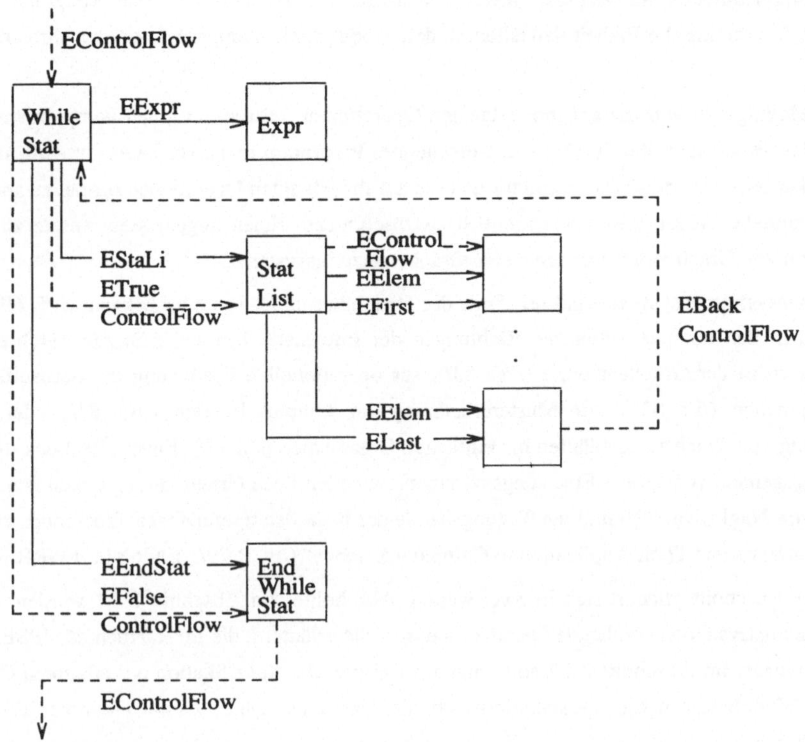

Fig. III.17b: Kontrollflußkanten in einer while-Anweisung

Da es in Modula-2 keine beliebigen **Sprunganweisungen** gibt, bieten return-Anweisungen in Prozedurrümpfen bzw. exit-Anweisungen im Rumpf von loop-Anweisungen die einzige Möglichkeit, eine Kontrollstruktur vorzeitig zu verlassen. Die von einer return-Anweisung auslaufende, mit "EControl-Flow" markierte Kontrollflußkante endet in dem Endeknoten des aktuellen Prozedurrumpfs. Analog endet die von einer exit-Anweisung ausgehende Kontrollflußkante in dem Endeknoten der nächsten umgebenden loop-Anweisung.

2.2. Spezifikation von Graphoperationen

Wir haben im Abschnitt 2.1 die Gestalt des Modulgraphen ausführlich erläutert. Ein derartiger Modulgraph ist die interne Repräsentation des aktuell bearbeiteten Modula-2 Moduls. Das heißt, daß bei Ausführung eines Benutzerkommandos (mindestens) eine Aktion eines Werkzeugs auszuführen ist und hierbei der Modulgraph die zentrale Informationsquelle darstellt. Je nach Art der auszuführenden Aktion sind Zugriffe auf den Modulgraphen schreibende, d.h. verändernde, oder lesende Zugriffe. Schreibende Zugriffe werden in erster Linie während der Ausführung eines Editorkommandos durchgeführt, da Editoraktionen in der Regel aus dem Einfügen oder Löschen von syntaktischen Einheiten bestehen. Bei unserem Graphenmodell als zentrale interne Datenstruktur bedeutet dies, daß Teilgraphen, die die entsprechende syntaktische Einheit darstellen, in den Modulgraphen eingefügt oder aus ihm entfernt werden.

Der Modulgraph und die auf ihm erlaubten Operationen stellt somit einen komplex strukturierten Datentyp dar. Bevor man ihn durch ein entsprechendes Programm realisiert, ist es sinnvoll, im Rahmen der Spezifikationsphase diese Datenstruktur und die auf ihr erlaubten Operationen formal zu spezifizieren, um konzeptionelle Fehler soweit wie möglich auszuschließen. Einen angemessen Ansatz zur formalen Spezifikation von Graphveränderungen bieten Graphersetzungssysteme.

Graphersetzungssysteme sind seit Ende der 60er Jahre in der Literatur bekannt (/PR 69/, /Sc 70/). Sie werden in den unterschiedlichsten Richtungen der Informatik benutzt, z.B. zur Beschreibung von Graph-Klassen in der Graphentheorie (/Wa 83/), zur operationellen Festlegung der Semantik von Programmiersprachen (/Pr 83/), zur Mustererkennung im Graphik-Bereich (/Bu 83/) oder auch zur Beschreibung von Wachstumsabläufen bei einfachen Organismen (/Li 87/). Einen Überblick über weitere Anwendungsgebiete von Graph-Ersetzungssystemen, zuweilen auch Graph-Grammatiken genannt, bietet das Buch von Nagl (/Na 79/) und die Tagungsbände der bisher stattgefundenen Workshops zum Thema "Graph Grammars and Their Application to Computer Science" (/ECR 79/, /ENR 83/, /ENRR 87/).

Dieser Abschnitt gliedert sich in zwei weitere Abschnitte: Im Abschnitt 2.2.1 werden wir die auf Graphersetzungssystemen beruhende Spezifikationssprache erläutern, die im Rahmen des IPSEN-Projekts entwickelt wurde. Im Abschnitt 2.2.2 soll dann am Beispiel der Spezifikation der erlaubten Operationen auf einem Modulgraphen die Spezifikationsmethode, das sogenannte "Graph Grammar Engineering", erläutert werden.

2.2.1. Spezifizieren mit Graph-Ersetzungssystemen

Wir werden im Rahmen dieses Buchs darauf verzichten, die Theorie der Graphersetzungssysteme streng formal einzuführen. Es geht uns hier mehr darum, wie Graphersetzungssysteme dazu benutzt werden können, um Veränderungen einer graphartigen Datenstruktur, hier des Modulgraphen, präzise zu beschreiben. Der hier vorgestellte Ansatz basiert im wesentlichen auf den Arbeiten von Nagl (/Na 79/). Eine stärker formalisierte Beschreibung der hier im folgenden vorzustellenden, von uns vorgeschlagenen Erweiterungen des ursprünglichen Ansatzes findet der interessierte Leser ansatzweise in /En 86/ und /ELS 87/ und vor allem in /Le 88a/.

Im Abschnitt 2.1.2 haben wir durch die Definition eines gakk-Graphen (gerichteter, attributierter, knoten- und kantenmarkierter Graph) die Datenobjekte festgelegt, deren Veränderungen durch Graphersetzungsregeln zu beschreiben sind. Eine derartige **Graphersetzungsregel** besteht aus vier Komponenten: zwei Graphen, nämlich der linken und rechten Seite der Ersetzungsregel, einer Einbettungsüberführung und einer Folge von Attributzuweisungen. Alle diese Komponenten bestimmen den Ablauf bei der Anwendung dieser Regel, um einen Teilgraphen in einem aktuellen (Wirts-)Graphen durch einen anderen Teilgraphen zu ersetzen. Wir wollen dies an einem ausführlichen Beispiel verdeutlichen.

Hierzu wählen wir als (Ausschnitt aus einem) Wirtsgraphen die Darstellung einer drei-elementigen Liste mit strukturierten, hier nicht genauer erläuterten Listenelementen. Zur Kennzeichnung der aktuellen Bearbeitungsposition wird ein zusätzlicher Knoten mit der Markierung "Cursor" eingeführt, der über eine mit "Get" markierte Kante auf das aktuelle Listenelement zeigt (vgl. Fig. III.18).

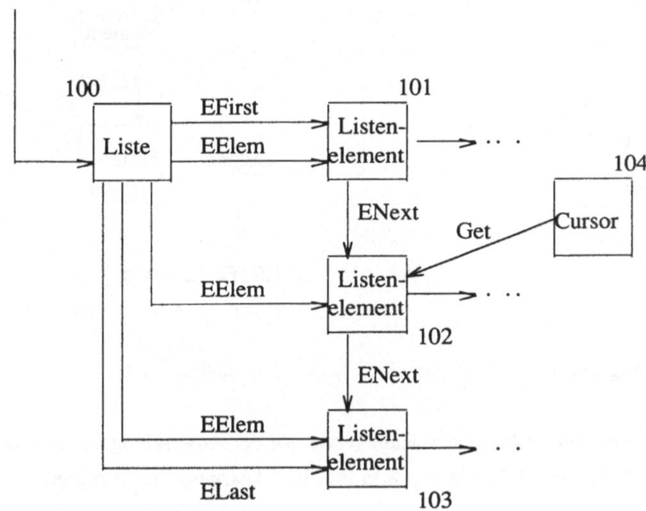

Fig. III.18: Beispiel für einen Wirtsgraphen

Die folgende Graphersetzungsregel beschreibt nun, wie der Graph zu verändern ist, wenn vor dem aktuellen Listenelement der Platzhalter für ein weiteres Listenelement (PH-Listen-Element) einzufügen ist. Durch eine weitere Graphersetzungsregel wäre dann noch zu beschreiben, wie die Struktur dieses Listenelements selbst aussieht (vgl. Fig. III.19).

Im ersten Schritt der Anwendung einer derartigen Graphersetzungsregel wird zunächst ein Teilgraph im Wirtsgraph gesucht, der, bis auf die Knotenbezeichnungen, identisch zur linken Seite der Graphersetzungsregel ist. Diese Suche ist in dem hier beschriebenen Beispiel effizient ausführbar, da durch die Benutzung des mit "Cursor" markierten Knotens zur Kennzeichnung der Bearbeitungsposition der zu untersuchende Ausschnitt aus dem Wirtsgraphen unmittelbar gegeben ist. Ein derartiger, zur linken Seite der Regel "isomorpher" Teilgraph wird dann vollständig aus dem Wirtsgraphen entfernt und durch einen zur rechten Seite der Graphersetzungsregel isomorphen Graphen ersetzt. Beim Entfernen eines Teilgraphen wird die Verbindung dieses Teilgraphen zum Wirtgraphen unterbrochen. Die dadurch "in der Luft hängenden" Kanten müssen nun geeignet mit dem eingesetzten Teilgraphen verknüpft werden. Da bei unseren Anwendungen in der Regel die meisten Kanten identisch übernommen werden, haben wir dies in unserem Ansatz auch dementsprechend formalisiert. Alle Knoten, die in der Ersetzungsregel in der linken und rechten Seite dieselben Knotenbezeichnungen besitzen, haben nach Anwendung dieser Regel im

RULE InsertListElement;

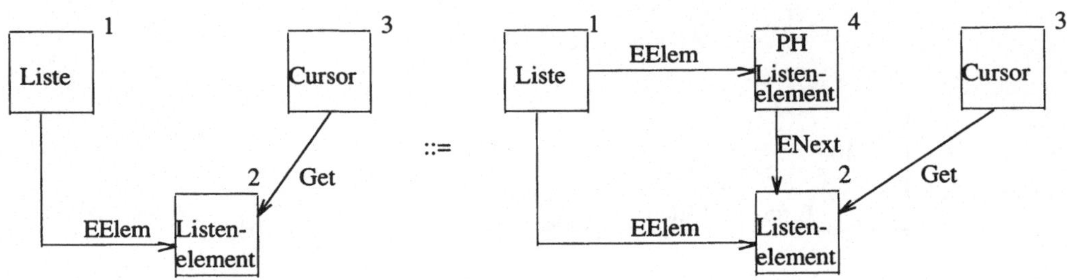

Fig. III.19: Graphersetzungsregel zum Einfügen eines Listenelement-Platzhalters

Wirtsgraphen dieselben ein- und auslaufenden Kanten wie vor der Anwendung der Graphersetzungsregel. Der (Ausschnitt aus dem) Wirtsgraph hat dann das in Fig. III.20 dargestellte Aussehen.

Wie man sieht, entspricht der so resultierende Wirtsgraph schon weitestgehend den Erwartungen. Die noch nicht korrekte Verfädelung der Listenelemente durch mit "ENext" markierte Kanten wird nun durch die Einbettungsüberführung korrigiert. Sie besteht aus einem Lösch- und einem Einfügeteil, jeweils durch das Schlüsselwort DELETE bzw. INSERT gekennzeichnet. Der Löschteil besteht aus einer Folge von Ausdrücken der Form

elab -> n   bzw.   elab <- n ,

wobei elab eine Kantenmarkierung und n ein Knotenbezeichner ist. Bei Anwendung werden im Wirtsgraphen alle Kanten mit Kantenmarkierung elab gelöscht, die an den zum Knoten n isomorphen Knoten ein- bzw. auslaufen. Im obigen Beispiel bedeutet dies, daß die am Knoten 102 einlaufende, mit "ENext" markierte Kante im Wirtsgraphen gestrichen wird.

Im Einfügeteil wird durch eine Liste von Einbettungsregeln beschrieben, welche Kanten im Wirtsgraphen zusätzlich zu ziehen sind. Es werden drei Varianten von **Einbettungsregeln** unterschieden:

(1) nl = nr

(2) (nl NodeSetOp) elab -> nr

(3) (nl NodeSetOp) elab <- nr

Variante (1) bedeutet, daß alle an dem zum Knoten nl isomorphen Knoten vor Ausführung der Ersetzungsregel ein- und auslaufenden Kanten identisch auf den zum Knoten nr isomorphen Knoten übertragen werden. Sie beschreibt somit die oben erwähnte identische Übernahme von Kanten. Variante (2) und (3) bedeuten, daß ein- bzw. auslaufende Kanten mit der Markierung elab zu dem bzw. von dem zum Knoten

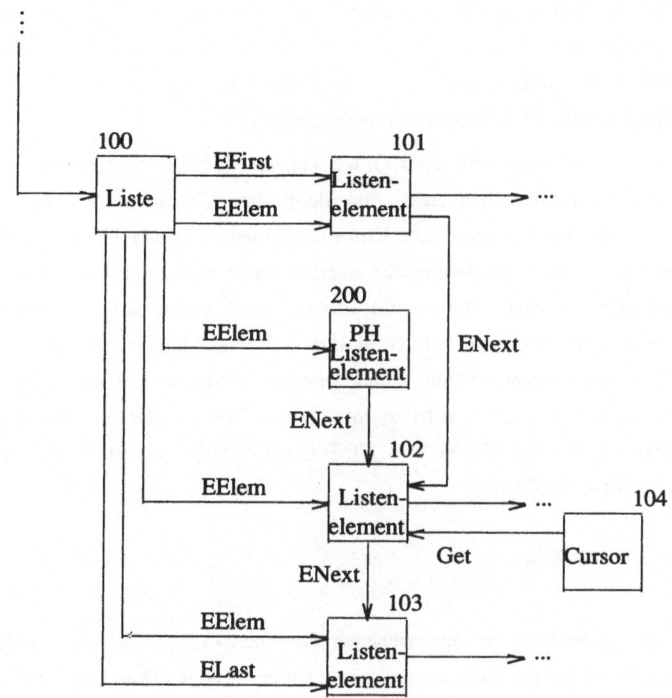

Fig. III.20: Wirtsgraphen nach dem Ersetzen eines Teilgraphen

nr isomorphen Knoten im Wirtsgraphen eingetragen werden. Die Menge der Ziel- und Quellknoten wird dabei durch (nl NodeSetOp) festgelegt, wobei NodeSetOp ein Knotenmengenoperator ist, der auf den zu nl isomorphen Knoten im Wirtsgraphen anzuwenden ist. Mit Hilfe dieser **Knotenmengenoperatoren** besteht die Möglichkeit, auf deskriptive Art und Weise Knoten im Wirtsgraphen auszuzeichnen, die nicht in unmittelbarer Nachbarschaft des ersetzten Teilgraphen liegen. Es hat sich im Rahmen des IPSEN-Projekts herausgestellt, daß derartige Kanten zu weit entfernt liegenden Knoten häufig zu ziehen sind (vgl. z.B. Fig. III.14). Durch die Einführung dieser Knotenmengenoperatoren können ansonsten mit Graphersetzungsregeln nur umständlich zu formulierende Graphdurchläufe einfach, knapp und präzise beschrieben werden.

Diese Knotenmengenoperatoren werden gebildet mit Hilfe der üblichen Mengenoperatoren Vereinigung, Durchschnitt, Differenz, (beschränkter) Sternbildung und einer Reihe atomarer Operatoren, z.B. +elab, -elab, \nlab. Letztere liefern zu einer Knotenmenge alle Knoten, die über eine aus- bzw. einlaufende, mit elab markierte Kante erreicht werden können bzw. alle Knoten mit der Knotenmarkierung nlab. Wir verzichten auch hier auf eine Formalisierung dieser Knotenmengenoperatoren (siehe hierzu /ELS 87/ und /Le 88a/) und erläutern deren Funktionsweise hier und vor allem im nächsten Abschnitt an

Beispielen. Der in der in Fig. III.19 angegebenen Ersetzungsregel enthaltende triviale Knotenmengenoperator -ENext liefert alle Knoten im Wirtsgraphen, von denen eine mit ENext markierte Kante zu dem zum Knoten 2 isomorphen Knoten läuft. Dies bedeutet, daß bei Anwendung dieser Einbettungsregel eine mit ENext markierte Kante vom Knoten 101 zum Knoten 200 gezogen wird, so daß eine korrekte Verfädelung der ENext-Kanten im Wirtsgraphen sichergestellt ist.

Die vierte und letzte Komponente einer Graphersetzungsregel besteht aus einer Folge von **Attributzuweisungen.** Analog zu der oben erläuterten identischen Übernahme von ein- und auslaufenden Kanten werden auch alle Attributwerte von Knotenattributen identisch bei Anwendung einer Ersetzungsregel übernommen. Eine Veränderung des Attributwertes muß explizit durch eine derartige Attributzuweisung beschrieben werden. Die Gestalt dieser Attributzuweisungen entspricht Zuweisungsanweisungen in einer Programmiersprache (z.B. Modula-2). Das obige Beispiel in Fig. III.19, das bisher keine derartige Attributzuweisung enthält, kann sinnvoll erweitert werden, indem bei jedem neu eingetragenen Listenelement in einem Attribut mit Namen "TIME" der Einfügezeitpunkt eingetragen wird, der vom System durch die Funktion SYS_TIME() zur Verfügung gestellt wird. Die entsprechende Attributzuweisung hat dann die Gestalt

        4.TIME := SYSTIME();

Entgegen der üblichen, in der Literatur beschriebenen Vorgehensweise fordern wir für die Anwendbarkeit einer Graphersetzungsregel nur die Existenz eines isomorphen **Teilgraphen** und nicht eines isomorphen **Untergraphen.** Dies bedeutet, daß der entsprechende Teilgraph im Wirtsgraphen weitere Kanten und Knotenattribute enthalten kann, die in der linken Seite der Graphersetzungsregel nicht enthalten sind. Durch die oben erläuterte identische Übernahme dieser Kanten und Attributwerte gehen diese Angaben im Wirtsgraphen bei Anwendung der Graphersetzungsregel nicht verloren. Diese Vorgehensweise hat den Vorteil, daß man sich bei Angabe einer Graphersetzungsregel auf den aktuell interessanten Anteil des Wirtsgraphen beschränken kann. Außerdem wird dadurch vermieden, für jeden Spezialfall eine eigene Graphersetzungsregel angeben zu müssen. Dies bedeutet, für das obige Beispiel des Einfügens eines Platzhalterknotens für ein Listenelement, daß diese Regel auch anwendbar ist, wenn der Bearbeitungscursor auf dem letzten Listenelement steht, bei dem ja noch zusätzlich eine mit "ELast" markierte Kante einläuft. Entsprechend ist dann diese Regel auch anwendbar, wenn der Platzhalterknoten vor dem ersten Listenelement eingefügt werden soll. In diesem Fall muß jedoch dann die mit "EFirst" markierte Kante umgehängt werden, was durch die folgende Ergänzung der Einbettungsüberführung unmittelbar beschrieben werden kann:

        DELETE: EFirst -> 2
        INSERT: (2 -EFirst) EFirst -> 4

Falls der Bearbeitungscursor nicht auf dem ersten Listenelement steht, bleiben diese Ergänzungen der Einbettungsüberführung ohne Bedeutung.

Diese Graphersetzungsregeln sind die elementaren Operationen einer Spezifikationssprache, mit der es möglich ist, auf operationelle Art und Weise zu spezifizieren, welche Veränderungen auf einem zugrundeliegenden Datenobjekt, einem gakk-Graphen, erlaubt sind. Die oben erläuterten Knotenmengenoperatoren stellen dabei einen ersten Ansatz dar, die klassische Form von Graphersetzungsregeln zu erweitern, um den Komfort beim Spezifizieren und auch die Übersichtlichkeit der resultierenden Spezifikation zu erhöhen. Wir wollen hier noch zwei weitere Erweiterungen vorstellen, die sich im praktischen Umgang mit dieser Sprache als sehr nützlich erwiesen haben. Da diese Sprache zur Zeit im Rahmen des IPSEN-Projekts intensiv eingesetzt wird (wir gehen hierauf im nächsten Abschnitt ausführlich ein), werden derartige Erweiterungen und Modifikationen des bisher beschriebenen Sprachkerns auch in Zukunft zu erwarten sein (vgl. /Le 88a/), um die Praktikabilität eines derartigen Spezifikationsansatzes zu erhöhen.

Die linke Seite einer Graphersetzungsregel legt die Stellen in einem Wirtsgraphen fest, an denen eine Regel angewendet werden kann, um einen Teilgraphen zu ersetzen. Im obigen Beispiel war diese Stelle durch einen nur einmal im Wirtsgraphen vorhandenen Cursorknoten eindeutig festgelegt. Manchmal ist es wünschenswert, den Bereich im Wirtsgraphen, an dem die Regel angewendet werden könnte, genauer zu beschreiben. Insbesondere ist es denkbar, daß ein größerer Kontext für die Anwendbarkeit einer Regel wichtig ist, und nicht nur der unmittelbare 1-Kontext wie im obigen Beispiel des Bearbeitungscursors. Aus diesem Grunde werden die oben erläuterten Knotenmengenoperatoren auch in der linken Seite einer Graphersetzungsregel zugelassen, um den **Kontext für die Anwendbarkeit der Regel** zu beschreiben. Hierbei sind zwei grundsätzliche Möglichkeiten erlaubt (vgl. Fig. III.21).

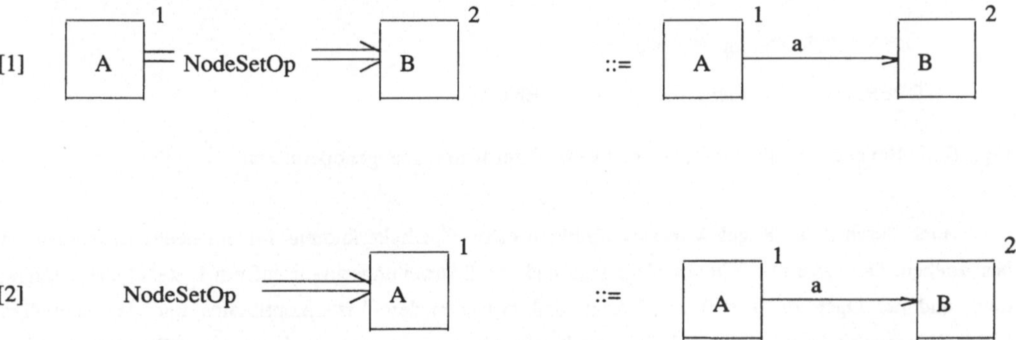

Fig. III.21: Schematische Darstellung von Graphersetzungsregeln mit Knotenmengenoperatoren

NodeSetOp ist dabei der Name eines Knotenmengenoperators. Dieser kann separat an einer Stelle definiert werden, so daß derselbe Knotenmengenoperator in verschiedenen Graphersetzungsregeln benutzt werden kann. Möglichkeit (1) besagt nun, daß die Anwendbarkeit der Regel auf solche Knoten mit der Markierung "A" bzw. "B" beschränkt ist, die durch einen Pfad verbunden sind, der durch NodeSetOp beschrieben ist. Bei Möglichkeit (2) muß der Knotenmengenoperator zunächst auf alle Knoten des

Wirtsgraphen angewandt werden. Alle in der Ergebnismenge liegenden Knoten mit der Markierung "A" sind dann korrekte isomorphe Teilgraphen zu der linken Seite, auf die die Regel angewandt werden kann. Wir geben auch hier zur Illustration ein Beispiel an, in dem beide Möglichkeiten kombiniert sind (vgl. Fig. III.22).

RULE   InsertListElement_Vers2;

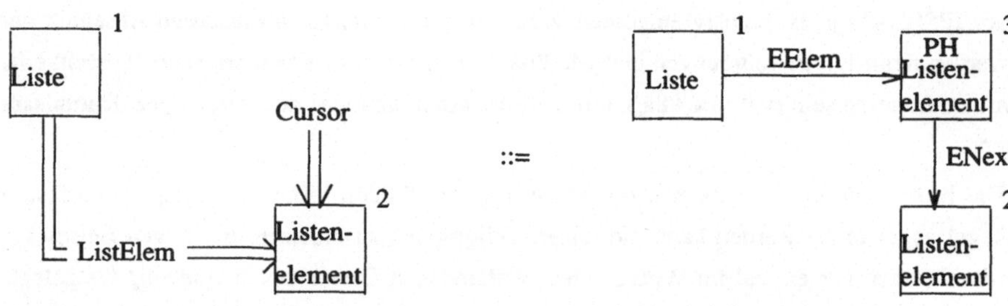

OPERATOR Cursor IS \ Cursor +Get;

OPERATOR ListElem IS +EFirst (+ENext)*

Fig. III.22: Beispiel für eine Graphersetzungsregel mit Knotenmengenoperatoren

Auch durch diese Regel wird das Einfügen eines Platzhalterknotens für ein neues Listenelement beschrieben. Der Operator "Cursor" legt fest, daß der Bearbeitungscursor auf ein Listenelement zeigen muß, und der Operator "ListElem" fordert, daß zwischen dem Listenkopfknoten und dem aktuellen Listenelement eine beliebig lange Folge von Kanten existiert, deren erste Kante mit "EFirst" markiert ist und alle anderen mit "ENext".

Durch eine Graphersetzungsregel kann beschrieben werden, wie der zugrundeliegende Graph an einer einzigen Stelle zu verändern ist. In der Regel ist es jedoch so, daß die Ausführung eines Editorkommandos eine Aktualisierung des Graphen an mehreren Stellen erforderlich macht. Da auch dieses mit der hier vorgestellte Spezifikationssprache beschrieben werden sollte, ist eine weitere Erweiterung der Sprache um **programmierte Graphersetzungen** erforderlich. Das bedeutet, daß eine Reihe von Graphersetzungsregeln in einer sogenannten Kontrollprozedur zusammengefaßt werden können. Diese

Kontrollprozeduren entsprechen üblichen Modula-2-Prozeduren mit Aufrufen von Graphersetzungsregeln als elementaren Operationen. In Schleifen- bzw. bedingten Anweisungen treten dabei Teilgraphentests als boolesche Ausdrücke auf. Darüberhinaus ist es erlaubt, daß Graphersetzungsregeln, Knotenmengenoperatoren und Kontrollprozeduren wie übliche Modula-2-Prozeduren parametrisiert sind. Als Parameter treten hierbei Knoten- oder Kantenmarkierungen bzw. Attributwerte auf. Wir bringen hierzu im nächsten Abschnitt ein entsprechendes Beispiel (vgl. Fig. III.25).

Damit haben wir nun alle Sprachmittel der Spezifikationssprache vorgestellt. Eine zugehörige Spezifikation besteht insgesamt aus der Angabe

- der Alphabete der Knoten- und Kantenmarkierungen

- der Zuordnung von Attributen zu Knotenmarkierungen

- eines Startgraphen

- einer Liste von Graphersetzungsregeln, Knotenmengenoperatoren bzw. Kontrollprozeduren.

Eine derartige Spezifikation hat dann folgenden syntaktischen Aufbau, den wir in einer EBNF-artigen Schreibweise skizzieren (vgl. Fig. III.23).

```
SPECIFICATION  <Name>;


     NODE LABELS  <Knotenmarkierung> {, <Knotenmarkierung>};
     EDGE LABELS  <Kantenmarkierung> {, <Kantenmarkierung>};
     ATTRIBUTES   {<Knotenmarkierung> -> <Attributname> : <Wertebereich>
                              {, <Attributname> : <Wertebereich> }; }
     STARTING GRAPH
        ...
   {{ RULE  <Regelname>
        ...          }
    { Operatorname> ... ;}
    { CONTROL PROCEDURE  <Prozedurname>
        ...
     END  <Prozedurname>; } }


END SPECIFICATION  <Name>;
```

Fig. III.23: Syntaktischer Aufbau einer Graphgrammatikspezifikation

Es gelten die üblichen kontextsensitiven Regeln, daß alle eingeführten Bezeichner verschieden sein müssen und nur solche Bezeichner angewandt werden dürfen, die zuvor an geeigneter Stelle eingeführt worden sind. Das heißt z.B., daß in den Graphersetzungsregeln nur solche Knotenmarkierungen auftreten dürfen, die in der Bezeichnerliste hinter dem Schlüsselwort NODE LABELS eingeführt worden sind.

2.2.2. Graph Grammar Engineering

In diesem Abschnitt wollen wir nun an dem konkreten Beispiel der Spezifikation des Modulgraphen erläutern, wie die oben eingeführte Spezifikationssprache dazu benutzt werden kann, die zentrale Datenstruktur in einem Softwaresystem zu spezifizieren. Hierbei werden wir über die Angabe von konkreten Regeln, Operatoren bzw. Kontrollprozeduren hinaus insbesondere auf methodische Aspekte eingehen, die bei der Erstellung einer Spezifikation beachtet werden sollten. Insbesondere erläutern wir, wie derartige Spezifikationen schrittweise erstellt werden können, um den Erstellungsvorgang stärker zu strukturieren und auch die Lesbarkeit einer derartigen Spezifikation zu erhöhen.

Im Abschnitt 2.1.2 haben wir erläutert, daß ein Modulgraph im wesentlichen aus Graphinkrementen zusammengesetzt ist, die systematisch aus einer zugrundeliegenden kontextfreien Grammatik für Modula-2 abgeleitet werden können. Damit ist auch bereits ein Großteil der Knoten- und Kantenmarkierungen festgelegt, die unmittelbar aus den Bezeichnern für nichtterminale Symbole der Grammatik abgeleitet werden. Außerdem erhält jeder Bezeichnerknoten ein Attribut mit der Bezeichnung "Name" und dem Wertebereich STRING. Diese Angaben werden ergänzt um weitere Knoten-/- Kantenmarkierungen und Attribute, die im Abschnitt 2.1.3 eingeführt wurden, um weitere Informationen im Modulgraphen darzustellen. Damit hat die Spezifikation des Modulgraphen ausschnittweise bisher die in Fig. III.24 angegebene Form.

```
SPECIFICATION   Module_Graph;


    NODE LABELS   ProgMod, Ident, DeclList, ConstDeclList, VarDeclList,
                  TypeDeclList, ProcDecl, ... ;
    EDGE LABELS   EIdent, EDecLi, EFirst, EElem, ELast, ENext, ... ;
    ATTRIBUTES    Ident -> Name : STRING;
    STARTING GRAPH
      . . .


      . . .


END SPECIFICATION Module_Graph;
```

Fig. III.24: Ausschnitt 1 aus der Modulgraph-Spezifikation

Der Startgraph besteht aus der Modulgraphdarstellung eines noch vollständig leeren Modula-2-Moduls, die eingebettet ist in einen Graphen, in dem alle vordefinierten Konstanten, Typen und Prozeduren dargestellt sind. Fig. III.12 zeigte einen Ausschnitt aus diesem Startgraphen.

Alle erlaubten Veränderungen eines Modulgraphen werden dann durch entsprechende Graphersetzungsregeln bzw. bei komplexeren Operationen durch Kontrollprozeduren festgelegt. Wir geben hier ein paar konkrete Beispiel aus der Modulgraphspezifikation an:

Um das aktuell bearbeitete Inkrement in einem Modulgraphen zu kennzeichnen, existiert ein zusätzlicher, mit "Cursor" markierter Knoten, der über eine mit "Get" markierte Kante auf den Wurzelknoten des aktuellen Graphinkrements zeigt. Dieser Cursor-Knoten entspricht unmittelbar einem Bildschirmcursor bei einer textuellen Darstellung des Moduls auf dem Bildschirm. Da durch die Spezifikation beschrieben werden soll, wie der Graph an der aktuellen Bearbeitungsposition verändert werden soll, ist dieser Cursorknoten stets direkt oder zumindest in der Kontextbeschreibung der linken Seite einer Graphersetzungsregel enthalten.

Auf sehr einfache Art und Weise kann nun das **Einfügen von Graphinkrementen** in den Modulgraphen beschrieben werden. Die linke Seite dieser Graphersetzungsregeln besteht nur aus einem Knoten, auf den der Cursor zeigt, und die rechte Seite ist das entsprechende Graphinkrement. In Fig. III.25 haben wir exemplarisch die Regel zum Einfügen einer while-Anweisung angegeben. Der auf der linken Seite enthaltene Knotenmengenoperator stellt die gewünschte Einschränkung der Anwendbarkeit dieser Regel auf die aktuelle Bearbeitungsposition sicher.

RULE   InsertWhileStatement;

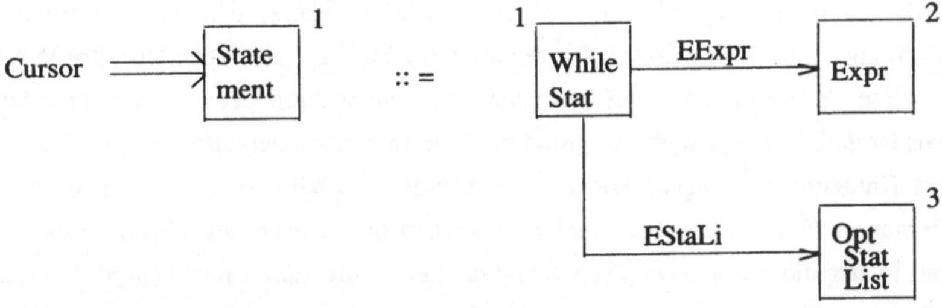

OPERATOR Cursor IS \ Cursor   +Get ;

Fig. III.25: Ausschnitt 2 aus der Modulgraphspezifikation

Die Regeln zum Einfügen von Graphinkrementen haben eine relativ einfache Gestalt, da die durch sie beschriebene Graphveränderung nur einen sehr kleinen Kontext im Wirtsgraphen betrifft. Im nächsten Beispiel stellen wir eine Regel vor, durch die eine Kante zwischen zwei Knoten im Wirtsgraphen gezogen wird, die sehr weit voneinander entfernt liegen können. Hinzu kommt, daß der Abstand zwischen diesen beiden Knoten erheblich von dem aktuellen Aussehen des Wirtsgraphen abhängt und damit erst dynamisch bei der Anwendung dieser Regel bestimmt werden kann. Diese Situation tritt bei der Spezifikation des Modulgraphen immer dann auf, wenn über die kontextfreie Information hinaus **zusätzliche** (z.B. kontextsensitive) **Zusammenhänge im Modulgraphen** durch Kanten dargestellt werden sollen.

Als Beispiel betrachten wir die Graphersetzungsregel, durch die der kontextsensitive Zusammenhang zwischen einem Typbezeichner auf der rechten Seite einer Variablendeklaration und dem Typbezeichner auf der linken Seite der zugehörigen Typdeklaration durch eine mit "EObject" markierte Kante in den Modulgraphen eingetragen wird (vgl. hierzu Fig. III.13). Die entsprechende Regel mit den dazu benötigten Knotenmengenoperatoren ist in Fig. III.26 angegeben. Hierbei wird davon ausgegangen, daß der Cursor zur Zeit auf dem Typbezeichner in der rechten Seite einer Variablendeklaration steht. Der Weg zwischen diesem Knoten und dem zugehörigen Typbezeichnerknoten wird durch den Operator InnermostTypeDecl bestimmt, der mit dem aktuellen 'Identifier' parametrisiert ist. Ausgehend von dem aktuellen Bezeichnerknoten muß sukzessive in allen umgebenden Prozedurdeklarationen nach einer Typdeklaration gesucht werden, in der dieser Typbezeichner deklariert ist. Hierzu wird durch den Operator CurrentProcDecl zunächst der Kopf der aktuellen Prozedurdeklaration bestimmt. Die in diesem Operator enthaltene Folge von Kantenmarkierungen beschreibt genau den Weg vom aktuellen Knoten zu dem mit "ProcDecl" markierten Prozedurkopfknoten. Ausgehend von dieser Prozedurdeklaration wird nun zunächst innerhalb dieser Prozedur und anschließend in den umgebenden Prozedurdeklarationen gesucht, ob eine entsprechende Typdeklaration existiert. Durch den beschränkten Sternoperator "*min WHERE" wird die Suche abgebrochen, sobald die durch den Operator TypeDecl beschriebene Suche zum ersten Mal erfolgreich ist. Dieser Knotenmengenoperator TypeDecl beschreibt den Weg von einem Prozedurkopfknoten zu einem Bezeichnerknoten in einer Typedeklaration, dessen Attribut "Name" den Wert "Identifier" hat. Das schrittweise Zurückgehen auf die umgebende Prozedurdeklaration wird durch den Operator PrevProcDecl beschrieben. An dieser Stelle erkennt man besonders gut, wie wichtig der systematische Aufbau des Modulgraphen aus Graphinkrementen ist. Aufgrund weniger, immer wiederkehrender syntaktischer Strukturen (und damit Kantenmarkierungen) können aufwendige Graphdurchläufe elegant durch derartige (beschränkte) Sternoperatoren beschrieben werden. Nachdem die nächste umgebende Prozedurdeklaration gefunden ist, in der die zugehörige Typdeklaration steht, wird durch nochmalige Anwendung des Operators TypeDecl am Ende der Berechnnung des Operators InnermostTypeDecl der gesuchte Typbezeichnerknoten bestimmt. Zu diesem Knoten kann dann die mit "EObject" markierte Kante gezogen werden, was durch die rechte Seite der Graphersetzungsregel beschrieben wird. Da alle Knoten identisch eingebettet werden und auch keine Attribute verändert werden müssen, enthält die Regel diesbezüglich auch keine Angaben.

Diese beiden, hier ausführlich erläuterten Ausschnitte aus der Spezifikation des Modulgraphen zeigen, wie die im letzten Abschnitt eingeführten Sprachmittel der Spezifikationssprache benutzt werden können, um einzelne erlaubte Operationen auf dem Modulgraphen präzise und knapp zu beschreiben. Da der Modulgraph als zentrale Datenstruktur für alle Werkzeuge des Programmierens-im-Kleinen jedoch eine sehr komplexe, stark vernetzte Datenstruktur ist (vgl. Abschnitt 2.1), besteht eine vollständige Spezifikation aller erlaubten Operationen aus einer sehr umfangreichen Menge von Graphersetzungsregeln, Knotenmengenoperatoren und Kontrollprozeduren. Aus diesem Grunde muß die

RULE InsertEObjectEdge (CurrentIdent : STRING);

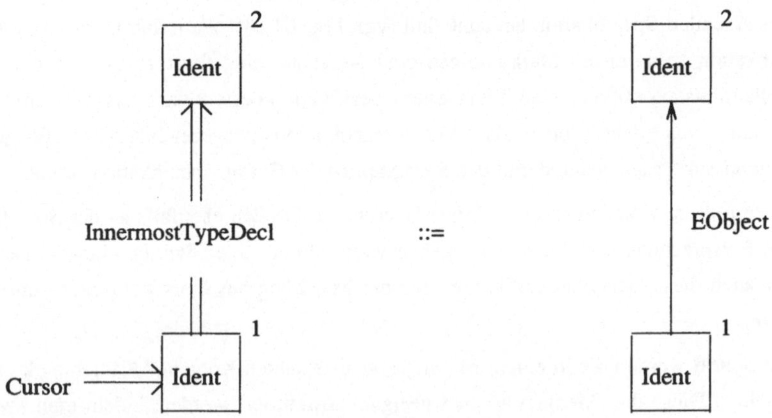

OPERATOR InnermostTypeDecl (Identifier : STRING) IS
    CurrentProcDecl (PrevProcDecl ^{*min} WHERE TypeDecl (Identifier))
    TypeDecl (Identifier)

OPERATOR CurrentProcDecl IS -ETypeDef -EElem -EElem -EDecLi;

OPERATOR PrevProcDecl IS -EElem -EDecLi;

OPERATOR TypeDecl (Identifier : STRING) IS
    +EDecLi +EElem \TypeDeclList +EElem +EIdent (Name = Identifier);

OPERATOR Cursor IS \Cursor +Get;

Fig. III.26: Ausschnitt 3 aus der Modulgraphspezifikation

Gesamtspezifikation systematisch und schrittweise erstellt werden, um die Komplexität des Spezfikationsvorgangs und auch der resultierenden Spezifikation zu verringern. Um dies zu erreichen, haben wir bewährte Konzepte aus dem Bereich des Software Engineering auf die Vorgehensweise beim Erstellen einer Spezifikation mit der hier vorgestellten Spezifikationssprache übertragen. Hierzu zählen z.B. Konzepte wie schrittweise Zerlegung, Verfeinerung, Integration oder "information hiding".

Um eine derartige Strukturierung auch in der erstellten Spezifikation sichtbar machen zu können, ergänzen wir die Spezifikationssprache um ein einfaches **Modulkonzept.** Das bedeutet, daß eine

Spezifikation (je nach Vorgehensweise) in Teilspezifikationen zerlegt werden kann bzw. aus Teilspezifikationen zusammengesetzt werden kann. Die Vernetzung dieser Teilspezifikationen wird durch eine zusätzliche USES-Klausel im Spezifikationstext dargestellt, in der alle Spezifikationen aufgeführt sind, die in der aktuellen Spezifikation bekannt sind (vgl. Fig. III.28). Weiterhin ist es nun möglich, daß in einer Spezifikation keine neuen Markierungen oder Attribute eingeführt werden, so daß auch diese Teile im Spezifikationstext optional sind. Die Gesamtspezifikation besteht dann aus der Vereinigung aller Teilspezifikationen, von denen eine als Wurzelspezifikation ausgezeichnet ist, die als einzige Spezifikation einen Startgraphen und damit den Startgraphen der Gesamtspezifikation enthält.

Wir erläutern diese Unterstützung des Spezifizierens-im-Großen ebenfalls an der Spezifikation des Modulgraphen. Entsprechend der üblichen Vorgehensweise bei der Spezifikation eines Softwaresystems, entwickeln wir auch diese Beispielspezifikation in einer Mischung aus einer bottom-up- und top-down-Vorgehensweise.

Im ersten Schritt werden die in einem Modulgraphen erlaubten Knoten- / Kantenmarkierungen und Attribute festgelegt. Diese drei Mengen können geeignet strukturiert werden, indem man zwischen den kontextfreien, kontextsensitiven und zusätzlichen werkzeugspezifischen Informationen unterscheidet. Die drei Teilspezifikationen `ContextFree_Lab/Attr`, `ContextSensitive_Lab/Attr` und `ToolSpecific-Lab/Attr` bilden somit eine Basisschicht für die gesamte Spezifikation (vgl. hierzu Fig. III.30). Die ersten beiden Teilspezifikationen haben ausschnittweise die in Fig. III.27 angegebene Gestalt.

```
SPECIFICATION ContextFree_Lab/Attr;

    NODE LABELS ProgMod, Ident, DeclList, ...;
    EDGE LABELS EIdent, EDecLi, ... ;
    ATTRIBUTES  Ident -> Name : STRING;

END SPECIFICATION ContextFree_Lab/Attr;



SPECIFICATION ContextSensitive_Lab/Attr;

    NODE LABELS VarCopyList, ProcCopyList, ... ;
    EDGE LABELS EObject, EType, ... ;

END SPECIFICATION ContextSensitive_Lab/Attr;
```

Fig. III.27: Ausschnitt 1 aus der strukturierten Modulgraphspezifikation

Die Spezifikation des Modulgraphen besteht aus der Spezifikation aller erlaubten Operationen auf dem Modulgraphen. Diese können unterteilt werden in Einfüge-, Lösch- und Änderungsoperationen sowie Operationen zum Bewegen von Bearbeitungscursom auf einem Modulgraphen. Nach dem oben erläuterten bottom-up-Schritt bei der Festlegung der zugrundeliegenden Alphabete ist dieser zweite Schritt nun ein top-down-Schritt im Sinne einer disjunkten Zerlegung der zu spezifizierenden Operationen in die vier Teilspezifikationen `Insert`, `Delete`, `Change` und `Cursor`.

Bei der Spezifikation der einzelnen Graphveränderungsoperationen ist dann zu beachten, daß nach der Ausführung einer Operation alle im Graphen abgelegten Informationen in einem konsistenten Zustand sein müssen. Diese Informationen können unterteilt werden in Knoten und Kanten zur Darstellung kontextfreier, kontextsensitiver bzw. zusätzlicher werkzeugspezifischer Informationen sowie in Attributwerte. Um hier nun die Komplexität der Spezifikation der einzelnen Operationen zu verringern, wird diese Spezifikation weiter verfeinert, in dem die Veränderung der einzelnen Informationsarten getrennt spezifiziert wird. Das bedeutet für die Spezifikation der Einfügeoperationen, daß zunächst vier Teilspezifikationen erstellt werden, nämlich `InsertContextFree`, `InsertContextSensitive`, `InsertAttributes` und `InsertToolSpecific`. Die oben ausführlich erläuterte Graphersetzungsregel InsertEObjectEdge ist z.B. Bestandteil der Spezifikation `InsertContextSensitive`, die ausschnittsweise wie in Fig. III.28 angegeben aussieht.

```
SPECIFICATION InsertContextSensitive;

    USES   ContextFree_Lab/Attr, ContextSensitive_Lab/Attr;
    RULE   InsertEObjectEdge (CurrentIdent : STRING )
           ... (vgl. Fig. III.26)

    ...


END SPECIFICATION InsertContextSensitive;
```

Fig. III.28: Ausschnitt 2 aus der strukturierten Modulgraphspezifikation

Die in diesen Teilspezifikationen spezifizierten Operationen werden dann koordiniert und integriert in der Spezifikation `Insert`. Diese Integration geschieht durch die Angabe von Kontrollprozeduren, in deren Rumpf die Graphersetzungsregeln der tieferliegenden Teilspezifikationen aufgerufen werden. Als Beispiel betrachte man die Kontrollprozedur InsertIdentAsTypeDefInVarDecl aus der Teilspezifikation `Insert` (vgl. Figur III.29). Durch diese Kontrollprozedur wird beschrieben, daß auf der rechten Seite einer Variablendeklaration ein Typbezeichner eingetragen wird und anschließend eine mit EObject markierte Kante zur zugehörigen Typdeklaration gezogen wird. Die Spezifikation `Insert` hat somit ausschnittweise die in Figur III.29 angegebene Gestalt:

```
SPECIFICATION Insert;

    USES InsertContextFree, InsertContextSensitive, InsertAttributes,
         InsertToolSpecific;

    CONTROL PROCEDURE InsertIdentAsTypeDefInVarDecl
                       (CurrentIdent : STRING);
    BEGIN

        IF TypeIdentExists ( CurrentIdent ) THEN
            InsertIdentAsTypeDefinition;        (* InsertContextFree *)
            SetIdent(CurrentIdent);             (* InsertAttributes *)
            InsertEObjectEdge(CurrentIdent)     (* InsertContextSensitive *)
        ELSE
            Error ("Identifier not declared!")
        END


    END InsertIdentAsTypeDefInVarDecl;


    ...


END SPECIFICATION Insert;
```

Fig. III.29: Ausschnitt 3 aus der strukturierten Modulgraphspezifikation

Damit haben wir an einigen ausgewählten Beispielen gezeigt, wie durch Benutzung von Konzepten wie Zerlegung, Verfeinerung oder Integration die Spezifikation strukturiert werden kann. Fig. III.30 zeigt schematisch den Aufbau der gesamten Spezifikation. Sie besteht aus 4 Schichten: In der obersten Schicht befindet sich die Wurzel der Spezifikation, ModuleGraph, in der im wesentlichen der Startgraph angegeben ist und durch die USES-Klausel die Gesamtspezifikation zusammengesetzt wird. Die Vernetzung durch die USES-Klausel haben wir nicht explizit dargestellt. Jede Spezifikation kann auf Spezifikationen in derselben Schicht oder in den darunterliegenden Schichten zurückgreifen. In der zweiten Schicht befinden sich die Teilspezifikationen für die einzelnen Arten von Operationen, deren Spezifikationen zusammengesetzt sind aus den verfeinerten Operationen der dritten Schicht. In der untersten Basisschicht sind alle Markierungen und Attribute spezifiziert, die von den darüberliegenden Spezifikationen benutzt werden.

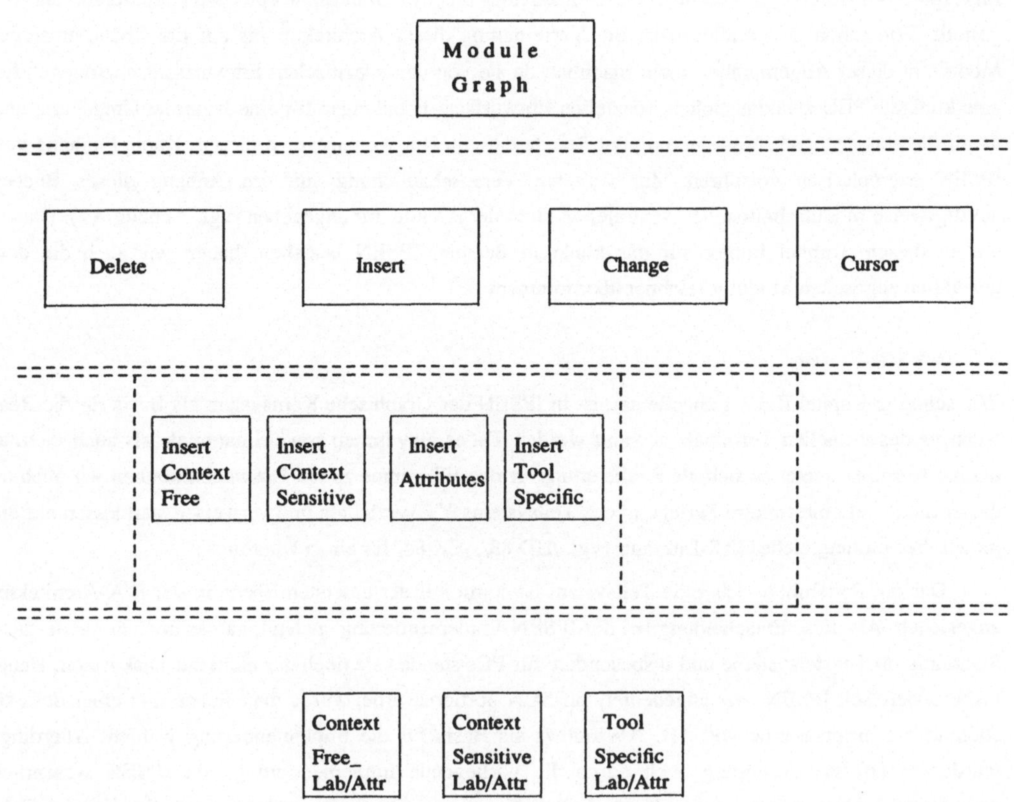

Fig. III.30: Schematischer Aufbau der strukturierten Modulgraphspezifikation

3. Entwurf

Im Kapitel II.3 wurden die wesentlichen Komponenten einer PEU im Sinne einer Standardarchitektur vor-gestellt. Wie schon dort erläutert, ist die Verfeinerung dieser Architektur bis auf die Ebene einzelner Module in dieser Allgemeinheit nicht machbar, da sie von den spezifischen Entwurfsentscheidungen für eine konkrete PEU abhängt. Solche speziellen Entwurfsentscheidungen für eine konkrete Umgebung und damit die entsprechende Verfeinerung der Standardarchitektur wollen wir in diesem Kapitel anhand von IPSEN exemplarisch vorführen. Zur weiteren Veranschaulichung sind im Anhang dieses Buches auszugsweise Modulschnittstellen zentraler Moduln der Architektur angegeben (vgl. Anhang A2). Da wir uns in diesem Kapitel immer auf das konkrete Beispiel IPSEN beziehen, haben wir auch die dort gewählten englischen Modulbezeichner übernommen.

3.1. Das E/A-System

Wie schon in Kapitel II.3.2.1 angedeutet, ist in IPSEN das Graphische Kernsystem als Basis für die Rea-lisierung des virtuellen Terminals gewählt worden. Da es inzwischen sowohl nationale als auch interna-tionale Norm ist, bietet es sich als Realisierung für das VT gerade zu an. Deswegen können wir auch an dieser Stelle auf eine weitere Zerlegung des Teilsystems VT verzichten und verweisen stattdessen auf die inzwischen umfangreiche GKS-Literatur (vgl. /HD 83/, /EK 84/ für einen Überblick).

Das die Portabilität sichernde Teilsystem ist somit auf der untersten Ebene in der E/A-Architektur angesiedelt. Als diese Entscheidung bei der IPSEN-Implementierung anstand, gab es noch keine de-facto Standards für Fenstersysteme und insbesondere für PCs standen sie noch gar nicht zur Diskussion. Heute insbesondere seit IPSEN, wie angedeutet, auf SUN portiert wurde, würde man sicher eher eines der exi-stierenden Fenstersysteme wie z.B. XWindows als Basis für die Implementierung wählen. Allerdings wurde die erfolgte Portierung auch durch die vorliegende Implementierung von IPSEN wesentlich dadurch erleichtert, daß die weitgehende Lokalisierung von Entwurfsentscheidungen, die sich im E/A-System durch die drei Schichten ausdrückt, streng eingehalten wurde und gut dokumentiert ist. Bei der Portierung des E/A-Systems mußten beispielsweise im wesentlichen die GKS-Routinen durch Aufrufe des auf der SUN zur Verfügung stehenden Graphikpakets ersetzt werden. Aus den bereits in Kapitel 3 in Teil II genannten Gründen hätte außerdem die Verwendung von SUN-Views einige zusätzliche Probleme bereitet, da SUN-View insbesondere nur autonome Fensteroperationen unterstützt (vgl II.3.2.1).

Da also ein eigenes Fenstersystem im Rahmen von IPSEN entwickelt werden mußte, werden wir dessen Architektur im folgenden detailliert vorstellen. Das gibt dem Leser natüürlich auch einen Einblick in die Entwicklungsphilosophie anderer existierender Fenstersysteme, die ja aufgrund ähnlicher Anfor-derungen entstanden sind. Um die Zerlegung dieses Fenstersystems auf der Basis von GKS verständlich zu machen, müssen wir ein wesentliches GKS-Konzept hier kurz erläutern. Praktisch alle wesentlichen GKS Operationen zur E/A arbeiten auf einem einzigen Objektbegriff, dem sogenannten **Segment.** Seg-mente sind aus elementaren Darstellungselementen (das sind nur der Polygonzug, die Polymarke, das Füllgebiet und der Textstring) sowie bereits existierenden Segmenten zusammengesetzt. Segment ist somit der in dem Teilsystem GKS verkapselte Datentyp. Jede Darstellung auf dem Bildschirm ist für das

GKS aus Segmenten zusammengesetzt.

Die Verwendung von GKS zur Realisierung des Teilsystems VT macht noch eine weitere Bemerkung notwendig. Natürlich wird der Funktionsumfang des GKS hier nicht voll ausgenutzt, da es entwickelt wurde, um als Basis für die Programmierung beliebig komplizierter Graphikanwendungen (insbesondere CAD-Systeme) zu dienen. Dieser Funktionsumfang ist im Rahmen einer PEU natürlich nicht unbedingt erforderlich, wenn auch damit Erweiterungen der PEU im Hinblick auf graphische Repräsentation von Programmen oder sogar graphische Programmiersprachen wesentlich leichter gemacht werden. Die Flexibilität der Architektur wird so gesteigert. Hinzu kommt, daß sich bestimmte, über die unmittelbaren Anforderungen einer PEU hinausgehende Funktionen für eine einfache Realisierung des auf GKS aufbauenden FS nutzen lassen, wie wir noch erläutern werden.

Wie schon oben angedeutet, verkapselt das Teilsystem FS den **Datentyp Fenster,** d.h. die Entscheidungen über die Form von Fenstern und mögliche Operationen auf diesen Fenstern. Beschäftigen wir uns nun mit der Realisierung dieses Datentyps und damit der Verfeinerung des Teilsystems FS auf der Basis von GKS.

Die korrekte Realisierung der angedeuteten Operationen bedeutet, daß es nicht ausreicht, ein gesamtes Fenster zusammen mit seinem gesamten Inhalt als ein einziges GKS Segment zu definieren. Viele Operationen (z.B. Schreiben von Zeichenketten/Graphiksymbolen) erlauben nachträgliche Veränderungen insbesondere von Fensterinhalten. Da eine nachträgliche Veränderung eines einmal definierten Segments nicht möglich ist, sondern nur durch Löschen und erneutes Kreieren erfolgen kann, müssen die kleinsten veränderbaren Einheiten von solchen Fensterinhalten genau einem Segment entsprechen. Deswegen wird bei jeder Ausführung einer Operation ein neues Segment definiert bzw. gelöscht. Damit ist außerdem gewährleistet, daß Leseoperationen zur Identifikation eines spezifischen Fensterbereichs z.B. mit einer Maus realisiert werden können. In GKS können nämlich nur Segmente vom Benutzer durch einen sogenannten Picker (die GKS-Bezeichnung für ein mausähnliches Eingabegerät) selektiert werden.

Alle Segmente, die durch Ausführung einer Fensteroperation definiert werden, lassen sich in einem vom GKS zur Verfügung gestellten sogenannten Segmentspeicher speichern. In diesem Segmentspeicher ist aber keine Information darüber vorhanden, welche Segmente zu welchem Fenster gehören. Diese Information ist jedoch zusätzlich notwendig, um bei Eingabeoperationen feststellen zu können, in welchem Fenster ein Segment selektiert worden ist und um die Fensteroperationen "Verschieben" und "Löschen" ausführen zu können. Beim Verschieben eines Fensters wird beispielsweise eine Segmenttransformation auf alle Segmente des zu verschiebenden Fensters angewendet. Um diese Information zu speichern, führen wir den Modul **WindowSegments** ein (vgl. Fig. III.31) Er verkapselt eine Liste von Fensternamen und für jeden Fensternamen eine Liste aller Segmente, d.h. nur ihrer Namen bzw. Nummern, die das Fenster (Inhalt und Rahmen) bilden. Da diese Listen in den meisten Fällen nicht sehr umfangreich ist, sind keine weiteren Überlegungen notwendig, um eine Datenstruktur aufzubauen, die effizientere Zugriffe erlaubt.

Eine weitere Information, die das allgemeine Fenstersystem benötigt, ist eine Liste aller gerade auf dem Bildschirm angezeigten Fenster. (Es kann durchaus existierende Fenster geben, die gerade nicht angezeigt sind, sondern auf ihre Anzeige "in einem Hintergrundspeicher", realisiert durch WindowSegments, warten). Eine solche Liste aller angezeigten Fenster, d.h. ihrer Namen zusammen mit einer Prioritätsangabe, die vom FS automatisch bei Erzeugung des Fensters vergeben wird, wird im Modul **ActualWindows** verkapselt (vgl. Fig. III.31). Diese Liste erlaubt bei Aufruf einer Fensteroperation abzuprüfen, ob das angegebene Fenster existiert. Die erwähnte Prioritätsangabe ist notwendig, um sich gegenseitig überlappende Fenster verwalten zu können. Allen Segmenten, die zu einem Fenster gehören, wird vom Fenstersystem das gleiche Prioritätsattribut zugeordnet. Konkurrieren dann Segmente mit unterschiedlicher Priorität um den gleichen Platz auf dem Bildschirm, d.h. müssen sie überlappend angezeigt werden, so stellt GKS sicher, daß ein Segment mit höherer Priorität automatisch über einem Segment niedrigerer Priorität angezeigt wird. Wird im Modul ActualWindows sichergestellt, daß Segmente, die zu unterschiedlichen Fenstern gehören, unterschiedliche Priorität haben, garantiert GKS die korrekte Anzeige überlappender Fenster.

Als letzte Information für die Realisierung der geforderten Funktionalität muß die Bildschirmposition, an der das Fenster auf dem Bildschirm angezeigt wird und die Größe des Fensters (Länge und Breite) bekannt sein. Diese Information wird für jedes Fenster ebenfalls im Modul ActualWindows abgelegt. Diese Informationen werden benötigt, da der Aufruf einer Operation, d.h. die Veränderung des Inhalts, sich immer auf die Koordinaten eines Fensters bezieht. Diese Koordinaten können dem GKS, das den Datentyp Fenster ja gar nicht kennt, nicht bekannt sein.

Mit Hilfe der beiden skizzierten Moduln und des GKS lassen sich die geforderten Fensteroperationen implementieren. Allerdings müssen die Zugriffsoperationen der beiden Moduln und des GKS entsprechend koordiniert werden. Wird z.B. eine Operation zur Ausgabe einer Zeichenkette, Linie o.ä. implementiert, bedeutet das, zunächst nachzusehen, ob das angegebene Fenster existiert und wenn ja, seine Priorität festzustellen (Zugriffe auf Modul ActualWindows). Anschließend kann das Segment (d.h. die Linie oder Zeichenkette) definiert und mit dem gerade festgestellten Prioritätsattribut versehen werden (Zugriff auf GKS). Als letztes ist der Name des neu definierten Segments in die Liste der Segmente des Fensters aufzunehmen (Zugriff auf Modul WindowSegments) (vgl. auch das Beispiel in Fig. III.32). Diese Koordination erfolgt in einem weiteren Modul, **WindowManager.** Die Schnittstelle dieses Moduls stellt im Sinne einer Datenabstraktion das Teilsystem FS dar. Deswegen erhält dieser Modul auch den Namen, den wir in Abschnitt II.3.2.1 für das gesamte Teilsystem eingeführt haben. Die konkrete Schnittstelle des Moduls ist im Anhang 2 dieses Buches angegeben.

Die Architektur des FS ist in Fig. III.31 dargestellt. Anschließend ist in Fig. III.32 in Pseudocode-Notation ein Beispiel für die Realisierung einer Operation des WindowManagers mit Hilfe der anderen Teilsysteme bzw. Moduln angegeben.

Die Pseudocode-Notation ermöglicht, daß die GKS-Aufrufe programmiersprachenunabhängig angegeben sind und nicht in einer der ebenfalls schon teilweise genormten Sprachschalen für GKS. Weiter setzen wir voraus, daß die Angabe der Bildschirmposition für die Anzeige eines Fensters (linke

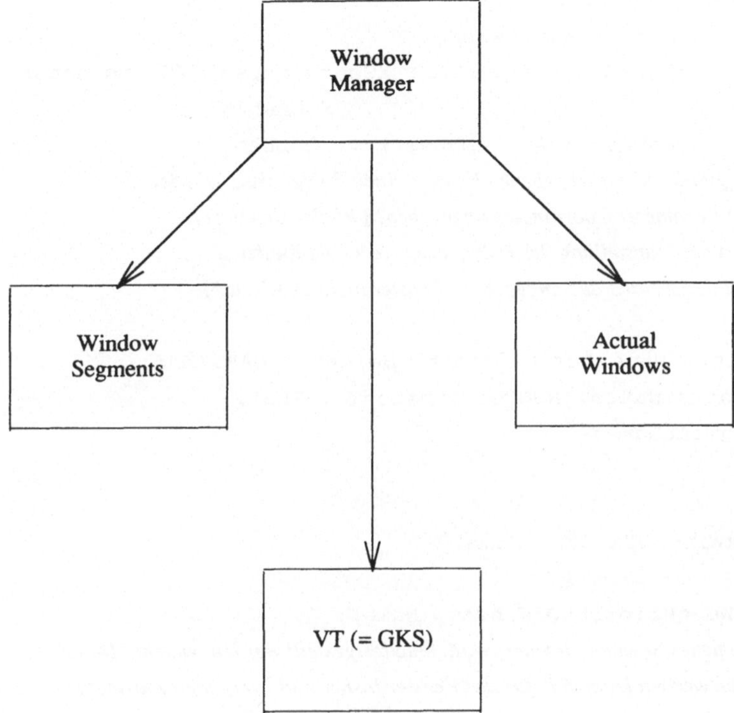

Fig. III.31: Architektur des Allgemeinen Fenstersystems (FS)

obere Ecke) in einem Koordinatensystem (, das in GKS Weltkoordinatensystem genannt wird) erfolgt, das definiert ist durch:

x-Achse: 1 bis MaxScreenVerticalSize

y-Achse: 1 bis MaxScreenHorizontalSize

Für den mit GKS etwas vertrauten Leser sei noch hinzugefügt, daß die Segmente, die den Fensterrahmen bilden, bzgl. der folgenden Normalisierungstransformation im Segmentspeicher gespeichert sind:

```
SET WINDOW (1, 1, MaxScreenVerticalSize, MaxScreenHorizontalSize)
SET VIEWPORT (1,0,1,0,1)
```

Der nicht mit GKS vertraute Leser kann hier und in der folgenden Prozedur die Berechnungen zur Normalisierungstransformation ignorieren.

Letztlich sei noch gesagt, daß man anhand der Prozedurnamen erkennen kann, von welchem Modul die entsprechende Operation nach WindowManager importiert wurde. Die Anfangsbuchstaben AW bedeuten einen Import von ActualWindows, WS bedeutet einen Import von WindowSegments. Der Rest sind GKS Operationen. In der Prozedur wird vorausgesetzt, daß das GKS eröffnet und der entsprechende Arbeitsplatz aktiviert ist.

```
PROCEDURE WMWritePolyLine
              ( Name : WindowName;
                Coordinates : ARRAY XCoordinates, YCoordinates
                                      OF CARDINAL;
                Attrib : Attributes ) : BOOLEAN;
```
(Diese Funktion gibt in dem angegebenen Fenster einen Polygonzug aus, der*
durch die in dem Parameter Coordinates angegebenen Punkte definiert ist.
Attrib legt die Art der Darstellung des Polygonzugs fest. Die Funktion
*liefert den Wert FALSE, falls das angegebene Fenster nicht existiert. *)*

```
VAR UpperLeftL, UpperLeftC, Width, Height : CARDINAL;
    P, NDCCoordinates, NDCCoordinatesY : REAL;
    SN : SegmentName;


BEGIN
  IF AWCheckWindowExists (Name)
  THEN
     P := AWGetPriorityOfWindow (Name);
```
(Da ein neues Segment definiert wird, muß festgestellt werden, welcher Name*
*vergeben werden kann, d.h. für das Fenster bisher nicht vergeben wurde. *)*
```
     SN := WSGetFreeSegmentName (Name);
```
(Nun erfolgt die Definition des neuen Segments unter Berücksichtigung der*
*oben angegebenen Normalisierungstransformation *)*
```
     UpperLeftL := AWGetUpperLeftL (Name);
     UpperLeftC := AWGetUpperLeftC (Name);
     Width      := AWGetWidth (Name);
     Height     := AWGetHeight (Name);


     NDCCoordinatesX := 1/MaxScreenVerticalSize;
     NDCCoordinatesY := 1/MaxScreenHorizontalSize;


     SET WINDOW (2, UpperLeftL, Width, UpperLeftC, Height);
     SET VIEWPORT (2, NDCCoordinatesX * UpperLeftL,
                      NDCCoordinatesX * Width,
                      NDCCoordinatesY * UpperLeftC,
                      NDCCoordinatesY * Height);


     SET CLIPPING INDICATOR (CLIP);
     SELECT NORMALIZATION TRANSFORMATION (2);
```

```
    CREATE SEGMENT (SN);
    SET POLYLINE INDEX (Attrib);
    POLYLINE ( UpperBound (Coordinates), XCoordinates, YCoordinates);
    CLOSE SEGMENT;
```
    (Modifikation der Fenstersegmentliste *)*
```
    WSUpdateSegmentList (Name, SN);
```
    RETURN TRUE
  ELSE
    RETURN FALSE;
  END;
END WMWritePolyLine;

Fig. III.32: Beispiel für die Realisierung einer Fensteroperation

Eine detaillierte Darstellung der Realisierung eines Fenstersystems auf der Basis von GKS mit all ihren Vor- und Nachteilen findet sich in /Sc 86/.

Bei der Realisierung des AFS wurde nach dem in II.3.2.1 beschriebenen E/A-Transformationsschema vorgegangen. In III.1 wurden bei der Beschreibung der IPSEN-Benutzerschnittstelle vier Fenstertypen vorgestellt. Diese entsprechen vier Moduln des AFS. Die Einführung einer gemeinsamen Zwischendatenstruktur für die Ein-/Ausgabe im Dokumentenfenster bzw. Eingabefenster erfolgte ebenfalls auf der Basis des Transformationsschemas. Als Beispiel für einen Modul des AFS ist in Anhang 2 die Schnittstelle des Fenstertyps Menü (MenuWindow) angegeben.

Eine zur Realisierung dieser Zwischendatenstruktur sicher naheliegende Idee ist die Verwendung des GKS Segmentspeichers, d.h. ein Inkrement immer durch genau ein GKS - Segment darzustellen. Das funktioniert aber nicht, da Inkremente bei der Erzeugung der konkreten Repräsentation Veränderungen unterzogen sind, einmal definierte Segmente aber nicht mehr verändert werden können. Daraus folgt, daß es keine direkte Entsprechung zwischen Inkrementen und Segmenten geben kann. (Inkremente werden bei der Ausgabe auf dem Bildschirm letztlich doch durch GKS - Segmente dargestellt, aber sie entsprechen ihnen nicht eins zu eins.) Das bedeutet, daß sich die Zugriffsoperationen des allgemeinen Fenstersystems zum Aufbau allgemeiner Fensterinhalte nicht eignen. Sie ermöglichen beispielsweise keine Strukturierung des Fensterinhalts in Inkremente, d.h. den Aufbau der Rahmenstruktur (vgl. Fig. II.38). Ein allgemeines Fenstersystem kann sinnvollerweise keine auf einen spezifischen Fensterinhalt zugeschnittenen Operationen anbieten. Deshalb wurde in IPSEN die Zwischendatenstruktur entsprechend den in II.3.2.3.2 erläuterten Techniken als ein spezieller Graph realisiert.

3.2. Projektdatenbank

Wie in Abschnitt II.3.1 erläutert, sollte das von einer Projektdatenbank realisierte Datenmodell möglichst nahe an dem auf konzeptioneller Ebene spezifizierten Modell liegen, um größtmögliche Flexibilität der enstehenden Architektur zu erzielen. Außerdem wurde in II.3.2.2 skizziert, daß herkömmliche Datenbanksysteme nicht alle Anforderungen einer PEU oder SEU erfüllen können. Deswegen ist in IPSEN die Graphgrammatikspezifikation der Ausgangspunkt für die Neuentwicklung einer speziellen Projektdatenbank sowie der darauf aufbauenden Werkzeuge. Wir werden in diesem Abschnitt zeigen, wie sich aus der Graphgrammatikspezifikation systematisch eine Modularchitektur für eine Nichtstandarddatenbank herleiten läßt. Die Spezifikation legt dabei formal die Funktionalität der einzelnen Moduln fest.

Grundvoraussetzung für eine systematische Umsetzung einer Graphgrammatikspezifikation in eine effiziente Realisierung ist, daß die interne Repräsentation von Programmen nicht allein auf konzeptioneller Ebene durch attributierte gerichtete Graphen beschrieben wird, sondern, daß sich diese Repräsentation auch in der Implementierung wiederfindet. Hierfür wurde zunächst ein sogenannter **Graphenspeicher** implementiert. Dieser Graphenspeicher erlaubt es, beliebige attributierte, gerichtete Graphen abzuspeichern, zu verändern und zu lesen. (Es wird von diesem Speicher keine spezielle Graphenklasse (wie z.B. ein Modulgraph) unterstützt, da er in IPSEN für alle in einer SEU anfallenden Dokumente als Speicher eingesetzt wird.) Der Graphenspeicher verkapselt somit den Datentyp attributierter, gerichteter Graph und bietet Operationen an wie z.B.: Eintragen, Markieren und Löschen von Knoten, Kanten und Attributen, assoziative Anfragen wie alle Quell- oder Zielknoten einer bestimmten Kantenmarkierung oder alle Knoten einer bestimmten Markierung.

Allen mit Hilfe dieses Graphenspeichers gespeicherten Graphen ist gemeinsam, daß sie im allgemeinen zu umfangreich werden, um permanent im Hauptspeicher gehalten zu werden. Deswegen ist der Graphenspeicher mit Hilfe eines speziellen Paging-Algorithmus implementiert worden. Dieser Algorithmus ermöglicht, außer der möglichen Manipulation beliebig großer Graphen, einen sehr schnellen Zugriff, da häufiges Aus- und Einlagern von Seiten weitestgehend vermieden wird. Die Forderung nach Portabilität dieses Systems wird dadurch realisiert, daß die Anbindung an das Dateisystem eines vorliegenden Betriebssystems in nur zwei Moduln verkapselt ist.
Dieses Teilsystem, **GRAS** genannt (Graphs and Relations in an Associative Storage), ist in mehreren Veröffentlichungen ausführlich beschrieben worden (z.B. /BL 85/, /LS 88/). Deswegen wollen wir hier nicht weiter darauf eingehen, sondern repräsentieren GRAS in unserem Entwurf allein durch den Modul AttributedGraph, der die Exportschnittstelle dieses Systems zur Verfügung stellt. Diese Schnittstelle ist auszugsweise im Anhang 2 des Buches zu finden.

Der wesentliche Vorteil dieses Ansatzes ist die breite Einsatzfähigkeit des Graphenspeichers nicht nur in einer PEU, sondern zur Speicherung beliebiger Softwaredokumente in einer SEU. Denn natürlich lassen sich nicht nur Programme in Graphenform abspeichern, sondern jede Art von Dokumenten, deren Aufbau zumindest durch eine formale Syntaxdefinition beschrieben ist. GRAS wird damit zu einer schlagkräftigen Basis für die Projektdatenbank einer kompletten SEU wie die bisherigen Arbeiten in IPSEN und der daraus entstandene IPSEN Prototyp zeigen (vgl. etwa /Na 85b/, /En 86/, /Er 86/, /Sc 86/,

/LNW 87/, /Le 88a/).

In diesem Sinne ist GRAS als ein **Nichtstandarddatenbanksystem** zur Realisierung einer Projektdatenbank zu verstehen (vgl. insbes. /LS 88/). Das Ziel laufender Arbeiten in IPSEN ist GRAS unter diesem Gesichtspunkt weiter zu entwickeln, um noch existierende Schwachstellen zu beseitigen und notwendige Erweiterungen insbesondere im Hinblick auf die Unterstützung von Versions- und Variantenkontrolle einzuführen (vgl. /We 88/).

Aufbauend auf dem allgemeinen Graphenspeicher wird in weiteren Moduln die spezielle Graphenklasse Modulgraph, wie in Kapitel 2 spezifiziert, verkapselt. Ausgehend von dieser Spezifikation sind diese Moduln die Implementierung aller Produktionen, Untergraphentests und Kontrollprozeduren der Graphgrammatik `ModuleGraph` (und natürlich aller von ihr benutzten Graphgrammatiken). Produktionen und Untergraphentests können dabei direkt unter Verwendung der von GRAS zur Verfügung gestellten Operationen implementiert werden, wie das folgende Beispiel einer Einfügeoperation in Fig. III.33 zeigt.

```
PROCEDURE EnterWhileStatementPart(      Graph : Graphnumber;
                                        Node  : Nodenumber;
                                 VAR    EndNode : Nodenumber);


VAR OptStatLN, NN : Nodenumber;
BEGIN
   AGCreateEdgeAndNode( Graph, Node, EExpr, Expr, NN );
   AGCreateEdgeAndNode( Graph, Node, EStaLi, OptStatList,OptStatLN);
   AGCreateEdge( Graph, Node, OptStatLN, ETrueControlFlow );
   AGCreateEdgeAndNode( Graph, Node, EEndStat, EndWhileStat, EndNode );
   AGCreateEdge( Graph, Node, EndNode, EFalseControlFlow );
   AGCreateEdge( Graph, OptStatLN, Node, EBackControlFlow );
END EnterWhileStatementPart;
```

Fig. III.33: Implementierung einer Einfügeoperation unter Verwendung von GRAS

Um die Implementierung aus oben genannten Gründen in möglichst direktem Zusammenhang zur Spezifikation zu halten, entsprechen die Moduln den in Fig. III.30 skizzierten Graphgrammatiken. Es kann allerdings vorkommen, daß daraus entstehende Moduln so klein sind, daß sie aus rein pragmatischen Gründen zusammengefaßt werden. Zum Beispiel sind die Moduln zum Eintragen der kontextsensitiven Informationen und der weiteren werkzeugspezifischen Informationen zusammengefaßt worden. Es entsteht das in Fig. III.34 dargestellte Modulgeflecht.

Der erste dieser Moduln, **InsertCF,** realisiert alle Produktionen zum Eintragen von Graphinkrementen und verkapselt damit die Entwurfsentscheidung, wie die Graphinkremente im einzelnen aussehen. In einem weiteren Modul, **InsertCS,** werden die kontextsensitiven Kanten eingetragen, d.h. hier sind die

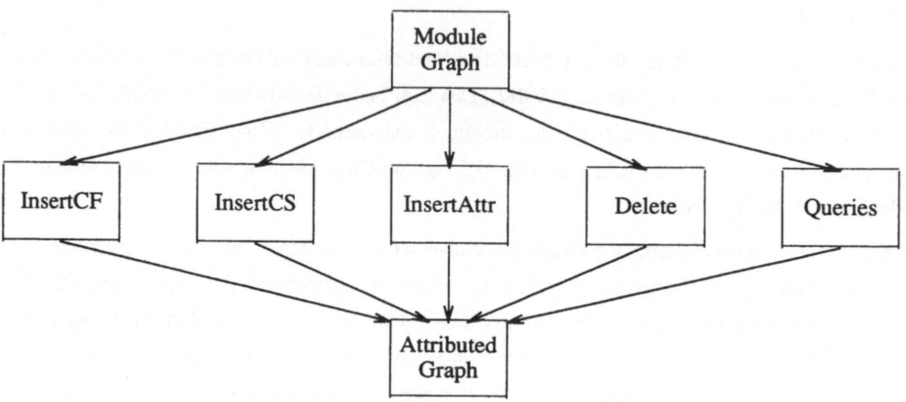

Fig. III.34: Entwurf der Projektdatenbank

Kontrollprozeduren implementiert, die zunächst die kontextsensitive Syntax überprüfen und dann die entsprechenden Kanten ziehen (z.B. die Prozedur InsertEObjectEdge, vgl. Fig. III.28). Die Entwurfsentscheidungen dieses Moduls beinhalten somit die Festlegung, was an kontextsensitiven Checks durchgeführt wird und wie die kontextsensitive Syntax repräsentiert wird. Im Modul **InsertAttr** sind die Operationen zum Eintragen von Knotenattributen implementiert. Ein vierter Modul **Delete** stellt die Ressourcen zum Löschen der Graphinkremente zur Verfügung. Im Modul **Queries** werden mögliche komfortable Abfragen sowie die denkbaren Cursorbewegungen zur Verfügung gestellt. Das sind z.B. Funktionen wie "Gehe zur umgebenden Prozedur", "Gehe zur nächsten Anweisung" oder "Gib alle Knotennummern an, deren zugehörige Knoten mit einer bestimmten Markierung versehen sind". Aufbauend auf diesen Modulen koordiniert der Modul **ModuleGraph** die einzelnen Zugriffsoperationen entsprechend den in der Spezifikation der Graphgrammatik `ModuleGraph` angegebenen Kontrollprozeduren. Jede der von den skizzierten Modulen zur Verfügung gestellten Zugriffsoperationen enthält als einen Parameter den Bezeichner eines Knotens. Dadurch ist die Stelle im Modulgraph (d.h. im zugrundeliegenden Graphenspeicher) sofort zu finden, auf die sich die Ausführung der Operation bezieht.

Das skizzierte Vorgehen beschreibt eine effiziente, aber immer noch flexible, d.h. an unterschiedliche Funktionalität leicht anpaßbare Realisierung der Projektdatenbank einer PEU. Wie schon angedeutet und in IPSEN bereits realisiert, läßt sich dieses Verfahren analog auf andere Dokumente übertragen. Damit ist auf analoge Weise die Realisierung der Projektdatenbank auch einer SEU möglich. Untersucht werden könnte auch die Anwendbarkeit des Graphenspeichers in anderen Anwendungsbereichen wie CAD, VLSI Entwurf, usw.

3.3. Der Editor

Das im letzten Abschnitt erläuterte Modul ModuleGraph realisiert bereits die Funktionalität des Editors. Die Zugriffsoperationen auf die Projektdatenbank, die alle möglichen Veränderungen beschreiben, legen gleichzeitig fest, welche Editoroperationen, die ja alle Veränderungen der in der Projektdatenbank enthaltenen Informationen verursachen, möglich sind. Die Schnittstelle dieses Moduls ModuleGraph findet sich deshalb unter dem Namen EditorOperations in Anhang 2. Zur Komplettierung des Editors fehlt nur noch ein einziges Modul, das die Verbindung zwischen den von EditorOperations zur Verfügung gestellten Operationen und dem E/A System herstellt. In der Tat ist diese Verbindung in IPSEN durch einen einziges weiteres Modul hergestellt, das zu einem eingehenden Benutzerkommando die entsprechende Operation des Moduls ModuleGraph aufruft, sowie daraus entstehende Fehlermeldungen an das E/A System weitergibt. Die weiter noch fehlende Realisierung der freien Eingabe sowie der Erzeugung der externen Repräsentation von Programmen werden wir im nächsten Abschnitt erläutern.

3.4. Parser/Unparser

In IPSEN haben wir uns bei der Realisierung des Parsers aus sehr **pragmatischen Gründen** für das Verfahren des **rekursiven Abstiegs** entschieden. Zum einen stand zur Realisierungszeit des Parsers kein Parsergenerator zur Verfügung. Dieser bedeutet eine wesentliche Erleichterung bei der Erzeugung der entsprechenden Parsertabellen und rechtfertigt damit insbesondere den Einsatz eines tabellengesteuerten Verfahrens wie LR(1) oder LL(1). Zum zweiten hat ein top-down Verfahren wie das des rekursiven Abstiegs den Vorteil, daß es in natürlicher Weise die Erzeugung des Modulgraphen (oder auch einer anderen Programmrepräsentation wie z.B. eines Syntaxbaumes) unterstützt, d.h. die zum Aufbau des Modulgraphen notwendigen Operationen, die im Abschnitt III.3.2 beispielhaft erläutert wurden, lassen sich direkt aus den Prozeduren, die den rekursiven Abstieg steuern, aufrufen. Wir wollen den Einsatz des rekursiven Abstiegs für einen Multiple-Entry Parser in einer PEU detailliert erläutern.

Eine in normierter Form vorliegende Grammatik, wie sie in Abschnitt 2.1.1 beschrieben wird, läßt sich sehr gut als Basis für den rekursiven Abstieg einsetzen, weil sie keine Linksrekursion enthält und fast frei von LL(1)-Verletzungen ist. Die meisten der wenig auftretenden LL(1)-Verletzungen lassen sich durch einen Lookahead von 2 beheben (vgl. /Sl 86/). Wie die dann noch verbleibenden LL(1)-Verletzungen behoben werden können, werden wir im folgenden noch diskutieren.

Die wesentliche, hier benötigte Eigenschaft des Parsers, die **Multiple-Entry Eigenschaft** läßt sich, basierend auf einer Idee, die in /HM 84/ beschrieben wurde, durch eine einfache Erweiterung der Grammatik erzielen. Das Verfahren des rekursiven Abstiegs braucht dafür nicht geändert zu werden. Diese Idee ist sogar unabhängig von dem konkret gewählten Parsing-Verfahren und genauso auf herkömmliche LR- oder LL-Parser anwendbar. Für jedes nichtterminale Symbol auf der linken Seite einer Regel der Grammatik einer Programmiersprache wird eine weitere Regel der Form, wie sie in Fig. III.35 beispielhaft angegeben ist, in die Grammatik aufgenommen. (<module> ist das Startsymbol der Grammatik.) Diese Form der Regeln garantiert, daß durch ihre Hinzunahme die Grammatik frei von Linksrekursionen bleibt und keine weiteren LL(1)-Verletzungen auftreten können.

Durch die Hinzunahme dieser Regeln erreicht man, daß aus der dem Startsymbol entsprechenden Prozedur des rekursiven Abstiegsparsers alle weiteren nichtterminalen Symbolen entsprechenden Prozeduren aufgerufen werden können, d.h. die Multiple-Entry Eigenschaft wird durch eine "große CASE-Anweisung" im Rumpf der dem Startsymbol entsprechenden Prozedur erzielt. Das terminale

Symbol auf der rechten Seite obiger Regeln entspricht einer Knotenmarkierung im Syntaxgraphen. Damit läßt sich zu einem aktuellen Inkrement, das geparst werden muß, leicht der entsprechende Entry-Point anhand seiner Knotenmarkierung (natürlich vor seiner Expansion) bestimmen. Das nichtterminale Symbol auf der rechten Seite der Regeln gibt an, welche Prozedur anschließend als Einstieg in den rekursiven Abstieg aufzurufen ist, um das in freier Eingabe eingegebene Inkrement zu parsen. Wie man an den Beispielen für die Regeln sieht, ist die Zuordnung zwischen Entry-Point und aufzurufender Prozedur nicht trivial, da z.B. nach dem Entry-Point IfStat oder AssStat (bedingte bzw. Zuweisungsanweisung) nicht unbedingt nur eine solche Anweisung eingegeben werden kann, sondern eine beliebige Folge von Anweisungen (statement_list). Ansonsten würde man es dem Benutzer unmöglich machen, z.B. in der freien Eingabe eine eingegebene IF-Anweisung durch eine Folge anderer Anweisungen zu ersetzen, was ja gerade einer der Vorteile der freien Eingabe sein sollte (vgl. Abschnitt II.1.1.2). Für eine weitergehende Darstellung der notwendigen Grammatikmodifikationen verweisen wir auf /Sl 86/.

```
<module> ::= ProgMod<program_module>
<module> ::= IfStat<statement_list>
<module> ::= AssStat<statement_list>
```

Fig. III.35: Erweiterung der normierten Grammatik für einen Multiple-Entry Parser

Nachdem so die Voraussetzungen für den Einsatz eines üblichen rekursiven Abstiegsparsers geschaffen wurden, liegt die Idee nahe, die **Übersetzung** des Quelltextes in die Modulgraphrepräsentation **in einem Pass** durchzuführen. Die Modulgraphoperationen, die in den Prozeduren, die den rekursiven Abstieg steuern, direkt aufgerufen werden können, existieren, wie oben schon erwähnt. Für jedes Struktursymbol der Grammatik steht mindestens eine entsprechende Operation zum Einfügen des Graphinkrements und anschließender Prüfung der kontextsensitiven Syntax zur Verfügung. Die Verwendung dieser bereits existierenden Operationen hat die Vorteile, daß: (1) speziell für den Parser keine neuen Modulgraphoperationen entwickelt und implementiert werden müssen (Damit ist zusätzlicher Aufwand gespart und sichergestellt, daß nicht speziell für den Parser die Gestalt des Modulgraphen verändert werden muß, d.h. spezielle Kanten oder Knoten hinzukommen.) und (2) die Überprüfung der kontextsensitiven Syntax durch die existierenden Operationen erfolgt, d.h. es brauchen keine Symboltabellen angelegt werden. (Diese sind praktisch im Modulgraphen vorhanden und diese bereits vorhandene Information wird ausgenutzt.) Eine 1-Pass-Realisierung unter gleichzeitiger Verwendung der existierenden Modulgraphoperationen bringt aber Probleme mit sich, die wir zunächst erläutern wollen, um dann unsere Lösung dieser Probleme vorzustellen.

Die Syntax von Modula-2 (und anderer Sprachen) schreibt keine **Deklarationsreihenfolge** derart vor, daß die Deklaration von Bezeichnern immer vor der Stelle stehen muß, an der die Deklaration angewendet wird. Es gibt konsequenterweise auch keine "Forward" - Deklaration wie z.B. in PASCAL. Programme, die in Programmiersprachen geschrieben sind, die nicht eine solche Restriktion in der Deklarationsreihenfolge haben, lassen sich nicht in einem Pass analysieren.

Die dadurch entstehenden **LL(1)-Verletzungen,** bei denen die Analyse nicht durch einen festen Lookahead größer als eins fortgesetzt werden kann, lassen sich durch einen anderen Trick, nämlich unter Verwendung der Symboltabelle auflösen. Beispielsweise tritt eine solche Verletzung in Modula-2 auf, wenn ein Variablenname auf der linken Seite einer Zuweisung bzw. ein Prozeduraufruf analysiert werden soll. Da beides beliebig kompliziert aufgebaute Variablennamen sein können, läßt sich kein fester Lookahead angeben, bei dem eindeutig festgestellt werden könnte, um was es sich handelt. Hat der Parser eine Symboltabelle angelegt, so braucht er nur dort nachzusehen, wie der Bezeichner deklariert wurde und kann so feststellen, ob es sich um eine Zuweisung oder einen Prozeduraufruf handelt. In IPSEN wird die sonst in der Symboltabelle vorhandene Information im Graphen zur Verfügung gestellt. Um bei der Anwendung eines Bezeichners zu testen, ob und wie er deklariert wurde, müßte man spezielle Teilgraphentests für den Parser schreiben. Dieses Vorgehen funktioniert dann nicht mehr, wenn in dem neu einzutragenden Inkrement Deklaration und Anwendung eines Bezeichners vorkommen. Da die freie Eingabe beliebiger Inkremente erlaubt ist, ist dies ein durchaus vorkommender Fall. So bleiben nur noch die Möglichkeiten entweder doch eine Symboltabelle anzulegen oder auf die 1-Pass-Realisierung zu verzichten.

Ein ähnlich gelagertes Problem ergibt sich bei der **Analyse von Ausdrücken.** Die aus der normierten Grammatik abgeleiteten Modulgraphoperationen implizieren den Aufbau von Ausdrücken in Präfix-Notation, d.h. zuerst muß das Graphinkrement für den Operator erzeugt (Plus-Expression, Lower-Expression, ...) und in den Modulgraphen eingetragen werden, anschließend dann die beiden Operanden. Die Analyse eines Ausdrucks mit der Methode des rekursiven Abstiegs bedeutet aber, daß (zumindest in einem Pass) keine solche Präfix-Notation erzeugt werden kann.

Werden während der Analyse des eingegebenen Textes **Syntaxfehler** erkannt, muß der bis zum Auftreten des Fehlers bereits aufgebaute Teilgraph des Modulgraphen wieder gelöscht werden.

Eine Lösung aller dieser Probleme wird durch einen Verzicht auf die 1-Pass-Realisierung erzielt. Bei dieser Realisierung werden die existierenden Modulgraphoperationen verwendet, und es brauchen keine weiteren, speziell auf die Anforderungen des Parsers abgestimmten, Operationen entwickelt werden. Die zentrale Idee der in IPSEN eingesetzten **2-Pass-Realisierung** ist die folgende: Die während des rekursiven Abstiegs aufzurufenden Modulgraphoperationen werden nicht sofort ausgeführt, sondern zuerst aufgesammelt, d.h. ein Kommandostrom von Modulgraphoperationen erzeugt. Dieser Kommandostrom muß nicht sequentiell von vorne nach hinten erzeugt werden, sondern kann teilweise von hinten nach vorne aufgebaut werden. Beispielsweise wird im Fall der LL(1)-Verletzung bei einem Prozeduraufruf bzw. der linken Seite einer Zuweisung zuerst die Modulgraphoperation zum Einfügen eines Identifiers in den Kommandostrom eingetragen und später erst, vor dem Aufruf der Operation "Einfügen eines Identifiers", die Modulgraphoperation für das Einfügen eines Prozeduraufrufs bzw. einer Zuweisung eingetragen. Analog wird bei der Analyse von Ausdrücken vorgegangen.

Als Beispiel ist in Fig. III.36 der vollständig erzeugte Kommandostrom für einen Ausdruck angegeben. Durch die Operationen Push und Pop wird der Wurzelknoten des aktuellen Inkrements bestimmt. Dieser

Knoten wird bei Ausführung des Kommandostroms für alle nachfolgenden Modulgraphoperationen als Parameter verwendet, bis ein neues Push und Pop im Kommandostrom steht. In Fig. III.36 ist weiter angegeben, welchen Graphen der Kommandostrom nach seiner Ausführung erzeugt hat.

Dieses Vorgehen hat weitere Vorteile. Die Fehler in der kontextfreien Syntax werden erkannt, ohne daß eine Veränderung des Modulgraphen stattfindet. Letztere findet erst dann statt, wenn der eingegebene Quelltext keine kontextfreien Syntaxfehler mehr enthält. Das macht die kontextfreie Syntaxanalyse sehr schnell. Dies ist sinnvoll, da ein großer Teil der Fehler, die vom Benutzer bei der freien Eingabe gemacht werden, Verletzungen der kontextfreien Syntax sind. Diese Fehler können vom Benutzer bei dieser Vorgehensweise schnell korrigiert werden.

Enthält der Quelltext keine kontextfreien Syntaxfehler mehr, wird der erzeugte Kommandostrom durch einen speziellen Interpreter (wir nennen ihn **Batchinterpreter** im Unterschied zu dem noch zu erläuternden interaktiven Interpreter zur Ausführung eines Programms zu Testzwecken) interpretiert, d.h. die Modulgraphoperationen eine nach der anderen ausgeführt. Treten jetzt kontextsensitive Syntaxfehler auf, so werden diese durch die Ausführung der Modulgraphoperationen erkannt. Der bereits erfolgte Graphaufbau wird dadurch rückgängig gemacht, daß zu allen bereits ausgeführten Modulgraphoperationen die entsprechenden Löschoperationen ausgeführt werden. Diese lassen sich im einzelnen anhand des vorhandenen Kommandostroms leicht durch den Batchinterpreter bestimmen und ausführen. In /Sl 86/ wird die hier vorgestellte Lösung ausführlich mit anderen denkbaren Alternativen verglichen und motiviert, warum die gewählte Lösung die sinnvollste ist. Außerdem ist eine Realisierung des Batchinterpreters beschrieben.

Bisher haben wir nur beschrieben, wie ein neues Inkrement in der freien Eingabe eingegeben und in den Modulgraphen eingetragen wird. In der Regel ist es aber so, daß das aktuelle Inkrement geändert wird, d.h. ein bereits im Modulgraph existierendes Inkrement. Ruft der Benutzer das Kommando zur freien Eingabe (Änderung) des aktuellen Inkrements auf, wird deshalb zunächst immer das aktuelle Inkrement im Graphen gelöscht, eine Kopie des entsprechenden Teilgraphens angelegt und anschließend läuft der skizzierte Analyse- und Übersetzungsalgorithmus ab. Dieses Löschen ist natürlich nicht notwendig, wenn ein Platzhalter "geändert" wird. Die Kopie muß erzeugt werden, um dem Benutzer die Möglichkeit zu geben, eine einmal angefangene Eingabe bzw. Änderung eines Inkrements jederzeit wieder abbrechen zu können. In diesem Fall muß der Zustand des Graphen vor Beginn der freien Eingabe rekonstruiert werden können.

Das vorhergehende Löschen eines Inkrements im Graphen bei seiner Änderung hat eine tiefgreifende Konsequenz für die freie Eigabe von Deklarationen. Sie bedeutet, daß zeitweilige Inkonsistenzen beim Aufbau des Modulgraphen wie sie in Abschnitt II.1.1.2 bei der Beschreibung der Funktionalität des Editors charakterisiert wurden, erlaubt sein müssen. Ansonsten ist es nämlich nicht möglich, eine Deklaration, die bereits irgendwo im Programm verwendet wurde, auch nur vorübergehend zu löschen. Will man diese Inkonsistenzen trotzdem nicht erlauben, muß man die freie Eingabe auf Deklarationen beschränken, die entweder noch nicht angewendet wurden oder nur durch einen Platzhalter repräsentiert werden, d.h. noch gar nicht eingegeben wurden.

Quelltext:

IF A < B THEN

   ...

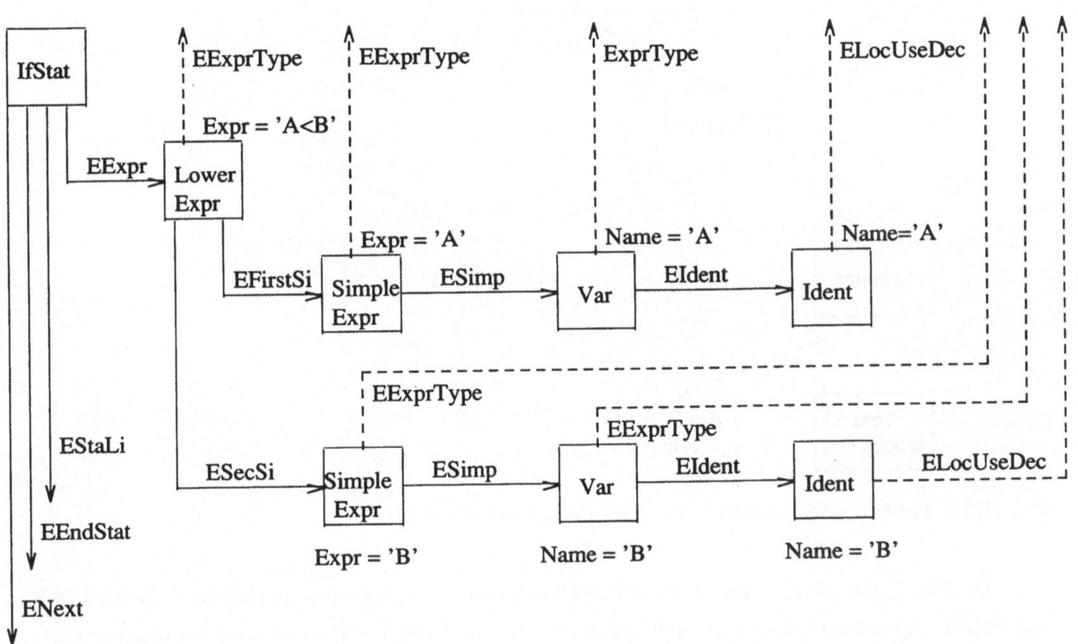

Kommandostrom:

ExtendIf

GetTargetNode (EExpr)

PushNodeNo

ExtendLowerExpr (A<B)

GetTargetNode (EFirstSi)

PushNodeNo

ExtendSimpleExpr (A)

GetTargetNode (ESimp)

PushNodeNo

ExtendVariable (A)

GetTargetNode (EIdent)

ExtendIdent (A)

PopNodeNo

PopNodeNo

GetTargetNode (ESecSi)

PushNodeNo

ExtendVariable (B)

GetTargetNode (EIdent)

ExtendIdent (B)

Fig. III.36: Vom Parser erzeugter Kommandostrom für einen Ausdruck

Damit haben wir die der Realisierung des Parsers zugrundeliegenden Strategien erläutert. Der sich daraus ergebende Entwurf ist in Fig. III.37 dargestellt.

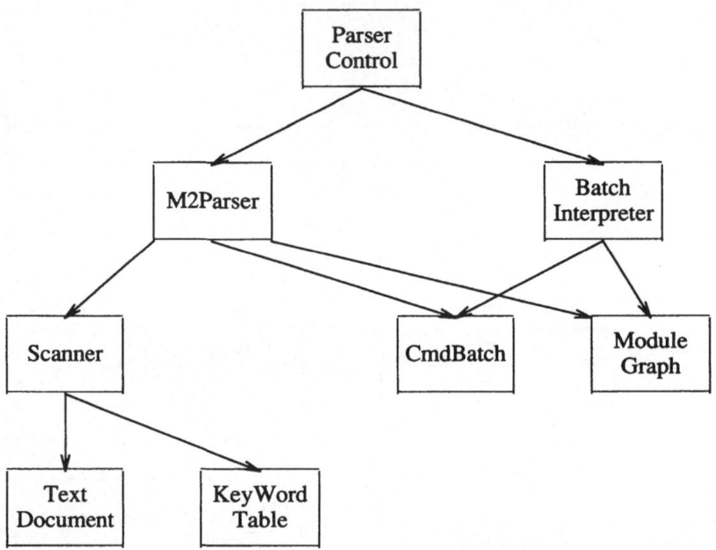

Fig. III.37: Entwurf eines rekursiven Abstiegs-Parsers in einer PEU

Das Modul **KeyWordTable** verkapselt eine Tabelle, in der zu allen Schlüsselwörtern von Modula-2 die Tokens angegeben sind. Er exportiert nur eine Ressource. Diese liefert zu einem in textueller Darstellung übergebenen Schlüsselwort das zugehörige Token zurück.

Das Modul **Scanner** verkapselt im wesentlichen den Algorithmus zur lexikalischen Analyse. Zum Einlesen des Quelltextes benutzt er die Operationen der in Abschnitt II.3.2.3.2 dargestellten Zwischendatenstruktur, die im Modul **TextDocument** verkapselt ist.

Das Modul **CmdBatch** exportiert die Operationen zum Erzeugen, Navigieren und Lesen in den Kommandoströmen von Modulgraphoperationen. Er verkapselt die Datenstruktur, durch die ein Kommandostrom gespeichert wird.

Das Modul **M2Parser** verkapselt den eigentlichen Syntaxanalysealgorithmus nach der Methode des rekursiven Abstiegs. Er exportiert eine Ressource, mit der die Analyse eines Quelltextes für ein aktuelles Inkrement initiiert wird. Diese Ressource sieht im Graphen nach, mit welchem Entry der Analysealgorithmus aufzurufen ist und löscht das aktuelle Inkrement im Graphen (falls es kein einem Platzhalter entsprechender Knoten ist). Sie liefert den Wert FALSE zurück, falls bei der Syntaxanalyse ein Fehler festgestellt wurde. Mit einer weiteren Ressource läßt sich erfragen, um was für einen Fehler es sich gehandelt hat, d.h. eine Fehlernummer wird zurückgeliefert (vgl. die Schnittstelle des Moduls in Anhang 2).

Das Modul **BatchInterpreter** letztlich führt einen mit den Ressourcen des Moduls CmdBatch erzeugten

Kommandostrom aus. Dazu stehen ihm die Leseoperationen des Moduls CmdBatch zur Verfügung. Der Modul exportiert nur zwei Ressourcen, eine um die Ausführung eines Kommandostroms zu initiieren und ggf. durch Zurückliefern des Wertes FALSE einen Syntaxfehler anzuzeigen, eine zweite um feststellen zu können, um was für einen Fehler es sich gehandelt hat. Tritt bei Ausführung eines Kommandostroms ein kontextsensitiver Fehler auf, wird die Ausführung abgebrochen und der bisher erfolgte Graphaufbau durch Aufruf entsprechender Löschoperationen rückgängig gemacht.

Die letzten beiden Module haben naheliegenderweise Zugriff auf das in 3.2 erläuterte Teilsystem Module-Graph, um die von diesem Teilsystem zur Verfügung stehenden Operationen zu benutzen, um im Modulgraphen nachsehen zu können, mit welchem Entry die Analyse begonnen werden muß und ggf. das aktuelle Inkrement zu löschen (Parser) oder um die den Einträgen in den Kommandoströmen entsprechenden Prozeduren aufzurufen (BatchInterpreter).

Die Koordination zwischen den beiden Modulen M2Parser und BatchInterpreter übernimmt ein weiterer Steuerungsmodul **ParserControl**. Dieser ruft zuerst die Ressource des Moduls Parser zum Analysieren eines eingegebenen Quelltextes auf und nach erfolgter fehlerfreier Übersetzung die Ressource des Moduls BatchInterpreter. Dieser Steuerungsmodul übernimmt auch die Initiierung der Ausgabe der Fehlermeldungen auf dem Bildschirm.

Der Unparser ist in IPSEN ebenfalls mit der bereits in Abschnitt II.3.2.3.2 beschriebenen Methode des rekursiven Abstiegs sowie der dort skizzierten graphartigen Zwischendatenstruktur realisiert worden.

3.5. Hybridinterpreter

Da alle Vorteile der in II.3.2.3.3 erläuterten interpretativen Vorgehensweise den im IPSEN-Projekt gestellten Anforderungen an ein Ausführungswerkzeug entsprechen, haben wir für die Realisierung des IPSEN-Ausführungswerkzeugs eine interpretative Vorgehensweise gewählt. Andererseits wollten wir auch die Vorteile einer effizienteren Ausführung bei Vorhandensein eines maschinennäheren Codes ausnutzen, so daß wir eine Vorgehensweise gewählt haben, die die Vorteile der interpretativen und compilativen Vorgehensweise vereint und die wir im IPSEN-Projekt deshalb **Hybridinterpreter** nennen (/ES 87/). Erste Ideen zu dieser Vorgehensweise wurden bereits in /Na 80/ diskutiert, die wiederum auf den (für Informatik-Verhältnisse) sehr frühen Arbeiten von Lock (/Lo 65/), Katzan (/Ka 69/) und Earley/Caizergues (/EC 72/) aufsetzen. Wir wollen diese Vorgehensweise im folgenden beispielhaft für die in IPSEN unterstützte Programmiersprache Modula-2 genauer erläutern.

Der Hybridinterpreter wird gesteuert durch einen **ModuleGraphInterpreter**, der die interne Darstellung eines Modula-2-Moduls, den Modulgraphen, entlang der in ihm enthaltenen Kontrollflußkanten durchläuft. Wird während dieser Graphtraversierung eine Prozedur zum ersten Mal aktiviert, wird ein **DeclarationEvaluator** aktiviert. Dieser Auswerter ist verantwortlich für die Vergabe von Adressen im Laufzeitdatenbereich für alle in dieser Prozedur deklarierten Variablen. Gemäß der bisher erläuterten Philosophie des IPSEN-Projekts, alle Informationen in dieser Datenstruktur Modulgraph abzulegen, werden auch diese berechneten relativen Distanzadressen in speziellen Attributen im Modulgraphen abgelegt. Dies bedeutet insbesondere, daß wir im Gegensatz zu anderen Projekten (/Sc 72/, /AMN 81/, /TR 81/)

darauf verzichten, eine zusätzliche Symboltabelle während der Interpretation zu halten. Alle üblicherweise in einer Symboltabelle enthaltenen Informationen werden im Modulgraphen abgelegt oder können effizient ermittelt werden. Dies gilt z.B. für die Bestimmung der tatsächlichen Speicheradresse eines Datenobjekts, das im Anweisungsteil einer Prozedur angewandt wird und global deklariert ist. Diese Speicheradresse setzt sich zusammen aus der relativen statischen Verschachtelungstiefe und der relativen Distanzadresse. Diese Angaben können schnell ermittelt werden, da im Modulgraphen zwischen einem angewandten Auftreten eines Datenobjekts und der zugehörigen Deklaration eine Folge von Kanten existiert, die mit "ELocUse/SetDec" bzw. "EGlobUse/Set" markiert sind und diesen kontextsensitiven Zusammenhang darstellen. Die Anzahl der hierbei zwischen einem angewandten Auftreten und der zugehörigen Deklaration existierenden Kanten gibt nun die relative statische Verschachtelungstiefe an. Die relative Distanzadresse befindet sich in dem oben erwähnten, zuvor berechneten Attribut.

Nach der Berechnung der relativen Distanzadresse durch den Deklarationsauswerter wird der Anweisungsteil durch den Modulgraphinterpreter durchlaufen. Hierbei wird dann beim erstmaligen Erreichen eines sogenannten Ausführungsinkrements ein **CodeGenerator** angestoßen, der dieses Ausführungsinkrement in eine maschinennähere Form übersetzt. Derartige Ausführungsinkremente sind z.B. Zuweisungsanweisungen oder boolesche Ausdrücke in bedingten Anweisungen bzw. Schleifenanweisungen. Auch diese einmal erzeugten maschinennäheren Codestücke werden im Modulgraphen für eine zu wiederholende Ausführung in speziellen Attributen aufgehoben. Nachdem durch den Codegenerator die Übersetzung eines Ausführungsinkrements abgeschlossen ist, wird vom Modulgraphinterpreter ein zweiter Interpreter, der **ObjectCodeInterpreter,** angestoßen, der dieses Codestück dann interpretiert, d.h. die Laufzeitdatenstruktur verändert. Da diese Laufzeitdatenstruktur nur temporär während der Ausführung existiert, ist sie nicht im Modulgraph enthalten, sondern wird als eigene Datenstruktur im Hauptspeicher gehalten. Falls während der Ausführung eine Prozedur ein zweites Mal aktiviert wird oder ein Ausführungsinkrement ein zweites Mal ausgeführt werden soll, kann auf die im Modulgraphen abgelegten Informationen zurückgegriffen werden, so daß vom Modulgrapheninterpreter unmittelbar der Objektcode-Interpreter angestoßen wird. Andererseits werden nur für diejenigen Prozedurdeklarationen Adressen berechnet bzw. nur für diejenigen Ausführungsinkremente Code generiert, die auch tatsächlich während der Ausführung erreicht werden. Dadurch wird unnötiger Compilationsaufwand vermieden. Figur III.38 veranschaulicht die verschiedenen Komponenten des Hybridinterpreters.

Wie es bei der Ausführung prozedurorientierter Programmiersprachen üblich ist, ist der Objektcode-Interpreter und die Laufzeitdatenstruktur in der Form einer **abstrakten Stackmaschine** realisiert, die eine Erweiterung der P-Code-Maschine darstellt (/PD 82/).

Die **Maschinenbefehle** sind typisiert und abgestimmt auf die in Modula-2 vordefinierten Standarddatentypen und arithmetischen Operationen. Weiterhin werden die üblichen P-Code-Befehle um spezielle Kontrollbefehle erweitert, durch die die Kontrolle vom Objektcode-Interpreter zum Modulgraphinterpreter zurückgegeben wird, wenn die Interpretation eines übersetzten Ausführungsinkrements abgeschlossen ist und der Modulgraphinterpreter im Modulgraphen das nächste Ausführungsinkrement zu bestimmen hat (näheres hierzu in /Sa 86/).

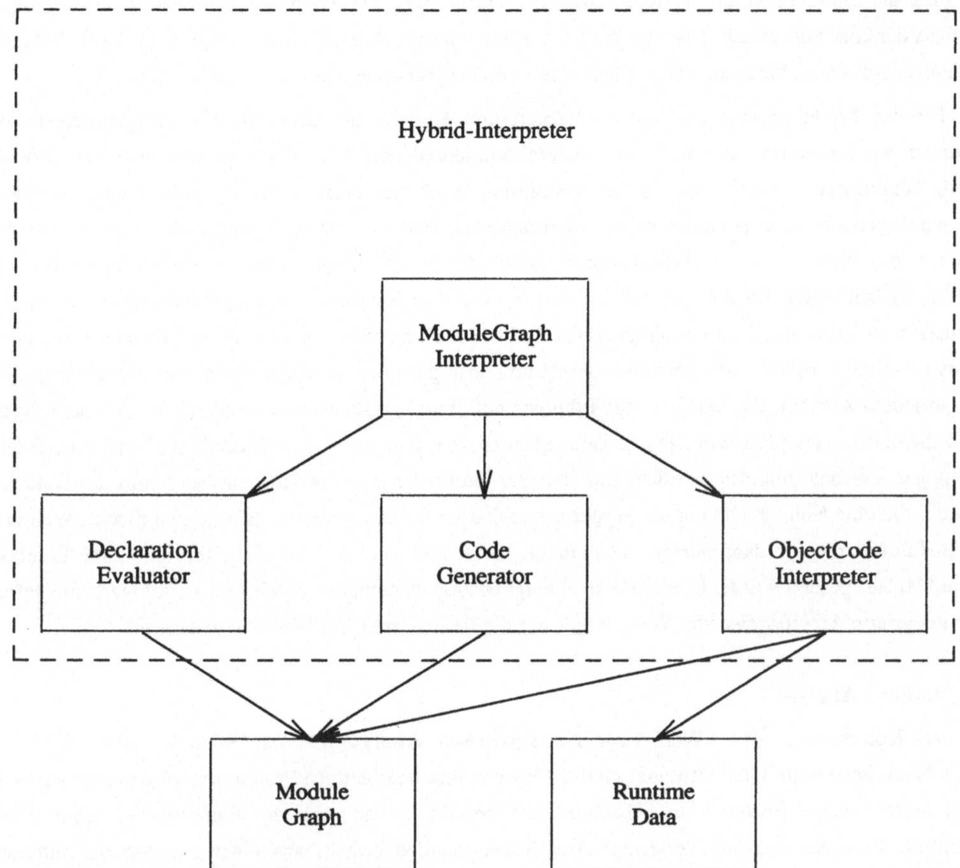

Fig. III.38: Architektur des Hybridinterpreters

Die **Laufzeitdatenstruktur**, verkapselt im Modul **RuntimeData**, gliedert sich in einen Laufzeitkeller zur Verwaltung der Datenbereiche bei der Ausführung von Prozeduren, in einen Laufzeitheap zur Verwaltung dynamischer Datenobjekte und in sogenannte modullokale Datenbereiche, in denen zu jedem Modul die lokal definierten Datenobjekte verwaltet werden. Diese Architektur der Laufzeitdatenstruktur entspricht der an der ETH Zürich speziell für die Ausführung von Modula-2-Programmen entwickelten Lilith-Maschine (vgl. /Wi 81/).

Die Verwendung eines abstrakten Maschinencodes anstelle des realen Maschinencodes hat den Vorteil, daß die Realisierung des Hybridinterpreters unabhängig von der Zielmaschine ist und somit ohne Probleme portiert werden kann. Um die Ausführungsgeschwindigkeit weiter zu steigern, ist es jedoch durchaus denkbar, den Objektcodegenerator und -interpreter durch einen entsprechenden **Maschinencodegenerator und -interpreter** zu ersetzen. An dieser Stelle sei jedoch noch einmal daran erinnert, daß eine PEU die Entwicklung eines Programms unterstützen soll. Nach Beendigung der Entwicklung ist es durchaus denkbar und üblich, das erstellte Programm einem herkömmlichen Compiler zu übergeben, der effizient ausführbaren Maschinencode für das gesamte Programm erzeugt.

Die im Modulgraphen enthaltenen Kanten und Knoten zur Darstellung kontextsensitiver Beziehungen werden unmittelbar nach einer Edieraktion aktualisiert. Eine derartige inkrementelle Aktualisierung könnte man auch auf die für die Ausführung benötigten Adreß- und Code-Attribute anwenden. Dies würde jedoch einen erheblichen Aufwand bedeuten, der u.U. gar nicht ausgenutzt wird, da vor der nächsten Ausführung weitere Edieraktionen stattfinden. Aus diesem Grunde werden diese für die Ausführung benötigten Attribute erst aktualisiert, wenn sie auch wirklich benötigt werden (vgl. hierzu die Diskussion zu Kriterium 2 im Paragraphen II.2.1) Dazu muß man dann jedoch an dem Graphen erkennen, ob das jeweilige Attribut schon berechnet wurde und noch gültig ist. Dies geschieht durch ein zusätzliches Flag an jedem Attribut, das während des Edierens auf "false" gesetzt wird, wenn der Modulgraph durch eine Edieraktion verändert wird. Dabei kann es passieren, daß durch eine Edieraktion auch eine Reihe abhängiger Attribute ungültig werden. Ein Beispiel hierfür ist insbesondere eine Änderung im Deklarationsteil, die eine Neuberechnung der vergebenen relativen Distanzadressen erforderlich macht. Während der Ausführung müssen dann nur die Attribute neu berechnet werden, deren Flag aufgrund einer Edieraktion auf "false" gesetzt wurde. Dieses Beispiel zeigt besonders deutlich, welche Auswirkungen eine geforderte integrierte Arbeitsweise von Werkzeugen auf die Realisierung der Werkzeuge hat.

3.6. Statische Analyse

Mit den Kommandos eines Werkzeugs zur **statischen Analyse** hat der Benutzer einer PEU die Möglichkeit, bestimmte Qualitätseigenschaften des von ihm bearbeiteten Programms zu untersuchen. Wir haben hierzu einige Beispiele im Abschnitt II.1 bei der Erläuterung der Funktionalität einer PEU aufgeführt. Eine Realisierung derartiger Analysekommandos besteht aus einer Analyse der internen abstrakten Darstellung des Programms. Wie wir im Paragraphen II.2.1 bei der Diskussion von Kriterium 1 erläutert hatten, hängt es von der Feinheit der Struktur des Datenmodells ab, ob eine derartige Analyse durch einfache, direkt lesende Zugriffe auf die Datenstruktur realisiert werden kann oder ob die gesuchte Information durch umfangreiche Analysealgorithmen ermittelt werden muß.

Wir haben erläutert, daß der syntaxgestützte Editor in IPSEN neben der kontextfreien auch stets die kontextsensitive Korrektheit des aktuell bearbeiteten Programms gewährleistet. Um dies effizient realisieren zu können, werden in der internen Datenstruktur Modulgraph neben der kontextfreien Struktur auch kontextsensitive Zusammenhänge unmittelbar ausgedrückt und stets inkrementell aktualisiert. Wir wollen in diesem Abschnitt nun beispielhaft für zwei Kommandos der statischen Analyse erläutern, wie sie mit Hilfe dieser Datenstruktur Modulgraph effizient realisiert werden können. Insbesondere wollen wir hierbei den Trade-off zwischen einfachen Lesezugriffen auf die Datenstruktur und aufwendigeren Analysealgorithmen deutlich machen. Dem Leser wird dann auch deutlich werden, wie aufwendig eine Realisierung derartiger Analysekommandos wird, wenn man sich auf einen abstrakten Syntaxbaum als interne Datenstruktur beschränkt, in dem nur die kontextfreie Struktur eines Programms unmittelbar dargestellt wird.

Das erste Kommando der statischen Analyse, deren Realisierung wir hier näher untersuchen wollen, hat die Aufgabe, zu einer Prozedurdeklaration P alle Variablen zu bestimmen, die zu dieser Prozedur P **global deklariert** sind und bei Aufruf dieser Prozedur P gesetzt oder benutzt werden können, also "dynamisch anwendbar" sind. Dieses Kommando ist sinnvoll um herauszufinden, ob bei Aufruf einer Prozedur unerwünschte Seiteneffekte auftreten können. Hierbei können drei Situationen unterschieden werden:

a)   die angewandten Auftreten befinden sich im Rumpf von P

b)   die angewandten Auftreten befinden sich im Rumpf einer Prozedur P', die lokal zu P deklariert ist

c)   die angewandten Auftreten befinden sich im Rumpf einer Prozedur Q, die global zu P deklariert ist und im Rumpf von P aufgerufen wird.

Die Figur III.39 stellt diese drei Situationen dar.

```
MODULE Main;
    VAR A, B, C: ...;
    PROCEDURE Q;
    BEGIN
        C := ...;           (* Situation c *)
    END Q;
    PROCEDURE P;
        PROCEDURE P';
        BEGIN
        B := ...;           (* Situation b *)
        END P';
    BEGIN
        A := ...;           (* Situation a *)
        P';
        Q
    END P;
BEGIN
    ...
END Main.
```

Figur III.39: Angewandtes Auftreten global deklarierter Datenobjekte

Bei einer Analyse der Prozedur P, welche global deklarierten Variablen beim Aufruf von P angewandt werden könnten, würden in dem in Figur III.39 angegebenen Beispiel die drei Variablen A, B und C herausgefunden.

Zum Verständnis einer Realisierung dieses Analysekommandos sei hier noch einmal daran erinnert, daß im Modulgraphen an jedem Prozedurdeklarationsknoten eine Liste mit Kopien von Datenobjektbezeichnern ("VarCopyList") existiert, in der alle Datenobjektbezeichner auftreten, die im Rumpf dieser Prozedur oder statisch tiefer liegenden Prozedurdeklarationen angewandt werden. Wir hatten dies ausführlich im Abschnitt 2.1.3 erläutert. Weiter gehen wir davon aus, daß eine analoge Liste ("ProcCopyList") auch für alle Prozedurbezeichner existiert, die im Rumpf dieser Prozedur oder statisch tiefer liegenden Prozedurdeklarationen aufgerufen werden.

Vergleicht man die oben angesprochenen drei Situationen mit dem Informationsgehalt dieser beiden Listen, erkennt man, daß die VarCopyList unmittelbar die ersten beiden Situationen a) und b) abdeckt. Das heißt, daß durch einen einfachen, lesenden Zugriff auf die im Modulgraphen an der analysierten Prozedurdeklaration stehende VarCopyList alle Variablen ermittelbar sind, die im Rumpf dieser Prozedur oder statisch tiefer liegenden Prozedurdeklarationen statisch angewandt werden und damit auch dynamisch anwendbar sind. Um nun alle bei Aufruf der Prozedur P dynamisch anwendbaren globalen Variablen zu bestimmen, ist nur noch der transitive Abschluß über alle zu P global deklarierten und bei Aufruf von P dynamisch aktivierbaren Prozeduren durchzuführen. Alle diese Prozedurbezeichner befinden sich in der an der Prozedurdeklaration von P befindlichen ProcCopyList. Dieser transitive Abschluß wird durch den Algorithmus realisiert, der in einer pseudo-programmiersprachlichen Notation in Fig. III.40 angegeben wird.

```
PROCEDURE DetermineGlobalDataObjects ( ActProc : Node );
BEGIN
    FOR ALL VarIdent IN VarCopyList OF ActProc DO
       GlobalObjects := GlobalObjects + { VarIdent }
    END;
    VisitedProcedures := VisitedProcedures + { ActProc };
    FOR ALL ProcIdent IN ProcCopyList OF ActProc DO
       NextProc := DeclarationNode OF ProcIdent;
       IF NextProc NOT IN VisitedProcedures THEN
          DetermineGlobalDataObjects( NextProc )
       END;
    END;
END DetermineGlobalDataObjects;
```

Fig. III.40: Analysealgorithmus zur Ermittlung global deklarierter Datenobjekte

In der Variablen GlobalObjects werden die ermittelten, global deklarierten Datenobjekte abgelegt. In der Menge VisitedProcedures werden die Deklarationsknoten der untersuchten Prozeduren abgelegt, so daß jede Prozedur nur ein einziges Mal untersucht wird und z.B. bei rekursiven Prozeduren ein Abbruchkriterium für den obigen Algorithmus vorliegt.

Die Realisierung dieses Analysekommandos verdeutlicht noch einmal den im Paragraphen II.2.1 bei Kriterium 1 diskutierten Trade-off und die hier gewählte **Mischung zwischen einer algorithmus- und datenstrukturorientierten Realisierung** einer Zugriffsoperation. Während die zu einer Prozedurdeklaration global deklarierten Datenobjekte und Prozeduren in der Datenstruktur in Listen von Kopien abgelegt und bei einer Veränderung der Datenstruktur sofort aktualisiert werden, wird der transitive Abschluß über aufgerufene, global deklarierte Prozeduren erst bei Aktivierung des Kommandos durch einen entsprechenden Algorithmus durchgeführt. Bei einer rein datenstrukturorientierten Vorgehensweise müßte an jeder Prozedurdeklaration das Ergebnis eines solchen transitiven Abschlusses abgelegt werden. Dies bedeutete jedoch einen hohen Aktualisierungsaufwand bei einer Änderung des Modulgraphen.

Ein zweites Kommando der statischen Analyse, dessen Realisierung hier näher erläutert werden soll, hat die Funktion, zu einem deklarierten Datenobjekt dem Benutzer **alle setzenden und benutzenden Auftreten** dieses Datenobjekts zu zeigen. Damit der Benutzer verfolgen kann, wo sich diese angewandten Auftreten im Quelltext befinden, sollen die entsprechenden Stellen dem Benutzer in textueller Reihenfolge angezeigt werden.

Zum Verständnis einer Realisierung dieses Analysekommandos sei auch hier zunächst noch einmal daran erinnert, daß im Modulgraphen die kontextsensitive Beziehung zwischen der Deklaration eines Datenobjekts und der Stelle des angewandten Auftretens durch eine bzw. eine Folge von Kanten explizit dargestellt wird (vgl. hierzu Abschnitt 2.1.3). Dies geschieht bei lokalen angewandten Auftreten durch die beiden Kantenarten "ELocSetDec" bzw. "ELocUseDec" und bei globalen angewandten Auftreten zusätzlich durch Kopien der Bezeichnerknoten in einer VarCopyList und die beiden Kantenarten "EGlobSet" bzw. "EGlobUse" (siehe hierzu insbesondere Figur III.15). Somit existiert an der Deklarationsstelle eines Datenobjektbezeichners zu jedem angewandten Auftreten dieses Bezeichners genau eine einlaufende, derartig markierte Kante. Allerdings berücksichtigt dieses Kantenbündel nicht die textuelle Reihenfolge der angewandten Auftreten, so daß diese durch einen expliziten Durchlauf des Anweisungsteils in textueller Reihenfolge ermittelt werden muß. Dies bedeutet, daß ausgehend von der Programmeinheit (Modul bzw. Prozedur), in deren Deklarationsteil das zu untersuchende Datenobjekt deklariert ist, der Anweisungsteil dieser Programmeinheit und aller lokalen Prozedurdeklarationen in textueller Reihenfolge nach angewandten Auftreten zu durchsuchen sind. Durch die Existenz der oben erwähnten Kanten und Knoten kann dieser im allgemeinen Fall zeitlich sehr aufwendige Suchalgorithmus erheblich effizienter realisiert werden. Zunächst einmal müssen nur die Anweisungsteile untersucht werden, in denen mindestens eine mit "ELocSetDec" bzw. "ELocUseDec" markierte Kante zum Deklarationsknoten bzw. zu einer entsprechenden Kopie in einer VarCopyList existiert. Außerdem muß der Suchalgorithmus nur auf solche lokalen Prozedurdeklarationen ausgedehnt werden, bei denen eine Kopie in der VarCopyList und eine mit "EGlobUse" bzw. "EGlobSet" markierte Kante existiert.

Der Algorithmus zur Ermittlung aller angewandten Auftreten eines Datenobjekts in textueller Reihenfolge hat in pseudo-programmiersprachlicher Notation die in Fig. III.41 angegebene Gestalt.

Im ersten Teil werden zunächst alle lokalen Anwendungsstellen in der Menge `SetOfNodes` aufgesammelt. Dann wird der Anweisungsteil der aktuellen Prozedurdeklaration in textueller Reihenfolge

```
PROCEDURE ShowAllOccurrences (ProcDecl : Node;
                             ActIdent : Node );

VAR Exists                               : BOOLEAN;
    SetOfNodes, SetOfOccurrences         : NodeSet;
    ActOccurrence, Statement             : Node;
    LocalProcDecl, VarCopyList, CopyNode : Node;

BEGIN

    (* Teil 1 *)
    SetOfNodes := MGGetAllSourceNodes( ActIdent, ELocSetDec );
    MGGetAllSourceNodes( ActIdent, ELocUseDec );
    MGGetFirstStatement( ProcDecl, Statement, Exists );
    WHILE Exists AND (SetOfNodes not empty) DO
       MGGetAllOccurrences( Statement, ActIdent, SetOfOccurrences );
       FOR ALL ActOccurrence IN SetOfOccurrences DO
         SetOfNodes := SetOfNodes - { ActOccurrence };
          DisplayOccurrence( ActOccurrence )
       END;
       MGGetNextStatement( Statement, Exists );
    END;

    (* Teil 2 *)
    SetOfNodes := MGGetAllSourceNodes( ActIdent, EGlobUse );
    MGGetAllSourceNodes( ActIdent, EGlobSet );
    MGGetFirstLocalProcDecl( ProcDecl, LocalProcDecl, Exists );
    WHILE Exists AND (SetOfNodes not empty) DO
       MGGetVarCopyListNode( LocalProcDecl, VarCopyList );
       IF MGTestAndGetCopyNode( VarCopyList, ActIdent, CopyNode) THEN
          SetOfNodes := SetOfNodes - { CopyNode };
          ShowAllOccurrences( LocalProcDecl, CopyNode )
       END;
       MGGetNextLocalProcDecl( LocalProcDecl, Exists )
    END
END ShowAllOccurrences;
```

Fig. III.41: Analysealgorithmus zur Ermittlung aller angewandten Auftreten

durchlaufen. Bei jeder Anweisung wird überprüft, ob ein angewandtes Auftreten des aktuellen Datenobjekts `ActIdent` vorliegt. Dies liegt z.B. vor, wenn der Bezeichner von `ActIdent` in der linken oder rechten Seite einer Zuweisungsanweisung angewandt wird. Jedes gefundene angewandte Auftreten wird aus `SetOfNodes` entfernt. Dies hat zur Folge, daß die Suche vorzeitig abgebrochen werden kann, sobald `SetOfNodes` keine Elemente mehr enthält und somit durch die Prozedur `DisplayOccurrence` dem Benutzer alle angewandten Auftreten in diesem Anweisungsteil angezeigt wurden. Im zweiten Teil werden alle lokalen Prozedurdeklarationen untersucht. Auch hier werden zunächst in der Menge `SetOfNodes` alle Kopien des untersuchten Bezeichners in den VarCopyListen der lokalen Prozedurdeklarationen aufgesammelt. Danach wird durch einen rekursiven Aufruf des Analysealgorithmus die Suche auf die lokalen Prozedurdeklarationen `LocalProcDecl` ausgedehnt, in denen eine Kopie (`CopyNode`) des aktuellen Bezeichners (`ActIdent`) in der VarCopyList steht. Bei jedem rekursiven Aufruf wird die entsprechende Kopie aus der Menge `SetOfNodes` herausgenommen, so daß die gesamte Suche abgebrochen werden kann, wenn diese Menge leer ist.

Auch dieser Algorithmus macht noch einmal deutlich, wie die während des Edierens im Modulgraphen inkrementell abgelegte Information benutzt werden kann, um komfortable, für den Benutzer hilfreiche Analysekommandos effizient zu realisieren. Insbesondere eröffnen die zur Darstellung kontextsensitiver Zusammenhänge im Modulgraphen enthaltenen Kanten neue Pfade im Modulgraphen, über die im Analysealgorithmus der Graph durchlaufen werden kann. Dies vermindert ein aufwendiges Durchschieben von Attributwerten entlang der kontextfreien Baumstruktur, wie es in attributierten abstrakten Syntaxbäumen der Fall ist (vgl. hierzu /RTD 83/).

3.7. Test-/Debugging-Unterstützung

Ein Werkzeug zur Test- und Debugging-Unterstützung sollte in einer PEU in sehr enger Verzahnung mit dem Ausführungswerkzeug realisiert werden und ist deshalb stark abhängig von der hierfür gewählten Realisierung. Nachdem wir im vorletzten Abschnitt ausführlich die Realisierung des Ausführungswerkzeugs im IPSEN-Projekt erläutert haben, setzen wir diese beispielhafte Erläuterung nun auch bei der Erläuterung der Realisierung der Test- und Debugging-Werkzeuge in IPSEN fort.

Aufgrund der gewählten interpretativen Vorgehensweise beim IPSEN-Ausführungswerkzeug ist eine integrierte Arbeitsweise aller Werkzeuge problemlos zu realisieren. Das bedeutet insbesondere, daß bei einer Unterbrechung der Ausführung ein anderes Werkzeug aktiviert werden kann und anschließend (in der Regel) die Ausführung fortgesetzt werden kann. Im Abschnitt II.1.1.4 haben wir zwischen vier verschiedenen Möglichkeiten der Unterbrechung unterschieden, nämlich der impliziten, kontrollierten, automatischen und manuellen Unterbrechung.

Eine **implizite Unterbrechung** liegt vor, wenn während der Ausführung z.B. ein Laufzeitfehler auftritt oder eine noch existierende Lücke im Quelltext erreicht wird. Aufgrund unseres interpretativen Ansatzes können solche Unterbrechungen unmittelbar im Interpreter realisiert werden. Das Erreichen einer Quelltextlücke wird z.B. dadurch erkannt, daß der im Hybridinterpreter enthaltene Modulgraphinterpreter bei der Bestimmung des nächsten Ausführungsinkrements auf einen noch nicht expandierten Platzhalterknoten im Modulgraphen stößt. Da dem Hybridinterpreter stets das aktuelle Ausführungsinkrement bekannt ist, kann weiterhin dem IPSEN-Benutzer auch genau die Unterbrechungsposition im Quelltext (zusammen mit einer entsprechenden Meldung) angezeigt werden. Wurde die Ausführung an einer Quelltextlücke unterbrochen, kann der IPSEN-Benutzer mit Hilfe des Editors diese Lücke füllen. Während dieser Zeit wird die Ausführung unterbrochen, d.h. die Laufzeitdatenstruktur aufgehoben, so daß die Interpretation anschließend fortgesetzt werden kann. Bei jeder anderen Änderung des Quelltextes wird die Ausführung abgebrochen.

Neben diesen implizit im Programm enthaltenen Unterbrechungspunkten kann der Benutzer auch explizite Unterbrechungspunkte setzen, um dadurch eine **kontrollierte Unterbrechung** zu erhalten. Diese expliziten Unterbrechungspunkte werden durch unbedingte oder bedingte Unterbrechungsanweisungen definiert (vgl. Abschnitt II.1.1.4). Da diese Unterbrechungsanweisungen sowohl im Quelltext dargestellt werden (vgl. Fig. III.5), als auch bei der Interpretation beachtet werden sollen, müssen sie im Modulgraphen abgelegt werden. Hierbei bieten sich verschiedene Möglichkeiten an:

- Ablage in einem zusätzlichen Attribut

- Erweiterung der Sprache durch Einführung einer neuen Graphinkrementart

- Simulation durch bereits vorhandene Graphinkrementarten

Da z.B. in bedingten Unterbrechungsanweisungen boolesche Ausdrücke enthalten sind, die bei der Ausführung ausgewertet werden müssen, ist es naheliegend, derartige Ausdrücke wie beliebige Modula-2-Ausdrücke im Modulgraphen abzulegen. Dies bewirkt, daß die entsprechenden kontextsensitiven Kanten gezogen werden und so bei der Ausführung wie üblich P-Code für diese Ausdrücke erzeugt werden kann. Dies zeigt, daß auf jeden Fall eine Darstellung durch ein Graphinkrement einer reinen Attributdarstellung vorzuziehen ist. Weiterhin ergeben sich die wenigsten Änderungen, wenn die bereits existierenden Graphinkrementarten benutzt werden, die dann nur als zusätzliche Kennung ein Attribut erhalten, in dem vermerkt ist, ob es sich um ein herkömmliches Modula-2-Graphinkrement handelt oder nicht. Dadurch ist es dann z.B. dem Unparser möglich zu erkennen, ob das Graphinkrement ein Modula-2-Sprachkonstrukt darstellt oder die Simulation einer Unterbrechungsanweisung ist.

Eine Unterbrechungsanweisung wird analog intern als Aufruf einer zusätzlich vordefinierten Prozedur "Break" realisiert. Hierzu ist nachzutragen, wie der Aufruf vordefinierter Modula-2-Prozeduren im Hybridinterpreter realisiert ist: Wird bei der Bestimmung des nächsten Ausführungsinkrements durch den Modulgraphinterpreter der Aufruf einer vordefinierten Prozedur erreicht, wird dieser Prozeduraufruf realisiert durch Aufruf einer vordefinierten Prozedur der Programmiersprache, mit der der Interpreter realisiert ist. (Dies ist in IPSEN besonders einfach, weil sowohl die zu unterstützende Programmiersprache als auch die Realisierungssprache Modula-2 ist.) Dies bedeutet, daß der Aufruf vordefinierter Prozeduren bei der Interpretation erkannt wird und somit beim Aufruf der Prozedur "Break" die Ausführung unterbrochen werden kann, um dem Benutzer zunächst die Aktivierung anderer Werkzeuge zu ermöglichen. Bei bedingten Unterbrechungsanweisungen ist die Unterbrechung abhängig von einer angegebenen Zusicherung in Form eines bedingten Ausdrucks. Aus diesem Grunde können diese

Unterbrechungsanweisungen naheliegenderweise als einseitig bedingte Anweisungen dargestellt werden. Da die Ausführung unterbrochen werden soll, wenn die Bedingung nicht erfüllt ist, wird die Prozedur "Break" im else-Teil aufgerufen. Das Beispiel aus Figur III.5 würde dann intern wie in Fig. III.42 dargestellt aufgefaßt und entsprechend im Modulgraphen realisiert.

<table>
<tr><td>externe Darstellung:</td><td>aufgefaßt als:</td></tr>
</table>

```
    . . .                              . . .
  (# assert:  ActLength > 0 #)       IF ActLength > 0 THEN
     (# break #)                     ELSE
  (# end assert #)                      Break
    . . .                            END;
                                       . . .
```

Fig. III.42: Interne Realisierung einer bedingten Unterbrechungsanweisung

Die Realisierung der Bedingung in einer bedingten Unterbrechungsanweisung als Bedingung in einer if-Anweisung bewirkt, daß alle kontextsensitiven Kanten im Modulgraphen gezogen werden. Die Auswertung der Bedingung und damit die Überprüfung, ob die Ausführung an dieser Stelle zu unterbrechen ist, geschieht somit in der gleichen Art und Weise wie die übrige Interpretation. Die Eingabe der Bedingung geschieht durch den IPSEN-Benutzer in freier Eingabe. Die eingegebene Bedingung wird vom Parser analysiert und in den Modulgraphen eingetragen. Insgesamt bedeutet dies, daß bei der Realisierung der Unterbrechungsanweisungen auf die vorhandenen Komponenten Editor, Parser, Unparser und Hybridinterpreter zurückgegriffen wird.

Um eine **automatische Unterbrechung** der Ausführung zu erreichen, hat der IPSEN-Benutzer die Möglichkeit, verschiedene Ausführungsmodi zu definieren. Das heißt, er kann festlegen, bei welchem Ausführungsinkrement das nächste Mal die Ausführung unterbrochen werden soll (vgl. Abschnitt II.1.1.4). Es ist offensichtlich, daß diese Art der Unterbrechung ebenso wie die **manuelle Unterbrechung,** ausgelöst durch Drücken einer speziellen Unterbrechungstaste, im Modulgraphinterpreter des Hybridinterpreters unmittelbar realisiert werden kann.

Zusammenfassend heißt dies, daß die gesamte Testunterstützung durch Erweiterungen bereits bestehender Komponenten realisiert wird. Hierzu gehört insbesondere:

- Erweiterung der Funktionalität des Modulgraphinterpreters und

- Erweiterung des Modulgraphen durch Darstellung von Testanweisungen durch übliche Modula-2-Graphinkremente, gekennzeichnet durch ein zusätzliches Attribut.

Damit kann auch die Realisierung des Ein- bzw. Ausschaltens einer **Testumgebung** im Modulgraphinterpreter realisiert werden. Bei ausgeschalteter Testumgebung werden die Ergänzungen im Modulgraphen überlesen (z.B. bei der Bestimmung des nächsten Ausführungsinkrements) und auch der Unparser wird geeignet angestoßen, so daß alle Ergänzungen des Quelltextes (z.B. Unterbrechungsanweisungen) nicht dargestellt werden.

Zwei wichtige Beispiele für **Debugging-Kommandos** (vgl. Abschnitt II.1.1.5) waren die Ausgabe des Werts einer vom Benutzer selektierten Variablen oder die Ausgabe eines vollständigen Speicherauszugs. Hierbei wird der Benutzer beim ersten Kommando bei der Eingabe zusammengesetzter Variablenbezeichner vom System unterstützt. Das heißt, falls der bisher eingegebene Bezeichner einen komplexen Datentyp (z.B. ARRAY, RECORD) kennzeichnet, werden dem Benutzer die relevanten Typdeklarationen angezeigt. Dies erleichtert es dem Benutzer, den Bezeichner schrittweise zu einem Variablenbezeichner eines Objekts eines elementaren Typs zu verlängern (z.B. CARDINAL), deren aktueller Wert dann aus dem Laufzeitdatenbereich ermittelt und dem Benutzer angezeigt werden kann. Auch hier können die zur Realisierung des Kommandos benötigten Informationen (zugehöriger Typ bzw. Adresse) am einfachsten ermittelt werden, wenn der eingetippte Bezeichner wie bei einer Editoraktion in den Modulgraphen eingetragen wird (z.B. auf der linken Seite einer Zuweisungsanweisung). In diesem Fall wird, wie bei allen Editoraktionen, sofort überprüft, ob der eingetragene Bezeichner syntaktisch korrekt und an der aktuellen Position gültig und sichtbar ist. Derartige kontextsensitive Beziehungen werden durch entsprechende Kanten ("ELocUse/SetDec" bzw. "EGlobUse/Set") im Modulgraphen dargestellt. Ebenso wird eine "EVarType"-Kante zur entsprechenden Typdefinition gezogen. An Hand dieser Kanten können dann unmittelbar Adresse und Typ des eingegebenen Variablenbezeichners ermittelt werden. Falls der bisher eingegebene Variablenbezeichner kein Objekt eines elementaren Datentyps kennzeichnet, können ausgehend von dem Knoten im Modulgraphen, der den aktullen Typ des Bezeichners angibt, über "EType"-Kanten alle relevanten Typdefinitionen ermittelt und dem Benutzer durch einen entsprechenden Unparsingprozeß in textueller Form angezeigt werden.

Bei der Realisierung des Kommandos zur **Ausgabe des gesamten Laufzeitdatenbereichs** kommt erschwerend hinzu, daß hier die Bezeichner der einzelnen Datenobjekte nicht vom Benutzer vorgegeben werden, sondern bei zusammengesetzten Variablenbezeichnern aus den Typdeklarationen automatisch zusammengesetzt werden müssen. Diese Konstruktion ist somit auch ein spezieller Unparsingprozeß, der allerdings aufwendiger ist als der im Abschnitt II.3.2.3.2 erläuterte Unparser zur Quelltexterzeugung. So muß z.B. bei Feldern der Variablenbezeichner mit verändertem Indexwert wiederholt angezeigt werden (vgl. Fig. III.4) oder z.B. der Bezeichner bei varianten Verbunden in Abhängigkeit von dem aktuellen Wert des Diskriminators konstruiert werden (näheres hierzu in /En 86/).

Als letzte Möglichkeit der Test- und Debugging-Unterstützung wurden im Abschnitt II.1.1.5 verschiedene Möglichkeiten erwähnt, als Benutzer eine Statistik über Laufzeit und Speicherplatzausnutzung zu erhalten. Die hierbei während der Ausführung zu verwaltenden Zähler können unterteilt werden in **globale** und **lokale Zähler.** Globale Zähler, z.B. zur Bestimmung aller bisher ausgeführten Anweisungen, können leicht im Modulgraphinterpreter durch eine zusätzliche Zählervariable realisiert werden. Die Realisierung lokaler Zähler ist etwas aufwendiger. Als Beispiel betrachten wir einen Schleifenzähler, durch den die Anzahl der Durchläufe einer bestimmten Schleife gezählt werden soll. In diesem Fall muß die entsprechende Schleife im Modulgraphen gekennzeichnet werden und der Schleifenzähler mit einem vom Benutzer frei wählbaren Namen bezeichnet werden, über den dann auch Anfragen an den aktuellen

Wert dieses Schleifenzählers gemacht werden können (vgl. Fig. III.43). Um derartige Schleifenzähler wie übliche Programmvariable behandeln zu können, wird bei der Realisierung des Schleifenzählers auf bekannte Edieraktionen zurückgegriffen. Fig. III.43 verdeutlicht, wie die interne Realisierung des Schleifenzählers aufgefaßt wird.

externe Darstellung: aufgefaßt als:

```
PROCEDURE ...                         PROCEDURE ...

    ...                                   ...
                                          VAR Schleife : CARDINAL;
BEGIN                                 BEGIN

    ...                                   ...
    (# loop counter: Schleife #)          Schleife := 0;
    WHILE X >= 0 DO                       WHILE X >= 0 DO
                                          Schleife := Schleife + 1;

    ...                                   ...
    END;                                  END;


END ...                               END ...
```

Fig. III.43: Interne Darstellung eines Schleifenzählers

Natürlich müssen auch hier die Modulgraphbestandteile zur Darstellung des Schleifenzählers durch ein zusätzliches Attribut gekennzeichnet werden, damit der Unparser eine entsprechende Quelltextdarstellung erzeugt und nur bei eingeschalteter Testumgebung dieser Schleifenzähler während der Ausführung beachtet wird.

3.8. Ablaufsteuerung

Die Ablaufsteuerung in IPSEN ist entsprechend dem in Abschnitt II.3.2.4 erläuterten Vorgehen und damit durch die Moduln Kommandoeingabe, Zentrale Steuerung und Viewverwaltung realisiert worden. Der in Abschnitt 3.3 angesprochene Editorkontrollbaustein entspricht dem Modul Editorsteuerung in Fig. II.50, das natürlich zusätzlich eine Benutztbeziehung zu dem Teilsystem ModuleGraph hat. Gleiches gilt für die in diesem Kapitel erläuterten Moduln bzw. Teilsysteme Parser, Statische Analyse und Hybridinterpreter. Analog zu diesen wird auch der die Debugging-Kommandos anbietenden, gerade erläuterte Modul Test/Debugging in die Architektur eingebettet. Die Einbettung des Unparsers wurde bereits in Abschnitt II.3.2.3.2 und II.3.2.3.3 dargestellt. Zur Veranschaulichung der IPSEN-Ablaufsteuerung sind im Anhang 2 die Schnittstellen der Moduln StructuralCmdInput (entspricht Kommandoeingabe in Fig. II.50) und ViewManager (entspricht Viewverwaltung in Fig. II.50) angegeben.

IV Zusammenfassung und Ausblick

1. Zusammenfassung

Nach einem Überblick über den Stand der Technik im Bereich Programm- bzw. Softwareentwicklungs-umgebungen und den ihre Entwicklung motivierenden Problemen in der Softwaretechnik beschrieb dieses Buch zunächst ausführlich die Benutzerschnittstelle einer idealen Entwicklungsumgebung. Anhand des Programmierens im Kleinen wurde aufgezeigt, welche Funktionalität zur Bearbeitung von Softwaredokumenten notwendig ist, d.h. welche Werkzeuge in einer Umgebung vorhanden sein sollten. Anschließend wurde motiviert und dargestellt, wie auf der Basis der heute vorhandenen leistungsfähigen Hard- und Software (großformatige, hochauflösende Bildschirme und komfortable Fenstersysteme) eine benutzerfreundliche, die Werkzeuge integrierende Benutzerschnittstelle zu entwerfen ist. Das Ergebnis ist eine PEU, die sich dem Benutzer quasi wie ein einziges, sehr leistungsfähiges Werkzeug zur Bearbeitung eines Softwaredokuments darstellt.

Im zweiten Kapitel des zweiten Teils gingen wir auf die unterschiedlichen Ansätze zur internen Repräsentation von Softwaredokumenten ein. Insbesondere wurden die verschiedenen Möglichkeiten zur Modellierung und Spezifikation von abstrakten Syntaxbäumen bzw. -graphen erläutert und miteinander verglichen. Letztlich läßt sich eine graphartige Struktur, die allerdings versteckt in den Attributen eines Baumes vorhanden sein kann, nicht vermeiden, um die gesamte notwendige Information über ein Softwaredokument adäquat, d.h. insbesondere schnell zugreifbar, darzustellen.

Entsprechend einem, vom Softwaretechnikstandpunkt aus, methodisch guten Vorgehen zeigte das dritte Kapitel, wie aus der Spezifikation der Benutzerschnittstelle und der internen Repräsentation von Dokumenten eine Softwarearchitektur entsteht, d.h. die Zerlegung einer PEU in ein konkretes Modulgeflecht. Die wesentlichen Entwurfsentscheidungen, die zu einer solchen Zerlegung führen, wurden ausführlich motiviert, so daß sie (hoffentlich) nachvollziehbar und auf den Entwurf weiterer Systeme anwendbar sind.

Nach dieser allgemeinen Einführung in die Techniken zum Bau von PEUen zeigt Teil III des Buches anhand des Beispiels der PEU IPSEN (Incremental Programming Support Environment), wie eine Sitzung mit einer konkreten PEU den Benutzer bei seiner Arbeit unterstützen kann und wie mit den geschilderten Techniken eine konkrete PEU realisiert wird. Insbesondere wurde in diesem Teil vor-gestellt, wie Graphgrammatiken zur formalen Spezifikation von abstrakten Syntaxgraphen, der internen Repräsentation von Programmen in IPSEN, eingesetzt werden und wie aus einer solchen Spezifikation systematisch eine Modularchitektur abgeleitet werden kann. Voraussetzung hierfür ist die Realisierung eines speziellen Nichtstandarddatenbanksystems zur Manipulation beliebig komplexer, attributierter Gra-phen, das die wesentliche Basis der IPSEN Projektdatenbank darstellt.

2. Ausblick

Das in diesem Buch dargestellte Vorgehen, insbesondere die in Kapitel 2 und 3 von Teil III exemplarisch gezeigte Entwicklung des Programmieren im Kleinen Anteils der SEU IPSEN, ist unter Kenntnis der in Teil II dargestellten Techniken analog auf die Entwicklung einer Umgebung für eine andere Programmier- oder Spezifikationssprache anwendbar, wenn auch Entwurfsentscheidungen für ganz spezielle Komponenten wie z.B. Editor, Parser, Unparser an die spezielle Sprache angepaßt werden müssen. Komponenten wie das Fenstersystem oder der Graphenspeicher und natürlich das Konzept der in Teil II vorgestellten Standardarchitektur sind aber als Basis für jede solche Umgebung einsetzbar. Dies wurde auch bereits innerhalb des IPSEN-Projektes bei der Ausweitung der Funktionalität auf weitere Aufgabenbereiche wie z.B. Programmieren im Großen oder Unterstützung der Projektorganisation durchgeführt (vgl. /Le 88a/). Auch das an der TU Braunschweig zur Zeit unter der Leitung des ersten Autors durchgeführte Projekt CADDY (Computer-Aided Design of Non-Standard Databases) mit dem Ziel der Realisierung einer Datenbankentwurfsumgebung orientiert sich an den in diesem Buch vorgestellten Techniken (/EHHLE 89/).

Die Übertragbarkeit dieser Konzepte löst aber noch nicht das in Teil I beschriebene Problem der **inkrementellen Erstellung aller Softwaredokumente** mit Hilfe der Werkzeuge einer SEU. Die dargestellte interne Repräsentation von Softwaredokumenten in attributierter Baum- oder Graphform bildet allerdings die wesentliche Basis hierfür. Wie bei der Beschreibung der in dem Projekt Mentor (/DK 84/) verwendeten, durch 'gates' verschachtelten Syntaxbäume schon anklang, können die so verschachtelten Bäume durchaus Repräsentationen verschiedener, voneinander abhängiger Dokumente sein. Verwendet man Graphen, läßt sich durch zusätzliche Kanten beispielsweise der Zusammenhang zwischen einem Funktionsnamen in einem Pflichtenheft, einem Prozedurnamen in der Exportschnittstelle eines Moduls im Entwurfsdokument und dem Rumpf der Prozedur in einer Implementierung beschreiben. Die notwendigen zusätzlichen Kanten und ggf. Knoten können wieder formal durch eine Graphgrammatik definiert werden. Ein solches Vorgehen für einige der im Entwicklungsprozeß auftretenden Dokumente ist in /We 89/ und /Le 88a/ gezeigt worden. Die notwendigen Architekturerweiterungen insbesondere im Bereich der Ablaufsteuerung sind in Kapitel II.3 angesprochen worden und werden in /Le 88a/ vertieft dargestellt.

Ein weiterer aktueller Forschungsschwerpunkt im Bereich SEUen läßt sich mit dem Stichwort **Verteiltheit** charakterisieren. Dieses Stichwort kann allerdings sehr unterschiedlich interpretiert werden, wenn auch die verschiedenen Aspekte der Verteiltheit miteinander zusammenhängen, wie wir jetzt sehen werden.

Ein umfangreiches Softwareprodukt (d.h. alle zugehörigen Dokumente wie der ausführbare Code, aber auch Handbücher, Pflichtenhefte usw.) wird normalerweise nicht allein von einem Softwareentwickler, sondern eher durch ein ganzes Team von Personen mit den unterschiedlichsten Aufgaben wie z.B. Programmieren, Analysieren, Testen, aber auch Management und Budgetkontrolle usw. entwickelt. Um deren Arbeit effizient rechnergestützt koordinieren zu können, sind entsprechende Mechanismen in den einer SEU zugrundeliegenden Basissystemen notwendig. Dies betrifft hier besonders die Projektdatenbank, die mehrbenutzerfähig sein muß. Das heißt, daß ein konkurrierender Zugriff auf dieselben Dokumente sowie die ggf. automatische Benachrichtigung von bestimmten Personen bei spezifischen Änderungen und die Rücksetzung der Datenbank im Fehlerfall unterstützt werden müssen. Existierende Ansätze im Bereich der Standard- und Nichtstandarddatenbanksysteme bieten hierzu Mechanismen wie Sperren bzw. Checkin/Checkout von Objekten, Trigger und lange Transaktionen an (vgl. z.B. /LS 88/, /AD 87/, /GM 87/), die dann von den auf diese Systeme aufbauenden Werkzeugen anwendungsspezifisch genutzt werden können. Die bisher nicht endgültig beantwortete Frage ist, welche Art von Granularität diese Mechanismen unterstützen müssen. Sollen beispielsweise nur komplette Softwaredokumente auslagerbar sein oder auch einzelne Teile? Letzteres macht z.B. Sinn bei komplexen Architekturen oder technischen Beschreibungen. Was bedeutet "lang" bei Transakionen? Mehrere Tage, mehrere Wochen? Und wie verfährt man, wenn zwischenzeitlich andere Personen die gesperrten Informationen abfragen wollen? Die Frage nach der optimalen Schnittstelle für die Projektdatenbank einer SEU ist zur Zeit ein heiß diskutiertes Thema.

Verteiltheit bezieht sich aber auch darauf, daß ein Softwareprodukt auf unterschiedlichen Rechnern, die sich u.U. noch durch ein anderes Betriebssystem unterscheiden, entwickelt werden kann. In diesem Fall sind Dienste zur Kopplung und dem Transfer von Informationen zu schaffen, wie sie z.B. aufbauend auf einer physischen Kopplung von Rechnern durch die bereits international standardisierten ISO/OSI Protokolle spezifiziert werden. Eine Reihe von Implementierungen für diese Protokolle liegen bereits vor. Unklar ist allerdings, welche Art von Protokoll die oberste Schicht, die sogenannte Anwendungsschicht zur Verfügung stellen sollte. Hier laufen erste Überlegungen, normierte Darstellungen für abstrakte Syntaxbäume bzw. -graphen zu definieren (vgl. den ESF-Softwarebus in /FO 89/, /ODA 86/).

Die Realisierung dieser Netzwerke kann noch dadurch komplizierter werden, daß eine Entwicklermannschaft geographisch auf ggf. weit voneinander entfernte Orte verteilt ist. Im Unterschied zu den oben angesprochenen lokalen Netzwerken (LANs (Local Area Networks)) machen sie den Einsatz sogenannter Wide Area Networks (WANS) notwendig. Dies bedingt, sich sowohl mit den Fragen der physischen Realisierung dieser Netzwerke auseinander zu setzen (hier werden oft vorhandene Leitungen wie das Telefonnetz genutzt, was Probleme mit der Geschwindigkeit der Übertragung aufwirft), als auch insbesondere mit Fragen der Datensicherheit. Der unerlaubte Zugriff von Personen auf Daten, die nichts mit einem Projekt zu tun haben, wird natürlich je leichter, je weiter ein solches Netzwerk gespannt ist.

Neben diesen angesprochenen technischen Problemen, die bei der verteilten Entwicklung großer Softwareprodukte zu lösen sind, wird ein generelles Problem bei der Abwicklung großer Projekte besonders deutlich. Gerade bei solchen Projekten ist die möglichst präzise und wohldurchdachte Organisation und Abwicklung besonders wichtig. Aus diesen Überlegungen heraus hat sich in den letzten Jahren im Bereich SEUen ein neuer Forschungsschwerpunkt gebildet, die sogenannte **Softwareprozeßmodellierung.**

Der Koordination der Werkzeuge einer SEU liegt (meist implizit) ein bestimmtes Verfahrensmodell zur Produktion von Software zugrunde (z.B. das bekannte Wasserfallmodell). Die Ansätze im Bereich Softwareprozeßmodellierung versuchen, diese Modelle explizit und formal zu beschreiben. Sie beschreiben somit formal die verschiedenen an der Softwareproduktion beteiligten Personen bzw. deren

Rollen (z.B. Manager, Designer, Programmierer, usw.), die Abfolge der Aktivitäten, d.h. insbesondere welche Aktivitäten beispielsweise parallel ausgeführt werden können und wo entsprechende Synchronisationspunkte zu beachten sind, sie beschreiben, wie eine SEU einem Benutzer aktive Hilfe gewähren kann, d.h. bestimmte Werkzeuge oder Funktionen dem Benutzer zum Einsatz vorschlagen kann, und sie modellieren Zugriffsrechte von Personen auf Dokumente und Werkzeuge abhängig von ihren Rollen. Insgesamt zielen sie darauf ab, den Softwareproduktionsprozeß explizit zu machen und damit die von einer SEU angebotene Funktionalität noch effizienter nutzbar zu machen, indem aus solchen Modellen konkrete Ablaufsteuerungen erzeugt werden, die gerade im Falle einer verteilten SEU besondere Bedeutung erlangen. Sie sind natürlich wesentlich komplexer sind als die in Abschnitt II.3.2.4 beschriebene Dialogsteuerung.

SEUen, die solche Art von Unterstützung bereithalten, werden auch **Softwarefabriken** genannt, um anzudeuten, daß eine industrielle, d.h. automatisiertere und effizientere Art von Softwareproduktion, die den Produktionsprozeßen in anderen Ingenieurdisziplinen gleicht (Maschinenbau, Elektrotechnik, usw.), unterstützt werden soll.

Solche Überlegungen befinden sich allerdings noch in den Anfängen, wenn sie auch im Moment eines der "Modethemen" sind. Einen Überblick über laufende Arbeiten findet man in /Tu 88/. Konkrete Vorstellungen und Lösungsansätze werden z.B. in /TB 87/, /OR 87/ oder /KF 87/ und insbesondere auch in einem in Dortmund unter Leitung des zweiten Autors dieses Buches stehenden Forschungsprojektes mit dem Namen MERLIN (vgl. /DSV 88/, /DGS 88/, /DGS 89/) untersucht.

Ein weiterer aktueller Forschungsschwerpunkt ist die Frage nach der Definition sogenannter **wiederverwendbarer Softwarebausteine.** Es ist bekannt, daß eine große Zahl von Programmen neu entwickelt werden, obwohl der von ihnen realisierte Algorithmus bereits mehrfach vorher programmiert wurde. Das hat vielerlei Ursachen, technische als auch psychologische. Technische sind beispielsweise die schlechte Dokumentation von Programmen und damit die mangelnde Grundlage, um zu entscheiden, ob ein Programm zur Wiederverwendung geeignet ist. Die aktuelle Fragestellung lautet, wie formal und umfassend muß ein Programm oder allgemeiner Softwarebaustein beschrieben sein, um seine Wiederverwendbarkeit zu ermöglichen, und wie sehen entsprechende Werkzeuge aus, um die Entwicklung und Wiederverwendung solcher Bausteine zu unterstützen? Einen Überblick über den Stand der Forschung läßt sich anhand von /Tr 88/ gewinnen. Auch diese Fragestellung wird im Rahmen von MERLIN näher untersucht. Ein bekanntes psychologisches Phänomen der Informatik, das Wiederverwendung außerdem erschwert, ist das sogenannte "not invented here" Syndrom. Dieses besagt, daß alles, was nicht von einem selbst gemacht worden ist, nichts taugen kann. Um solche Probleme zu lösen, sind allerdings ganz andere Verfahren anzuwenden, als die, die wir in diesem Buch beschrieben haben.

Literaturverzeichnis

/Ab 86/   H. Abbenhardt: Das Testunterstützungssystem TUS, in /ST 86/, S. 71-76

/AD 86/   J.E. Archer, M.T. Devlin: Rational's Experience Using Ada for Very Large Systems, in Proc. 1st Intern. Conf. Ada Programming Language Applications for the NASA Space Station, NASA Juni 86

/AD 87/   K. Abramowicz, K.R. Dittrich, W. Gotthard, R. Längle, P.C. Lockemann, T. Raupp, S. Rehm, T. Wenner: DAMOKLES: Entwurf und Implementierung eines Datenbanksystems für den Einsatz in Software-Produktionsumgebungen, in /ST 87/, S. 2-21

/AMN 81/   Atkinson, L.V., McGregor, J.J., North, S.D.: Context sensitive editing as an approach to incremental compilation, The Computer Journal, Vol. 24, No. 3, S. 222-229

/AU 86/   A.V. Aho, J.D. Ullman: Principles of Compiler Design, Reading: Addison-Wesley

/Ba 82/   Balzert, H.: Die Entwicklung von Software-Systemen; Prinzipien, Methoden, Sprachen, Werkzeuge. Reihe Informatik Bd. 34, Mannheim: BI Verlag

/Ba 85/   Balzert, H. (Hrsg.): Moderne Softwareentwicklungssysteme und -werkzeuge, Reihe Informatik Bd. 44, Mannheim: BI Verlag

/BC 88/   P. Barras, D. Clement, T. Despeyroux, J. Incerpi, G. Kahn, B. Lang, V. Pascual: CENTAUR: the system, in /He 88/, S.14-24

/Be 87/   Ph. A. Bernstein: Data Base System Support for Software Engineering Environments, in Proc. 9th Intern. Conf. on Software Engineering, Monterey, CA, S. 166-178

/BL 85/   Th. Brandes, C. Lewerentz: GRAS - A Nonstandard Data Base System within a Programming Support Environment, Proc. of the GTE Workshop on Software Engineering Environments, Cape Cod, S. 113-121

/BOS 89/   J. Boarder, H. Obbink, M. Schmidt: ATMOSPHERE - Advanced Techniques and Methods of System Production in a Heterogeneous, Extensible, and Rigorous Environment, in /SW 89/

/BS 86/   R. Bahlke, G. Snelting: The PSG System: From Formal Language Definitions to Interactive Programming Environments, in ACM TOPLAS, Vol. 8, No. 4, Oct. 86, S. 547-576

/Bu 83/   H. Bunke: Graph Grammars as a Generative Tool in Image Understanding, in /ENR 83/, S. 8-19

/Bu 85/   H.J. Bullinger (Hrsg.): Software-Ergonomie '85, Ber. des German Chapter of the ACM, Teubner: Stuttgart

/CA 87/   J. Cartmell, A. Alderson: The Eclipse Two-Tier Database Interface, in /ESEC 87/, S. 137-148

/CAIS 85/   CAIS 85: Requirements and Criteria for CAIS II, DoD report

/CCM 88/   CISI, CRI A/S, Matra Espace: HOOD (Hierarchical Object-Oriented Design) Manual, entwickelt für European Space Agency Noordwijk (NL)

/CD 84/   R. Conway, D. DeJohn, S. Worona: A User's Guide to the COPE Programming Environment, Techn. Report 84-599, Cornell Univ., IT

/Ch 82/   N. Christensen: Elemente und Kontrollstrukturen für die Spezifikation von Dialogen, in Notizen zum interaktiven Programmieren, Heft 8, S. 81-94

/CM 84/   W.F. Clocksin, C.S. Mellish: Programming in PROLOG, 2nd ed., New-York : Springer

/Co 83/   The DoD Stars Program, Software Technology for Adaptable, Reliable Systems, Sonderheft IEEE Computer, Nov. 83

/Da 83/   J.L. Darlington: The role of verification and testing in software development, in Wilson, van Spronson (eds.): Proc. EUROMICRO, Amsterdam: North-Holland

/De 77/   E. Denert: Specification and Design of Dialogue Systems with State Diagrams, in Proc. of the Int. Computing Symposium, Lüttich, S. 417-424

/De 84/   T. Despeyroux: Executable Specification of Static Semantics, in Semantics of Data Types, LNCS 173, Berlin: Springer

/De 88/   T. Despeyroux: TYPOL - A Framework to Implement Natural Semantics, Techn. Bericht NR. 94, INRIA, Rocquencourt

/DG 75/   V. Donzeau-Gouge, G. Kahn, G. Huet, B. Lang, J.J. Levy: A structure-oriented program editor: a first step towards computer assisted programming, Intern. Computing Symp., Amsterdam: North-Holland, S. 113-120

/DGS 88/   W. Deiters, V. Gruhn, W. Schäfer: Systematic Development of Formal Software Process Models, erscheint in Proc. of 2nd European Software Engineering Conference (ESEC '89), Warwick, GB

/DGS 89/   W. Deiters, V.Gruhn, W. Schäfer: Process Programming - A Structured Multi-Paradigm Approach Could be Achieved, erscheint in Proc. 5th Intern. Software Process Workshop, Kennebunkport, Maine

/DH 80/   V. Donzeau-Gouge, G. Huet, G. Kahn, B. Lang: Programming Environments based on structured editors: The MENTOR Experience, Techn. Rep. No. 26, INRIA, Paris

/DK 84/   V. Donzeau-Gouge, G. Kahn, B. Lang, B. Melese: Document structure and modularity in MENTOR, in /He 84/, S. 141-148

/DKL 85/   N. Derret, W. Kent, P. Lynbaek: Some Aspects of Operations on an Object-Oriented Data Base, in Database Engineering, Vol. 8, No. 4

/DM 84/   N.M. Delisle, D.E. Menicosy, M.D. Schwartz: Viewing a Programming Environment as a Single Tool, in /He 84/, S. 49-56

/DSV 88/   W. Deiters, W. Schäfer, K.J. Vagts: Formal Methods for the Description of the Software Development Process, Technischer Bericht des Lehrstuhls Software-Technologie, Universität Dortmund, Nr. 23

/DP 89/   A. Dineur, P. Picard: SFINX: Tool Integration in a PCTE based Software Factory, in /SW 89/

/EC 72/   J. Earley, P. Caizergues: A Method for Incrementally Compiling Languages with Nested Statement Structure, in CACM, Vol. 15, No. 12, S. 1040-1044

/ECR 79/   H. Ehrig, V. Claus, G. Rozenberg (Hrsg.): Proc. 1st Int. Workshop on Graph Grammars and Their Application to Computer Science and Biology. LNCS 73, Berlin: Springer

/Eh 83/   J.L. Ehardt: APPLE's LISA A Personal Office System, in The Seybold Rep. on Office Systems, Vol. 6, No. 2, S.2-26

/EHHLE 89/   G. Engels, U. Hohenstein, K. Hülsmann, P. Löhr-Richter, H.-D. Ehrich: Computer-Aided Design of Non-Standard Databases, in /SW 89/

/EJS 88/   G. Engels, Th. Janning, W. Schäfer: A Highly Integrated Tool Set for Program Development Support, in Proc. ACM SIGSmall Conf. Cannes, S.1-10

/EK 84/   G. Enderle, K. Kansy, G. Pfaff: Computer Graphics Programming GKS - The Graphics Standard, Berlin: Springer

/El 85/   R.J. Ellison, B.J. Staudt: The Evolution of the GANDALF System, The Journal of Systems and Software, Vol. 5, No. 2, S. 107-119

/EL 86/   G. Engels, C. Lewerentz, M. Nagl, W. Schäfer: On the Structure of an Incremental and Integrated Software Development Environment, in Proc. of 19th Int. Conf. on System Sciences, Hawaii, S. 585-597

/ELS 87/   G. Engels, C. Lewerentz, W. Schäfer: Graph-grammar Engineering: A Software Specification Method, in /ENRR 87/, S. 186-201

/EM 85/   H. Ehrig, B. Mahr: Fundamentals of Algebraic Specifications Vol.1, Berlin: Springer

/En 86/   G. Engels: Graphen als zentrale Datenstrukturen in einer Softwareentwicklungsumgebung, Reihe Kommunikationstechn./Informatik, Bd. 62, Düsseldorf: VDI-Verlag

/ENR 83/   H. Ehrig, M. Nagl, G. Rozenberg (Hrsg.): Proc. 2nd Int. Workshop on Graph Grammars and Their Application to Computer Science, LNCS 153, Berlin: Springer

/ENRR 87/   H. Ehrig, M. Nagl, G. Rozenberg, A. Rosenfeld: Proc. 3rd Int. Workshop on Graph Grammars and Their Application to Computer Science, LNCS 291, Berlin: Springer

/ENS 87/   G. Engels, M. Nagl, W. Schäfer: On the Structure of Structure-Oriented Editors for Different Applications, in /He 87/, S. 190-198

/Er 86/   F. Erdtmann: Aufbau und Verwaltung einer internen Datenstruktur für Texte in strukturbezogenen Editoren, Diplomarbeit, Universität Osnabrück

/ES 85/   G. Engels, W. Schäfer: Graph Grammar Engineering: A Method used for the Develop-
               ment of an Integrated Programming Support Environment, in Proc. of TAPSOFT Conf.
               Berlin, LNCS Vol. 186, S. 179-193

/ES 87/   G. Engels, A. Schürr: A Hybrid Interpreter in a Software Development Environment, in
               /ESEC 87/, S. 87-96

/ESEC 87/   Nichols, Simpson (Hrsg.): Proceedings of the 1st European Software Engineering
               Conference, Straßburg, Sept. 1987, LNCS 289, Berlin: Springer 1988

/FJ 84/   C.N. Fischer, A. Pal, D.L. Stock, G.F. Johnson, F. Mauney: The POE Language Based
               Editor Project, in /He 84/, S. 21-29

/FO 89/   C. Fernström, L. Ohlsson: The ESF - Àpproach to Factory Style Software Production, in
               /SW 89/

/Fr 83/   Fritzson, P.: Adaptive Prettyprinting of Abstract Syntax applied in Ada and Pascal,
               Research Report LiTH-IDA-R-83-08, Linköping University

/Fr 85/   Fritzson, P.: The Architecture of an Incremental Programming Environment and some
               Notions of Consistency, in Proc. of the GTE Workshop on Software Engineering
               Environments, Cape Cod, S. 64-79

/FTC 88/   Frame Techn. Corporation: FrameMaker User Manual, San Jose, CA

/GI 87/   Gesellschaft für Informatik: Informatik Spektrum, Sonderheft über Software
               Qualitätssicherung, Bd. 10, Heft 3

/GM 87/   F. Gallotz, R. Minot, I. Thomas: The Object Management System of PCTE as a Software
               Engineering Database Management System, in /He 87/, S. 12-15

/Go 83/   A. Goldberg: Smalltalk-80: The Interactive Programming Environment, Reading:
               Addison-Wesley

/GR 83/   A. Goldberg, D. Robson: Smalltalk-80: The Language and its Implementation, Reading:
               Addison-Wesley

/HD 83/   F.R.A. Hopgood, D.A. Duce, J.R. Gallop, D.C. Sutcliffe: Introduction to the Graphical
               Kernel System (GKS), London: Academic Press

/He 84/   P. Henderson (Hrsg.): Proc. of the 1st SIGPlan/SIGSoft Symposium on Practical
               Software Development Environments, SIGPlan Not. Vol. 19, No. 5

/He 87/   P. Henderson (Hrsg.): Proc. of the 2nd SIGPlan/SIGSoft Symposium on Practical
               Software Development Environments, SIGPlan Not. Vol. 22, No. 1

/He 88/   P. Henderson (Hrsg.) : Proc of the 3rd SIGPlan/SIGSoft Symposium on Practical
               Software Development Environments, SIGSoft Notes Vol. 13, No. 5

/Hi 85/   L. Hirschmann: PRADOS - Eine datenbankgestützte Softwareentwicklungsumgebung, in
               UNIX/Mail, April 85

/HM 84/   J.R. Horgan, D.J. Moore: Techniques for Improving Language Based Editors, in /He 84/, S. 7-14

/HMS 87/   H.L. Hausen, M. Müllerburg, M. Schmidt: Über das Prüfen, Messen und Bewerten von Software. Methoden und Techniken der analytischen Software-Qualitätssicherung, in /GI 87/, S. 123-144

/HN 86/   A.N. Habermann, D. Notkin: Gandalf: Software Development Environments, in IEEE Trans. on Software Engineering, S. 1117-1127

/Ho 69/   C.A.R. Hoare: An Axiomatic Basis for Computer Programming, in Comm. of the ACM 12

/HP 80/   Hewlett-Packard Co.: HP Data Entry and Forms Management System (V/3000), Ref. Manual, Santa Clara, CA

/HS 84/   W. Henhapl, G. Snelting: Context Relations - a concept for incremental context analysis in program fragments, in U. Amman (Hrsg.): Programmiersprachen und Programmentwicklung, Informatik Fachber. Bd. 77, S. 128-143

/Hu 87/   P. Hruschka: Promod - in the Age 5, in /ESEC 87/, S. 307-316

/HJP 89/   H. Hünnekens, G. Junkermann, B. Peuschel, W.Schäfer, K.J. Vagts: A Step Towards Knowledge-based Process Modelling, in /SW 89/

/IEEE 87/ IEEE Computer and IEEE Software companion special issues on Integrated Software Development Environments, IEEE Computer Vol. 20, No. 11, IEEE Computer Vol.4, No. 6

/IT 85/   Modula-2 Software Development System (M2SDS), Interface Technologies Corporation

/ITC 87/   Index Techn. Corporation: Excelerator, in Proc. Computer-aided Software Engineering Symposium, Digital Consulting Inc., Andover, MA, Juni 87

/JF 82/   G.F. Johnson, C.N. Fischer: Non-syntactic Attribute Flow in Language Based Editors, Proc. 9th ACM Symposium on Princ. of Prog. Languages, Jan. 1982, S. 185-195

/Ka 69/   H. Katzan: Batch, Conversational, and Incremental Compilers, in Proc. AFIPS 1969, SJCC, Vol. 34, S. 47-56

/Ka 80/   U. Kastens: Ordered attribute grammars, Acta Informatica, Vol. 13, No. 3, S. 229-256

/KB 76/   C.E. Krebs, C. Bumgardner, T. Northwood: Terminal Transparent Display Language (TTDL), in Proc. AFIPS Nat. Computer Conf., S. 365-371

/KD 76/   H.H. Kron, F. De Remer: Programming in the Large vs. Programming in the Small, in Schneider, Nagl (Hrsg.): Programmiersprachen, Informatik-Fachberichte Bd.1, Berlin: Springer

/KE 82/   Kaiser, G.E., Ellison, R., Garlan, D.R., Notkin, D.S., Popovich, St.: Gandalf Environment User's Manual and Tutorial, Carnegie-Mellon University, Dept. of Computer Science,

Pittsburgh

/Ki 80/   K. Kishida: Techniques of C1 Coverage Analysis, in Test. Techn. Newsletters, Vol. 3, No. 3

/KF 87/   G. Kaiser, P. Feiler: An Architecture for Intelligent Assistance in Software Development, in Proc. 9th IEEE Software Engineering Conf., Monterey, CA, S. 180-188

/KK 79/   R. Kimm, W. Koch, W. Simonsmeier, F. Tontsch: Einführung in Software Engineering, Berlin: W. de Gruyter

/Kl 83/   P. Klint: A Survey of Three Language-Independent Programming Environments, Technischer Bericht IW 240/83, mathematisch centrum, Amsterdam

/KL 83/   G. Kahn, B. Lang, B. Melese: Metal: a Formalism to Specify Formalisms, Science of Computer Programming, Vol. 3, Amsterdam: North-Holland, S. 151-188

/Kl 84/   J. Kloth: Entwurf und Implementierung von Bildschirmaufbereitungssoftware, Diplomarbeit, Universität Dortmund

/KR 84/   B. W. Kernighan, R.P. Ritchie: The UNIX Programming Environment, Englewood Cliffs: Prentice-Hall

/La 86/   B. Lang: The Virtual Tree Processor, in J. Heering, J. Sidi, A. Verhoog (Hrsg.): Generation of Interactive Programming Environments, technischer Bericht CWI CS-R8620, Amsterdam

/LC 84/   D.B. Leblang, R.P. Chase: Computer-aided Software Engineering in a Distributed Workstation Environment, in /He 84/, S. 104-112

/Le 88a/   C. Lewerentz: Interaktives Entwerfen großer Programmsysteme: Konzepte und Werkzeuge, Informatik-Fachberichte Bd. 194, Berlin: Springer

/Le 88b/   C. Lewerentz: Extended Programming-in-the-Large in a Software Development Environment, in /He 88/, S.173-182

/Li 87/   A. Lindenmayer: An Introduction to parallel map generating systems, LNCS 291, Berlin: Springer, S. 27-40

/LNW 87/   C. Lewerentz, M. Nagl, B. Westfechtel: On Integration Mechanisms within a Graph-based Software Development Environment, in Proc. of WG' 87 Workshop on Graphtheoretic Concepts in Comp. Science, LNCS 314, Berlin: Springer

/Lo 65/   K. Lock: Structuring Programs for Multiprogram Time-Sharing On-Line Applications, in Proc. AFIPS 1965, FJCC, Vol. 27

/LS 88/   C. Lewerentz, A. Schürr: GRAS, A Management System for Graph-like Documents, in Beeri, Schmidt, Dayal (Hrsg.): Proc. 3rd Int. Conf. on Data and Knowledge Bases, San Matheo: Morgan-Kaufmann, S. 19-31

/Ma 88/   N. H. Madhavji: Fragtypes: A Basis for Programming Environments, in IEEE Trans. on Software Engineering, Vol. 14, No. 1, S. 85-97

/Mc 62/   J. McCarthy: LISP 1.5 Programmer's Manual, The MIT Press, Cambridge, Mass. 1962

/MC 85/   N.H. Madhavji, S. Choudhury, R. Robson, N. Friedman: On Commands for an Integrated Programming Environment, Techn. Report, School of Computer Science, McGill University

/Me 82/   R. Medina-Mora: Syntax-Directed Editing: Towards Integrated Programming Environments, Dissertation, Carnegie-Mellon Univ., Pittsburgh

/Mer 88/   Merbeth, G., Früauf, P.: Das VDMA Verbundprojekt POINTE: Portables Integriertes Entwicklungssystem auf der Basis verfügbarer Software-Tools, in /Öst 88/, S. 183-192

/Mi 81/   M. Mikelsons: Prettyprinting in an Interactive Programming Environment, ACM SGIPLAN Notices, Vol. 16, No. 6, S. 108-116

/ML 85/   N.H. Madhavji, N. Leoutsarakos: A Technique for Folding Program Structures, Techn. Rep. 84-18, McGill Universität, Montreal, Kanada

/MP 87/   N.H. Madhavji, L. Pinsonneault, K. Toubache: A New Approach to Cursor Movements in Programming Environments, in Information & Software Technology Vol. 30, No. 9, S. 535-546

/MS 81/   J.M. Morris, M.D. Schwartz: The Design of a Language-Directed Editor for Block-Structured Languages, in SIGPlan Not. Vol. 6, No. 6, S. 28-33

/MV 85/   N.H. Madhavji, D. Vouliouris, L. Leoutsarakos: The Importance of Context in an Integrated Programming Environment, in Proc. of the 18th Intern. Conf. on System Sciences, Hawaii

/My 78/   G. Myers: The Art of Software Testing, New York: John Wiley & Sons

/Na 79/   M. Nagl: Graph-Grammatiken, Theorie, Anwendung, Implementierung, Wiesbaden: Vieweg

/Na 80/   M. Nagl: An Incremental Compiler as a Component of a System for Software Generation, in Informatik Fachber. Bd. 25, Berlin: Springer, S. 29-44

/Na 85a/   M. Nagl: An Incremental Programming Support Environment, in Comp. Physics Communications 38, Amsterdam: North-Holland, S. 245-276

/Na 85b/   M. Nagl: Graph Technology applied to a Software Project, in Rozenberg, Salomaa (Hrsg.): The Book of L, Berlin: Springer, S. 302-322

/Ni 83/   J. Nievergelt: Die Gestaltung der Mensch-Maschine Schnittstelle, in Kupka (Hrsg.): 13. GI Jahrestagung, Informatik Fachber. Bd. 73, Berlin: Springer, S. 41-50

/ODA 86/   Information Processing - Text and Office Systems - Office Document Architecture (ODA) and Interchange Format Teil 1- 6, ISO/DIS 8613, International Organisation for

Standardisation

/Öst 88/   Österle, H. (Hrsg.): Anleitung zu einer praxisorientierten Software-Entwicklungsumgebung, Band 1 und 2, Hallbergmoos: Angewandte Informationstechnik

/Op 80/   Oppen, D.: Prettyprinting, ACM Transactions on Program Languages and Systems, Vol. 2, No. 4, S. 465-483

/OR 87/   M.A. Ould, C. Roberts: Defining Formal Models for the Software Development Process, in M. Dowson (Hrsg.): Proc. 3rd Intern. Workshop on the Software Process, Breckenridge, CO, S. 101-104

/Pa 72/   D.L. Parnas: A Technique for Software Module Specification with Examples, in CACM, Vol. 15, No. 5

/PD 82/   St. Pemberton, M. Daniels: Pascal Implementation: The P4 Compiler, Chichester: Ellis Horwood

/Pe 87/   E. Petry: Der Nicht-Standard-Datenbankkern XRS und eine Einsatzmöglichkeit im Software Engineering, in /ST 87/, S. 51-66

/Pen 87/   M.H. Penedo: Prototyping a Project Master Database for Software Engineering Environments, in /He 87/, S. 1-11

/PR 69/   J. Pfaltz, A. Rosenfeld: Web Grammars, Proc. Int. Joint Conf. on Artificial Intelligence, Washington, S. 609-619

/Pr 83/   T.W. Pratt: Formal Specification of Software Using H-Graph Semantics, LNCS 153, Berlin: Springer, S. 314-332

/PR 88/   M.H. Penedo, W.E. Riddle: Guest Editors' Introduction to Software Engineering Environment Architectures, IEEE Trans. on Software Engineering, Vol. 14, No. 6, S. 689-695

/Re 84/   S.P. Reiss: PECAN: Program Development that Supports Multiple Views, in IEEE Transactions on Software Engineering Vol. 11, No.3, S. 276-285

/RT 81/   T. Reps, T. Teitelbaum: The Cornell Program Synthesizer - A syntax-directed Programming Environment, in CACM, Vol. 24, No. 9, S. 563-573

/RT 84/   T. Reps, T. Teitelbaum: The Synthesizer Generator, in /He 84/, S. 42-48

/RT 85/   T. Reps, T. Teitelbaum: The Synthesizer Generator Reference Manual, Dept. of Computer Science, Cornell University, Ithaca, August 1985

/RTD 83/   T. Reps, T. Teitelbaum, A. Demers: Incremental Context-Dependent Analysis for Language-Based Editors, in ACM TOPLAS, Vol. 5, No. 3, S. 449-477

/Sa 86/   A. Sandbrink: Entwurf und Implementierung eines Test- und Laufzeitunterstützung berücksichtigenden Interpreters, Diplomarbeit, Universität Osnabrück

/SB 89/   G. Snelting, R. Bahlke: Why Theory-Based Environments are Better, in /SW 89/

/Sc 70/   H.J. Schneider: Chomsky-Systems for Partial Orderings, Technischer Bericht IMMD-3-3, Universität Erlangen

/Sc 72/   H.A. Schmidt: A User Oriented and Efficient Incremental Compiler, in Proc. Int. Comp. Symp., Venedig, S. 259-269

/Sc 85/   W. Schäfer: Die Benutzerschnittstelle einer integrierten Softwareentwicklungsumgebung, in /Bu 85/, S. 420-430

/Sc 86/   W. Schäfer: Eine integrierte Softwareentwicklungsumgebung: Konzepte, Entwurf und Implementierung, Reihe Kommunikationstechn./Informatik Bd. 57, Düsseldorf: VDI-Verlag

/Schü 89/   Schürr, A.: Introduction to PROGRESS An Attribute Graph Grammar Based Specification Language, Techn. Bericht, RWTH Aachen, Nr. 89-4

/SD 84/   M.D. Schwartz, N.M. Delisle, V.S. Begwani: Incremental Compilation in Magpie, in ACM SIGPLAN Not., Vol. 19, No. 6, S. 122-131

/SF 76/   P. Schnupp, C. Floyd: Software, Programmentwicklung und Projektorganisation, Berlin: W. de Gruyter

/SG 86/   R. W. Scheifler, J. Gettys: The X window system, in ACM Trans. on Graphics, Vol. 5, April 86

/SH 82/   D.C. Smith, E. Harslem, C. Irby, R. Kimball: The Star User Interface: an Overview, in Proc. of Nat. Comp. Conf., S. 515-528

/Sl 86/   U. Schleef: Ein inkrementell arbeitender Parser als Teil eines syntaxgesteuerten Editors, Diplomarbeit, Universität Osnabrück

/Sn 86/   G. Snelting: Inkrementelle semantische Analyse in unvollständigen Programmfragmenten mit Kontextrelationen, Dissertation, TH Darmstadt

/So 85/   I. Sommerville: Software Engineering, Reading: Addison-Wesley

/SP 88/   U. Schröder, A. Spinner: A Programming Environment Generator for Personal Computers, in Proc. ACM SIGSMALL Conf., Cannes, S. 45-52

/St 84/   J. Stelowsky: The Use of Grammars in an Interactive Operating System, in Notizen zum Interaktiven Programmieren, Heft 12, S. 33-42

/ST 86/   GI Softwaretechnik-Trends, Mitteilungen der FG "Software-Engineering", Tagungsband des Fachgesprächs "Software-Testsysteme", Heft 6-1

/ST 87/   GI Softwaretechnik-Trends, Mitteilungen der FG "Software-Engineering", Tagungsband des Fachgesprächs "Datenbanken für Software-Engineering", Heft 7-2

/Stö 82/   J.K. Stögerer: Specification Languages - A Survey, Forschungsbericht F 102, Inst. f. Informationsverarbeitung, TU Graz, Nov. 82

/SU 86/   SUN-View Programmer's Guide, SUN-Microsystems

/SW 87/   W. Schönpflug, M. Wittstock (Hrsg.): Softwareergonomie 87, Berichte des German Chapter of the ACM Nr. 29, Stuttgart: Teubner

/SW 88/   W. Schäfer, H. Weber: The ESF Profile, in Yeh, Ng (edts.): Handbook of Computer Aided Software Engineering, New York: van Nostrand-Reinhold Comp.

/SW 89/   W. Schäfer, H. Weber (Hrsg.): Proc. of the 1st Intern. Conf. on System Development Environments and Factories, Berlin, Mai 89, in Vorbereitung

/TA 84/   Triumph-Adler AG: Office Automation System M Konzept Elektronischer Schreibtisch, Nürnberg

/TB 87/   R.N. Taylor, D.A. Baker et. al.: Next Generation Software Environments: Principles, Problems, and Research Directions, Techn. Rep. 87-16, Univ. California: Irvine, CA

/Te 81/   E. Tesler: The Smalltalk Environment, in Byte, Vol. 6, No. 8, S. 90-147

/TH 77/   D. Teichrow, E.A. Hershey: PSL/PSA: A computer aided technique for structured documentation and analysis of information processing systems, in IEEE Trans. on Software Engineering Vol. 3, No. 1, S. 41-48

/Ti 87/   M. Timm: Die Software-Produktionsumgebung UNIBASE, in Moderne Software-Entwicklungssysteme und -Werkzeuge, Techn. Akademie Esslingen, Weiterbildungszentrum, Unterlagen zum Lehrgang Nr. 9394/06.278

/TM 81/   W. Teitelman, L. Masinter: The Interlisp Programming Environment, in Computer, Vol. 14, No. 4, S. 25-34

/To 89/   I. Thomas: Tool Integration in the PACT Environment, erscheint in Proc. 11th International Conference on Software Engineering, Pittsburg

/TR 81/   T. Teitelbaum, T. Reps, S. Horwitz: The Why and Wherefore of the Cornell Program Synthesizer, in ACM SIGPLAN Notices, Vol. 16, No. 6, S. 8-16

/Tr 88/   W. Tracz: Software Reuse: Emerging Technology, Washington D.C.: IEEE Computer Society Press

/Tu 88/   C. Tully (Hrsg.): Representing and Enacting the Software Process, Proc. 4th Intern. Workshop on Process Modelling, Moretonhamstead, UK, ACM Press

/Wa 82/   R.C. Waters: Program Editors Should not Abandon Text Oriented Commands, in ACM SIGPLAN Not., Vol. 17, No. 7, S. 39-46

/Wa 83/   F. Wankmüller: Characterization of Graph Classes By Forbidden Structures and Reductions, LNCS 153, Berlin: Springer, S. 405-414

/WA 87/   D.S. Wile, D.G. Allard: Worlds: an Organizing Structure for Object-Bases, in /He 87/, S. 16-26

/We 88/   B. Westfechtel: Extension of a Graph Storage for Software Documents with Primitives for Undo/Redo and Revision Control, Techn. Bericht, RTWH Aachen, TR 89-8

/We 89/   B. Westfechtel: Revision Control in an Integrated Software Development Environment, erscheint in Proc. 2nd Workshop on Software Configuration Management, Princeton, SIGSoft Notes

/WG 84/   W.M. Waite, G. Goos: Compiler Construction, Berlin: Springer

/Wi 81/   N. Wirth: The Personal Computer Lilith, ETH Zürich, Institut für Informatik

/Wi 86/   N. Wirth: Programming in Modula-2, Berlin: Springer

/WP 87/   A.I. Wasserman, P.A. Pircher: A Graphical, Extensible Integrated Environment for Software Development, in /He 87/, S. 131-142

/Ws 84/   A.I. Wasserman: Extending State Transition Diagrams for Specification of Human-Computer Interaction, technischer Bericht, University of California, San Francisco, CA

/WW 88/   A.L. Wolf, J. Wileden, C.D. Fisher, P.L.Tarr: P Graphite: An Experiment in Persistent Typed Object Management, in /He 88/, S. 130-142

/YTT 88/   M. Young, R.N. Taylor, D.B. Troup: Software Environment Architectures and User Interface Facilities, IEEE Transactions on Software Engineering, Vol. 14, No. 6, S. 697-708

Glossar

Adaptabilität	leichte Anpaßbarkeit eines Softwaresystems an geänderte Anforderungen
attributierte Grammatik	Grammatik zur Festlegung des korrekten Aufbaus eines attributierten Syntaxbaums
Baumgrammatik	Grammatik zur Festlegung des korrekten Aufbaus eines abstrakten Syntaxbaums
Benutztbeziehung	Beziehung zwischen zwei Moduln, die ausdrückt, daß ein Modul die exportierten Ressourcen eines anderen Moduls benutzt
Benutzerschnittstelle	die Mensch-Maschine Schnittstelle eines Systems (Bildschirmlayout, Funktionstasten usw.)
(konzeptionelles) Datenmodell	problemnahe, noch unabhängig von einer Implementierung entworfene Datenstruktur
Debugging	Fehlerlokalisierung (hier immer quelltextbezogen)
Entwurf	s. Softwarearchitektur
Fenstertyp	logisch zusammenhängender durch ein Fenster dargestellter Bildschirmausschnitt (z.B. Nachrichten- oder Menüfenster)
Flächencursor	Anzeige der aktuellen Bearbeitungsposition in Bezug auf ein syntaktisches Konstrukt (aktuelles Inkrement)
freie Eingabe	bildschirm- bzw. zeilenoreintierte Eingabe von Programmen (Dokumenten)
Funktionalität	die Gesamtheit der von den Werkzeugen einer Umgebung angebotenen Funktionen

Graphinkrement

Graphdarstellung eines Inkrements

Graphenspeicher

spezielles Nichtstandarddatenbanksystem für das Objektmodell "gerichteter, attributierter Graph"

Graphersetzungssystem

s. Graphgrammatik

Graphgrammatik

formale Spezifikation von Graphveränderungen, benutzt zur Festlegung des korrekten Aufbaus eines abstrakten Syntaxgraphen

Graphisches Kernsystem (GKS)

standardisierte funktionale Schnittstelle zur Graphikprogrammierung

Hybrideditor

Editor, der syntaxgestützte und freie Eingabe ermöglicht

Hybridinterpreter

Interpreter, der teilweise compilativ arbeitet

Inkonsistenz

Verletzung der kontextsensitiven Syntax

Inkrement

syntaktische Einheit eines Programms (Dokuments)

einfaches Inkrement

Inkrement, das aus Komfortgründen immer bildschirm- bzw. zeilenorientiert eingegeben wird (z.B. arithmetische Ausdrücke)

komplexes Inkrement

Inkrement, das syntaxgestützt (und ggf. auch frei) eingegeben werden kann

inkrementelle Programmentwicklung

edieren-übersetzen-ausführen sind miteinander verzahnt

Integrationsebenen

Leistungsumfang, Realisierung, Benutzerschnittstelle

JoJo-Strategie

Entwurfsstrategie, die top-down und bottom-up Vorgehen miteinander mischt

kommandogesteuert

jede Aktion des Systems wird vom Benutzer durch ein Kommando (durch Auswahl in einem Menü, Drücken einer Funktionstaste) angestoßen

Mehrbenutzerfähigkeit

Möglichkeit, auf eine Datenbank (gleichzeitig) mit mehreren Benutzern zuzugreifen

Modifreiheit

beliebiger Wechsel zwischen verschiedenen Werkzeugen ist möglich

Modul

(hier zuweilen auch als 'Programm' bezeichnet) Verkapselung logisch zusammengehörender Teile eines Softwaresystems in einem Baustein mit definierter Schnittstelle (z.B. Verkapselung eines Datentyps mit zugehörigen Zugriffsoperationen)

Modulgraph

(abstrakter, attributierter) Syntaxgraph zu einem Modul (Programm)

Multipe-Entry Parser

Parser, der alle syntaktischen Einheiten eines Programms getrennt parsen kann

Nichtstandarddatenbank

dedizierte Datenbank für eine spezielles Objektmodell

normiertes Backus-Naur-System

normierte Gestalt einer kontextfreien Grammatik, bei der die nicht-terminalen Symbole in drei disjunkte Teilmengen zerlegt sind; dient als Ausgangsbasis für die Definition eines abstrakten Syntaxgraphen

Platzhalter

Markierungen für noch nicht ausgefüllte Lücken in einem Quelltext

Portabilität

leichte Übertragbarkeit eines Softwaresystems auf einen anderen Rechner

Programmentwicklungsumgebung (PEU)

Satz integrierter Werkzeuge zur Unterstützung der Programmentwicklung

Programmieren im Kleinen	Edieren, Analysieren, Ausführen und Testen eines einzelnen Moduls
Programmieren im Großen	Erstellen einer Softwarearchitektur, Festlegen der Modulschnittstellen
Projektdatenbanksystem	Datenbanksystem zur Speicherung und Manipulation aller Softwaredokumente in einer Entwicklungsumgebung
Softwarearchitektur	Modulgeflecht (Import/Export-Beziehungen) eines Softwaresystems
(Software-)Dokument	alle im Softwareentwicklungsprozeß kreierten Dokumente (Programme, Entwürfe, Pflichtenhefte, Organigramme, usw.)
Softwareentwicklung	Erstellen und Bearbeiten aller beim Softwareentwicklungsprozeß anfallenden Dokumente
Softwareentwicklungsprozeß	Programmieren im Kleinen, Programmieren im Großen, Dokumentation, Projektorganisation
Softwareentwicklungsumgebung (SEU)	Satz integrierter Werkzeuge zur Unterstützung der Softwareentwicklung
Softwarekrise	steigender Aufwand und Kostenexplosion bei der Enwicklung von Software
Software-Werkzeuge	Programme, die Softwaretechnik-Methoden realisieren und einen Benutzer bei der Softwareentwicklung unterstützen (z.B. syntaxgestützter Editor)
statische Analyse	(statische) Untersuchung eines Moduls (Programms) auf bestimmte Eigenschaften (z.B. Existenz nicht benutzter Variablen)

logische Struktur	(abstrakte) Baum- oder Graphdarstellung eines Programms (Dokuments), unabhängig von seinem Layout
physische Struktur	Layoutstruktur eines Programms (Dokuments)
Syntaxbaum (abstrakter)	konzeptionelles Datenmodell zur internen Repräsentation der kontextfreien Struktur eines Programms (Dokuments)
Syntaxbaum (attributierter)	konzeptionelles Datenmodell zur internen Repräsentation der kontextfreien und kontextsensitiven Struktur eines Programms (Dokuments), wobei kontextsensitive Zusammenhänge durch Attribute an Knoten dargestellt sind
syntaxgestützter Editor	Editor zur syntaxgestützten (strukturorientierten) Bearbeitung eines Programms (Dokuments)
syntaxgestützte Eingabe	Unterstützung des Benutzers bei der Eingabe eines Inkrements durch automatische Erzeugung von Schlüsselworten, unmittelbare Überprüfung kontextsensitiver Regeln usw.
Syntaxgraph (abstrakter und attributierter)	konzeptionelles Datenmodell zur internen Repräsentation der kontextfreien und kontextsensitiven Struktur eines Programms (Dokuments), wobei kontextsensitive Zusammenhänge durch zusätzliche Kanten dargestellt sind
Transformationsschema	wesentliche Transformationschritte bei der Realisierung einer PEU (SEU) und ihre Abhängigkeiten
Unparsing	Transformation der internen, abstrakten (Programm-)Repräsentation in eine externe, konkrete

Stichwortverzeichnis

Anhänge

Anhang A1: Normierte BNF-Grammatik für Modula-2

Bei der im folgenden angegebenen EBNF, die die für das Programmieren im Kleinen benötigte Teilmenge von Modula-2 beschreibt, ist die Aufteilung der nichtterminalen Symbole in drei disjunkte Teilmengen gegeben (siehe Abschnitt III.2.1.1).

Die Produktionen zu optionalen Nonterminals werden nicht aufgeführt, da sie stets dieselbe, im folgenden exemplarisch angegebene Gestalt haben:

```
<opt_dummy> ::=  <empty> | <dummy>
```

Alle erklärten nichtterminalen Symbole sind somit stets Alternativen-, Struktur- oder Listen-Nonterminals.

```
<module> ::= <program_module> | <implementation_module>
<program_module> ::= MODULE <ident>;
                          <opt_import_list>
                          <opt_declaration_list>
                          <opt_statement_part>
                   END <ident>.
<implementation_module> ::= IMPLEMENTATION MODULE <ident>;
                               <opt_import_list>
                               <opt_declaration_list>
                               <opt_statement_part>
                         END <ident>.
<import_list> ::= <import> <import_list> | <import>
<import> ::= <opt_import_module> IMPORT <ident_list>;
<import_module> ::= FROM <ident>

<declaration_list> ::= <declaration> <declaration_list> | <declaration>
<declaration> ::= <constant_declaration_part> |
             <type_declaration_part> |
             <var_declaration_part> |
             <procedure_declaration>

<constant_declaration_part> ::= CONST <opt_const_declaration_list>
<constant_declaration_list> ::= <constant_declaration>
                               <constant_declaration_list> |
                               <constant_declaration>
<constant_declaration> ::= <ident> = <constant_expression>;

<type_declaration_part> ::= TYPE <opt_type_declaration_list>
<type_declaration_list> ::= <type_declaration> <type_declaration_list> |
                           <type_declaration>
<type_declaration> ::= <ident> = <type_definition>;
```

```
<var_declaration_part> ::= VAR <opt_var_declaration_list>
<var_declaration_list> ::= <var_declaration> <var_declaration_list> |
                           <var_declaration>
<var_declaration> ::= <ident_list> = <var_definition>;

<procedure_declaration> ::= PROCEDURE <ident><opt_formal_parameter_part>;
                              <opt_declaration_list>
                              <opt_statement_part>
                            END <ident>;

<formal_parameter_part> ::=
                 ( <opt_formal_parameter_list> ) <opt_result_type>
<formal_parameter_list> ::= <formal_parameter>;<formal_parameter_list> |
                            <formal_parameter>
<formal_parameter> ::= <call_by_reference_parameter> |
                       <call_by_value_parameter>
<call_by_reference_parameter> ::=
                 VAR <ident_list> : <formal_parameter_type>
<call_by_value_parameter> ::= <ident_list> : <formal_parameter_type>
<formal_parameter_type> ::= <ident> | <open_array_type>
<open_array_type> ::= ARRAY OF <ident>

<type_definition> ::= <ident>           | <enumeration_type> |
                      <subrange_type> | <array_type> |
                      <record_type>   | <set_type> |
                      <pointer_type>  | <procedure_type>

<enumeration_type> ::= ( <ident_list> )

<subrange_type> ::= [ <constant_expression> .. <constant_expression> ]

<array_type> ::= ARRAY <simple_type_list> OF <type_definition>

<simple_type_list> ::= <simple_type> , <simple_type_list> |
                       <simple_type>
<simple_type> ::= <qualident> | <subrange_type> | <enumeration_type>

<record_type> ::= RECORD
                    <opt_field_component_list>
                  END

<field_component_list> ::= <field_component> ; <field_component_list> |
                           <field_component>
<field_component> ::= <record_component> | <variant_component>

<record_component> ::= <ident_list> : <type_definition>
```

```
<variant_component> ::= CASE <opt_tag_field> <qualident> OF
                             <case_component_list>
                             <opt_else_component>
                        END
<tag_field>           ::= <ident> :

<case_component_list> ::= <case_component> "|" <case_component_list> |
                          <case_component>
<case_component> ::= <case_label_list> : <field_component_list>

<case_label_list> ::= <case_label> , <case_label_list> | <case_label>
<case_label> ::= <constant_expression> | <constant_expression_range>

<constant_expression_range> ::=
          <constant_expression> .. <constant_expression>

<else_component> ::= ELSE <opt_field_component_list>

<set_type> ::= SET OF <simple_type>
<pointer_type> ::= POINTER TO <type_definition>
<procedure_type> ::=  PROCEDURE <opt_formal_type_part>

<formal_type_part> ::= ( <opt_formal_type_list> ) <opt_result_type>
<formal_type_list> ::= <formal_type>,<formal_type_list> | <formal_type>
<formal_type>         ::= <call_by_reference_formal_parameter_type> |
                    <call_by_value_formal_parameter_type>

<call_by_reference_formal_parameter_type> ::=
               VAR <formal_parameter_type>
<call_by_value_formal_parameter_type> ::= <formal_parameter_type>

<result_type> ::= <ident>

<statement_part> ::= BEGIN <opt_statement_list>
<statement_list> ::= <statement> ; <statement_list> | <statement>

<statement> ::= <assignment_statement> | <procedure_call> |
                <if_statement> | <case_statement> |
                <while_statement> | <repeat_statement> |
                <loop_statement> | <for_statement> |
                <with_statement> | <exit_statement> |
                <return_statement>

<assignment_statement> ::= <variable> := <expression>
<variable> ::= <ident> <opt_selector_list>
<selector_list> ::= <selector> <selector_list> | <selector>
<selector> ::= <index> | <field> | <reference>
```

```
<index> ::= [ <expression_list> ]
<field> ::= . <ident>
<reference> ::= ^

<procedure_call> ::= <variable> <opt_parameter_part>
<parameter_part> ::= ( <opt_expression_list> )

<if_statement> ::= IF <expression> THEN <opt_statement_list>
                      <opt_elsif_part_list>
                      <opt_else_part>
                   END
<elsif_part_list> ::= <elsif_part> <elsif_part_list> | <elsif_part>
<elsif_part>       ::= ELSIF <expression> THEN <opt_statement_list>
<else_part>        ::= ELSE <opt_statement_list>

<case_statement>   ::= CASE <expression> OF
                          <case_alternative_list>
                          <opt_else_part>
                       END

<case_alternative_list> ::= <case_alternative>"|"<case_alternative_list>
                              <case_alternative>
<case_alternative>      ::= <case_label_list> : <opt_statement_list>

<while_statement> ::= WHILE <expression> DO
                         <opt_statement_list>
                      END

<repeat_statement> ::= REPEAT
                          <opt_statement_list>
                       UNTIL <expression>

<for_statement> ::= FOR <ident> := <expression> TO <expression>
                       <opt_inc_expression> DO
                       <opt_statement_list>
                    END
<inc_expression> ::= BY <constant_expression>

<loop_statement> ::= LOOP
                         <opt_statement_list>
                     END

<with_statement> ::= WITH <variable> DO
                         <opt_statement_list>
                     END

<exit_statement> ::= EXIT
```

```
<return_statement> ::= RETURN <opt_expression>

<constant_expression> ::= <simple_const_expression> |
                          <'='_const_expression> |
                          <'<>'_const_expression> |
                          <'<'_const_expression> |
                          <'<='_const_expression> |
                          <'>'_const_expression> |
                          <'>='_const_expression> |
                          <'in'_const_expression>

<'='_const_expression> ::= <simple_const_exp> = <simple_const_exp>
<'<>'_const_expression> ::= <simple_const_exp> <> <simple_const_exp>
<'<'_const_expression> ::= <simple_const_exp> < <simple_const_exp>
<'<='_const_expression> ::= <simple_const_exp> <= <simple_const_exp>
<'>='_const_expression> ::= <simple_const_exp> >= <simple_const_exp>
<'>'_const_expression> ::= <simple_const_exp> > <simple_const_exp>
<'in'_const_expression> ::= <simple_const_exp> IN <simple_const_exp>

<simple_const_exp> ::= <opt_sign> <unsigned_simple_const_exp>

<sign> ::= + | -

<unsigned_simple_const_exp> ::= <const_term> |
                                <'+'_simple_const_term> |
                                <'-'_simple_const_term> |
                                <'or'_simple_const_term>

<'+'_simple_const_exp> ::= <const_term> + <unsigned_simple_const_exp>
<'-'_simple_const_exp> ::= <const_term> - <unsigned_simple_const_exp>
<'or'_simple_const_exp> ::= <const_term> OR <unsigned_simple_const_exp>


<const_term> ::= <const_factor> | <'*'_const_term> |
                 <'/'_const_term> | <'div'_const_term> |
                 <'mod'_const_term> | <'and'_const_term>

<const_factor> ::= <ident> | <number> | <string> | <set> |
            <bracketed_const_exp> | <not_const_factor>

<bracketed_const_exp> ::= ( <constant_expression> )

<set> ::= <opt_ident> <element_list>

<element_list> ::= <element> , <element_list> | <element>
<element> ::= <constant_expression> | <constant_expression_range>
```

```
<not_const_factor> ::= NOT <const_factor>

<'*'_const_term> ::= <const_factor> * <const_term>
<'/'_const_term> ::= <const_factor> / <const_term>
<'div'_const_term> ::= <const_factor> DIV <const_term>
<'mod'_const_term> ::= <const_factor> MOD <const_term>
<'and'_const_term> ::= <const_factor> AND <const_term>

<expression_list> ::= <expression> , <expression_list> | <expression>

<expression> ::= <simple_expression> | <'='_expression> |
                 <'<>'_expression> | <'<'_expression> |
                 <'<='_expression> | <'>'_expression> |
                 <'>='_expression> | <'in'_expression>

<'='_expression> ::= <simple_exp> = <simple_exp>
<'<>'_expression> ::= <simple_exp> <> <simple_exp>
<'<'_expression> ::= <simple_exp> < <simple_exp>
<'<='_expression> ::= <simple_exp> <= <simple_exp>
<'>='_expression> ::= <simple_exp> >= <simple_exp>
<'>'_expression> ::= <simple_exp> > <simple_exp>
<'in'_expression> ::= <simple_exp> IN <simple_exp>

<simple_exp> ::= <opt_sign> <unsigned_simple_exp>

<unsigned_simple_exp> ::= <term> |
                          <'+'_simple_term> |
                          <'-'_simple_term> |
                          <'or'_simple_term>

<'+'_simple_exp> ::= <term> + <unsigned_simple_exp>
<'-'_simple_exp> ::= <term> - <unsigned_simple_exp>
<'or'_simple_exp> ::= <term> OR <unsigned_simple_exp>


<term> ::= <factor> | <'*'_term> |
           <'/'_term> | <'div'_term> |
           <'mod'_term> | <'and'_term>

<factor> ::= <variable> | <number> | <string> | <bracketed_exp> |
             <set> | <not_factor> | <function_designator>

<bracketed_exp> ::= ( <expression> )
<not_factor> ::= NOT <factor>
<function_designator> ::= <variable> <opt_parameter_part>

<'*'_term> ::= <factor> * <term>
```

```
<'/'_term> ::= <factor> / <term>
<'div'_term> ::= <factor> DIV <term>
<'mod'_term> ::= <factor> MOD <term>
<'and'_term> ::= <factor> AND <term>

<ident_list> ::= <ident> , <ident_list> | <ident>
<ident> ::= <letter> <opt_letter_or_digit_list>

<letter_or_digit_list> ::= <letter_or_digit> <letter_or_digit_list> |
                           <letter_or_digit>

<letter_or_digit> ::= <letter> | <digit>
<letter> ::= A | B | C | ... | Z

<digit_list> ::= <digit> <digit_list> | <digit>
<digit> ::= 0 | 1 | 2 | 3 | 4 | 5 | 6 | 7 | 8 | 9

<number> ::= <decimal_natural> | <octal_natural> | <character_natural> |
             <hexadecimal_natural> | <rational>

<decimal_natural> ::= <digit_list>
<octal_natural> ::= <oct_digit_list> B
<character_natural> ::= <oct_digit_list> C

<oct_digit_list> ::= <oct_digit> <oct_digit_list> | <oct_digit>
<oct_digit> ::= 0 | 1 | 2 | 3 | 4 | 5 | 6 | 7

<hexadecimal_natural> ::= <digit> <opt_hex_digit_list> H

<hex_digit_list> ::= <hex_digit> <hex_digit_list> | <hex_digit>
<hex_digit> ::= 0 | 1 | 2 | ... | 9 | A | B | C | D | E | F

<rational> ::= <digit> <opt_digit_list> . <opt_digit_list>
                         <opt_scale_factor>
<scale_factor> ::= E <opt_sign> <digit> <opt_digit_list>

<string> ::= <string_in_quote_marks> | <string_in_apostrophes>
<string_in_quote_marks> ::= " <opt_character_list> "
<string_in_apostrophes> ::= ' <opt_character_list> '
```

Anhang A2: Beispielmodule

In diesem Anhang A2 befinden sich die Schnittstellen einiger ausgewählter Beispielmodule aus der Realisierung der PEU IPSEN. Diese Module wurden insbesondere im Kapitel III.3 erläutert.

Im einzelnen sind die folgenden Schnittstellen (auf den folgenden Seiten) zu finden:

Dieser Anhang ist ohne Veränderung aus der Realisierung der PEU IPSEN übernommen worden. Die aufgeführten Autoren dieser Module (wissenschaftliche Mitarbeiter, studentische Hilfskräfte, Diplomanden) sind von daher eine (zufällige) Auswahl des umfangreichen IPSEN-Entwicklungsteams.

```
(*************************************************************)
(*                                                         *)
(*            W i n d o w M a n a g e r                     *)
(*                                                         *)
(*-------------------------------------------------------*)
(*                                                         *)
(*     Autor :   F. Erdtmann                               *)
(*                                                         *)
(*                                                         *)
(*     Aufgabe :  Der Modul exportiert alle Fenster -      *)
(*                operationen und Inhaltsoperationen des   *)
(*                allgemeinen Fenstersystems               *)
(*                                                         *)
(*                                                         *)
(*************************************************************)

DEFINITION MODULE WindowManager;

  FROM WMGlobal IMPORT MaximumNumberOfWindows, MaximumVerticalSize,
      MaximumHorizontalSize, WindowName, WorkingAreaVerticalSize,
      WorkingAreaHorizontalSize, WindowVerticalSize,
      WindowHorizontalSize, FrameTypes, Border, Attribute,
      SetOfAttributes, TerminationKey, MouseButton;

  EXPORT QUALIFIED ErrorStatus, Status, WMCRWICreateWindow,
      WMDIWADisplayWindowAbsolute, WMDIWRDisplayWindowRelative,
      WMHIWIHideWindow, WMDEWIDeleteWindow, WMIAWIInformAboutWindow,
      WMIAWMInformAboutWindowManager, WMWRTIWriteTitle, WMWRCHWriteChar,
      WMWRSTWriteString, WMSEATSetAttributes, WMSELASetListOfAttributes,
      WMDEALDeleteAll, WMRESTReadString, WMRESOReadStringWithOverflow,
      WMKEPRKeyPressed, WMKPWKKeyPressedWithKey,
      WMRLKPReturnLastKeyPress, WMDEMODefineMouse, WMSEMOSetMouse,
      WMSHMOShowMouse, WMHIMOHideMouse, WMMOPOMousePosition,
      WMMOCLMouseClick;

  TYPE
    ErrorStatus = (IllegalCoordinates, IllegalSize, MouseNotDefined,
      NoError, NoMousePosition, NoTitleAllowed, PositionNotExact,
      UnableToCreateMoreWindows, WindowAlreadyExists, WindowDoesNotExist,
      WriteIncomplete);

  VAR
    Status : ErrorStatus;
(*
```

Bedeutung der Fehlerkonstanten :

IllegalCoordinates   : *- Die angegebenen Fensterkoordinaten liegen*
nicht im Applikationsbereich des Fensters:
WriteChar, WriteString, WriteAttributes,
DeleteAll, ReadString
- Name = RefName in DisplayWindowRelative
- CursorColNr liegt bei ReadString nicht im ein-
zulesenden Bereich

IllegalSize   : *- Das Fenster passt mit seinem Rand nicht auf*
den Bildschirm (CreateWindow)

MouseNotDefined   : *- Es wurde noch nicht WMDEMODefineMouse aufgerufen*

NoError   : *- Es ist kein Fehler aufgetreten*

    NoMousePosition   : - Bei der Abfrage eines Mausklicks:
                                     - Es ist kein Klick erfolgt
                                     - Der Klick erfolgte an einer Stelle, an der
                                       sich kein Fenster befindet
                                   - Bei der Abfrage der gegenwaertigen Mausposition:
                                     - Der Klick erfolgte an einer Stelle, an der
                                       sich kein Fenster befindet
    NoTitleAllowed   : - Bei CreateWindow ist WithTitle = FALSE angegeben
                                     worden
    PositionNotExact   : - Bei DisplayWindow wurde eine Position angegeben,
                                     die eine Anzeige des gesamten Fensters nicht er-
                                     laubt.
                                     Es wurde deshalb die Position nur angenaehert.
    UnableToCreateMoreWindows   : - Es ist bereits die volle Anzahl der erlaubten
                                     Fenster eroeffnet.
    WindowAlreadyExists   : - Es wurde versucht, ein bereits geoeffnetes Fen-
                                     ster zu oeffnen.
    WindowDoesNotExist   : - Das angesprochene Fenster gibt es nicht
    WriteIncomplete   : - Der angegebene String ist laenger als die ange-
                                     gebene Laenge (WriteTitle, WriteString)
Tritt bei einer Ressource ein Fehler auf, so enthaelt Status die Art des Feh-
lers und die Ressource wird abgebrochen.
Ausnahmen sind:
    - IllegalSize: Das Fenster wird so verkleinert, dass es zusammen mit dem
                   Rand auf den Bildschirm passt.
    - PositionNotExact: Hier wird das Fenster implizit verschoben, so dass es
                        ganz auf den Bildschirm passt
    - WriteIncomplete: Es wird der zu lange String abgeschnitten.

    (*   Fensteroperationen   *)

    PROCEDURE WMCRWICreateWindow(Name : WindowName; Frame : FrameTypes;
          FrameAttributes : SetOfAttributes; ApplLines :
          WindowVerticalSize; ApplColumns : WindowHorizontalSize;
          ApplAttributes : SetOfAttributes);
    (* Bedeutung: Es wird ein Fenster eroeffnet.   *)
    (*   Das Fenster wird erst bei DisplayWindow angezeigt.   *)
    (*   *)
    (* Parameter: Name   - Name, den das neue Fenster erhalten soll *)
    (*   Frame   - Art des Randes   *)
    (*   FrameAttributes   - Attributes des Randes   *)
    (*   ApplLines,   *)
    (*   ApplColumns   - Groesse des Applicationsbereiches   *)
    (*   ApplAttributes   - Attributes des Applikationsbereich   *)
    (*   *)
    (* Auswertung der Attributmenge: *)
    (*   Es lassen sich vier Gruppen von Attributen unterscheiden: *)
    (*   a) Blinkend oder nicht blinkend   *)
    (*   b) Hell oder nicht hell   *)
    (*   c) Vordergrundfarbe   *)
    (*   d) Hintergrundfarbe   *)
    (*   In jeder dieser Gruppen kann durch die Attributmenge die *)
    (*   Darstellung gesetzt oder unveraendert gelassen werden.   *)
    (*   Setzen geschieht dadurch, dass das entsprechende Attribut *)
    (*   in der Menge enthalten ist. Die Anwendung ist dafuer ver- *)
    (*   antwortlich, dass maximal ein Attribut in jeder Gruppe ge- *)
    (*   setzt ist.   *)
    (*   Fehlt eine Gruppe in der Attributmenge ganz, bleibt die Dar- *)
    (*   stellung der Gruppe unveraendert.   *)
    (*   Mit { NotBlinking, BlueForeground } nimmt man Blinkend zu- *)
    (*   rueck und setzt man den Vordergrund auf Blau.   *)

```
(*          Da Gruppen in der Menge fehlen koennen, gibt es eine Vor        *)
(*          besetzung:  SetOfAttributes ( NotBlinking, NotBright,           *)
(*                              WhiteForeground, Blackbackground }           *)

  PROCEDURE WMDIWADisplayWindowAbsolute(Name : WindowName;
        AbsLineNr : WorkingAreaVerticalSize; AbsColNr :
        WorkingAreaHorizontalSize);
(* Bedeutung: Das Fenster wird auf dem Bildschirm angezeigt.                *)
(*          Ist das Fenster bereits angezeigt, kann es mit dieser Ressour- *)
(*          ce verschoben werden.                                           *)
(* Parameter: Name        - Name des anzuzeigenden Fensters                 *)
(*          AbsLineNr,                                                       *)
(*          AbsColNr   - Koordinaten der linken oberen Fensterecke          *)
(*                          ( relativ zum Anfang der Working Area )          *)

  PROCEDURE WMDIWRDisplayWindowRelative(Name : WindowName; RefName :
        WindowName; RefApplLineNr : WindowVerticalSize;
        RefApplColNr : WindowHorizontalSize);
(* Bedeutung: Das Fenster wird auf dem Bildschirm angezeigt.                *)
(*          Ist das Fenster bereits angezeigt, kann es mit dieser Ressour- *)
(*          ce verschoben werden.                                           *)
(*          Im Gegensatz zu der vorherigen Ressource kann das Fenster hier *)
(*          relativ zu einem anderen Fenster angezeigt werden.             *)
(* Parameter: Name        - Name des anzuzeigenden Fensters                 *)
(*          RefName       - Name des Fensters, auf das sich die Positions-  *)
(*                          angaben beziehen                                *)
(*          RefApplLineNr,                                                   *)
(*          RefApplColNr  - Koordinaten der linken oberen Fensterecke       *)
(*                          ( relativ zum Anfang des Applikationsbereichs    *)
(*                              von RefName )                                *)

  PROCEDURE WMHIWIHideWindow(Name : WindowName);
(* Bedeutung: Das Fenster wird auf dem Bildschirm geloescht.                *)
(*                                                                           *)
(* Parameter: Name - Name des zu loeschenden Fensters                       *)

  PROCEDURE WMDEWIDeleteWindow(Name : WindowName);
(* Bedeutung: Das Fenster wird auf dem Bildschirm geloescht und vernichtet. *)
(*                                                                           *)
(* Parameter: Name - Name des zu loeschenden Fensters                       *)

  PROCEDURE WMWRTIWriteTitle(Name : WindowName; Title : ARRAY OF CHAR);
(* Bedeutung: Der Titel des Fensters wird geaendert.                        *)
(*          Der alte Titel wird vorher nicht geloescht.                     *)

  PROCEDURE WMIAWIInformAboutWindow(Name : WindowName; VAR Frame :
        FrameTypes; VAR ApplLines : WindowVerticalSize; VAR
        ApplColumns : WindowHorizontalSize; VAR Displayed : BOOLEAN;
     VAR Covered : BOOLEAN; VAR AbsLineNr : WorkingAreaVerticalSize;
     VAR AbsColNr : WorkingAreaHorizontalSize);
(* Bedeutung: Frame          : Art des Randes                               *)
(*          ApplLines,                                                       *)
(*          ApplColumns      : Groesse des Applikationsbereichs             *)
(*          Displayed        : Hierdurch wird angegeben, ob das Fenster     *)
(*                             angezeigt wird.                               *)
(*          Covered          : Hierdurch wird angegeben, ob das Fenster     *)
(*                             verdeckt wird.                                *)
(*          AbsLineNr, AbsColNr : Position der linken oberen Ecke auf       *)
(*                             dem Bildschirm, falls das Fenster ange-       *)
(*                             zeigt wird.                                   *)
```

```
PROCEDURE WMIAWMInformAboutWindowManager(VAR NumberOfWindows :
     CARDINAL; VAR DisplayedWindows : CARDINAL);
```
(* Bedeutung: NumberOfWindows: Anzahl der geoeffneten Fenster   *)
(*   DisplayedWindows: Anzahl der angezeigten Fenster   *)

(*   Inhaltsoperationen   *)

(*   ApplLineNr : Nummer der Fensterzeile (erste Fensterzeile = 1)
     ApplColNr : Nummer der Fensterspalte (erste Fensterspalte = 1)
     Columns   : Anzahl der betroffenen Spalten der Fensterzeile
                  ApplLineNr. Es werden also die Spalten ApplColNr
                  bis ApplColNr + Columns - 1 veraendert.
                  +--+
     ApplLineNr ->!   !
                  +--+
                  ^   ^
                  !   !
                  ApplColNr   ApplColNr + Columns - 1   *)

```
PROCEDURE WMWRCHWriteChar(Name : WindowName; ApplLineNr :
     WindowVerticalSize; ApplColNr : WindowHorizontalSize; c : CHAR);
```
(* Bedeutung: Das Zeichen wird an die angegebene Stelle geschrieben.   *)
(*   Columns hat implizit den Wert 1, d.h. es wird nur eine   *)
(*   Spalte veraendert.   *)

```
PROCEDURE WMWRSTWriteString(Name : WindowName; ApplLineNr :
     WindowVerticalSize; ApplColNr : WindowHorizontalSize;
     Columns : WindowHorizontalSize; String : ARRAY OF CHAR);
```
(* Bedeutung: Der String wird in den angegebenen Bereich geschrieben. *)

```
PROCEDURE WMSEATSetAttributes(Name : WindowName; ApplLineNr :
     WindowVerticalSize; ApplColNr : WindowHorizontalSize;
     Columns : WindowHorizontalSize; Attributes : SetOfAttributes);
```
(* Bedeutung: Jedes Zeichen im angegebenen Bereich erhaelt die Attribute, *)
(*   die durch Attributes festgelegt werden.   *)

```
PROCEDURE WMSELASetListOfAttributes(Name : WindowName; ApplLineNr :
     WindowVerticalSize; ApplColNr : WindowHorizontalSize;
     Columns : WindowHorizontalSize; ListOfAttributes : ARRAY OF
     SetOfAttributes);
```
(* Bedeutung: Jedes Zeichen im angegebenen Bereich erhaelt neue Attribute: *)
(*   Das Zeichen in Spalte i erhaelt die Attribute, die durch *)
(*   ListOfAttributes [i - ApplColNr] festgelegt werden.   *)

```
PROCEDURE WMDEALDeleteAll(Name : WindowName; ApplLineNr :
     WindowVerticalSize; ApplColNr : WindowHorizontalSize;
     Columns : WindowHorizontalSize);
```
(* Bedeutung: Der angegebene Bereich wird samt den Attributen geloescht *)

```
PROCEDURE WMRESTReadString(Name : WindowName; ApplLineNr :
     WindowVerticalSize; ApplColNr : WindowHorizontalSize;
     Columns : WindowHorizontalSize; VAR CursorColNr :
     WindowHorizontalSize; VAR String : ARRAY OF CHAR; VAR
     TermKey : TerminationKey);
```
(* Bedeutung: Im angegebenen Bereich wird der String eingelesen.   *)
(*   Sofern das Fenster nicht angezeigt ist oder verdeckt   *)
(*   ist, wird das Fenster hochgeholt.   *)
(*   Der Benutzer kann nun eine Zeichenkette in dem angegeben *)
(*   Bereich eingeben, dabei wird die Zeichenkette, die auf dem *)
(*   Bildschirm im angegebenen Bereich steht, als Vorbesetzung *)
(*   benutzt.   *)

```
(*              Der Cursor wird auf die Spalte, die durch CursorColNr ange-     *)
(*              geben ist, positioniert.                                        *)
(*              Bei der Eingabe sind lediglich Standardasciizeichen und         *)
(*              Editortasten erlaubt:                                           *)
(*              Standardasciizeichen sind die die Zeichen von " " bis "~".      *)
(*              Hierin sind z.B. griechische Buchstaben ausgenommen.            *)
(*              Editortasten:                                                   *)
(*                - LeftArrow  : Der Cursor rueckt ein Zeichen nach links.      *)
(*                - RightArrow : Der Cursor rueckt ein Zeichen nach rechts.     *)
(*                - Backspace  : siehe LeftArrow                                *)
(*                - Insert     : Die Zeichen rechts von dem Cursor ruecken      *)
(*                               um ein Zeichen nach rechts.                    *)
(*                               Dabei geht das letzte Zeichen verloren, und    *)
(*                               unter dem Cursor erscheint ein Blank.          *)
(*                - Delete     : Die Zeichen rechts von dem Cursor ruecken      *)
(*                               um ein Zeichen nach links.                     *)
(*                               Dabei geht das Zeichen unter dem Cursor ver-   *)
(*                               loren,das letzte Zeichen wird zu einem Blank.  *)
(*              Als Abschlusstasten gelten:                                     *)
(*                CursorUp, CursorDown, Return, End, Escape, F1, F2, F3, F4, F5 *)
(*                Bei einem Druck auf einen Mausknopf wird die Eingabe beendet  *)
(*                und in TermKey Click uebergeben, wenn sich die Maus gerade    *)
(*                in dem Fenster befindet.                                      *)

  PROCEDURE WMRESOReadStringWithOverflow(Name : WindowName;
        ApplLineNr : WindowVerticalSize; ApplColNr :
        WindowHorizontalSize; Columns : WindowHorizontalSize; VAR
        CursorColNr : WindowHorizontalSize; VAR String : ARRAY OF CHAR;
      VAR TermKey : TerminationKey);
(* Bedeutung: Diese Ressource unterscheidet sich von der vorherigen durch       *)
(*            die erlaubten Editor- und Abschlusstasten.                        *)
(*            Editortasten:                                                     *)
(*              - LeftArrow  : Der Cursor rueckt ein Zeichen nach links.        *)
(*              - RightArrow : Der Cursor rueckt ein Zeichen nach rechts.       *)
(*              - Backspace  : siehe LeftArrow                                  *)
(*            Als Abschlusstasten gelten:                                       *)
(*              CursorUp, CursorDown, Return, End, Escape, Insert, Delete,      *)
(*              F1, F2, F3, F4 und F5                                           *)
(*              Bei einem Druck auf einen Mausknopf wird die Eingabe beendet    *)
(*              und in TermKey Click uebergeben, wenn sich die Maus gerade      *)
(*              in dem Fenster befindet.                                        *)
(*              Steht der Cursor auf dem letztenZeichen und wird ein            *)
(*              Zeichen oder CursorRight gedrueckt, wird die Eingabe beendet    *)
(*              und in TermKey Overflow geliefert.                              *)

  PROCEDURE WMKEPRKeyPressed() : BOOLEAN;
(* Bedeutung : Es wird geprueft, ob eine Taste gedrueckt worden ist, der        *)
(*             Tastaturpuffer bleibt unveraendert.                             *)

  PROCEDURE WMKPWKKeyPressedWithKey(VAR c : CHAR);
(* Bedeutung : Es wird die zuletzt gedrueckte Taste zurueckgeliefert, der       *)
(*             Tastaturpuffer bleibt unveraendert.                             *)

  PROCEDURE WMRLKPReturnLastKeyPress(VAR c : CHAR);
(* Bedeutung : Es wird die zuletzt gedrueckte Taste zurueckgeliefert und aus    *)
(*             dem Tastaturpuffer entfernt.                                     *)
```

```
(*                          Maus - Ressourcen

    Mit DefineMouse kann die Darstellung der Maus festgelegt werden,
    die Maus wird jedoch noch nicht angezeigt.
    Mit SetMouse und HideMouse kann die Maus angezeigt und geloescht
    werden. Wenn die Maus angezeigt wird, wird sie bei Schreibopera-
    tionen des WindowManagers versteckt.
    Daher ist es notwendig, die Maus ueber den WindowManager anzeigen
    und verstecken zu lassen.                                          *)

  PROCEDURE WMDEMODefineMouse(Ascii : CARDINAL; Attributes :
        SetOfAttributes; ScreenMask : CARDINAL);
(* Bedeutung: Hiermit kann die Darstellung der Maus bestimmt werden:      *)
(*            Ascii      : Die Maus wird durch das Zeichen, das den Asciicode*)
(*                         Ascii besitzt, dargestellt.                    *)
(*            Attributes : Attribute der Maus                             *)
(*                         Werden nicht beide Farben gesetzt, so ist die  *)
(*                         weiss ( auf schwarzen Hintergrund )            *)
(*            ScreenMask : Fuer Experten ( siehe Maus-Ordner )            *)


  PROCEDURE WMSEMOSetMouse(Name : WindowName; BorderPosition : Border;
        ApplLineNr : WindowVerticalSize; ApplColNr :
        WindowHorizontalSize);
(* Bedeutung: Die Maus wird auf die angegebene Position des Fensters Name  *)
(*            gesetzt und angezeigt.                                       *)


  PROCEDURE WMSHMOShowMouse();
(* Bedeutung: Die Maus wird sichtbar.                              *)


  PROCEDURE WMHIMOHideMouse();
(* Bedeutung: Die Maus wird versteckt.                                    *)


  PROCEDURE WMMOPOMousePosition(Name : WindowName; VAR
        BorderPosition : Border; VAR ApplLineNr : WindowVerticalSize;
      VAR ApplColNr : WindowHorizontalSize) : BOOLEAN;
(* Bedeutung: Es wird nach der augenblicklichen Mausposition gefragt.     *)
(*            Wenn sich die Maus auf dem Fenster Name befindet, werden die *)
(*            VAR-Parameter besetzt und TRUE zurueckgeliefert.            *)
(*            In BorderPosition wird uebergeben,ob und wo auf dem Rand    *)
(*            sich die Maus befindet.                                     *)
(*            Bei NotOnBorder geben ApplLineNr und ApplColNr die Position  *)
(*            im Applikationsbereich des Fensters an.                     *)
(*            Anderenfalls wird FALSE zurueckgeliefert und nachgesehen, ob *)
(*            die Maus auf einem anderen Fenster sich befindet. Ist dies   *)
(*            ebenfalls nicht der Fall, so erhaelt Status den Wert NoMouse- *)
(*            Position.                                                    *)


  PROCEDURE WMMOCLMouseClick(Name : WindowName; Button : MouseButton;
        VAR BorderPosition : Border; VAR ApplLineNr : WindowVerticalSize;
        VAR ApplColNr : WindowHorizontalSize) : BOOLEAN;
(* Bedeutung: Es wird gefragt, ob seit dem letzten Mal durch einen Druck auf *)
(*            den Mausknopf Button das Fenster Name angeklickt worden ist.  *)
(*            Der Resultwert ist TRUE, wenn dieser Klick anliegt.          *)
(*            Ist der Resultwert FALSE und Status NoError, so bedeutet dies, *)
(*            dass in einem anderen Fenster ein Klick auf den Mausknopf    *)
(*            Button anliegt.                                              *)
(*            Falls jedoch TRUE zurueckgeliefert wurde, sind die VAR-Para-  *)
(*            meter besetzt.                                               *)
(*            In BorderPosition wird uebergeben,ob und wo auf dem Rand    *)
(*            sich die Maus beim letzten Click befand.                     *)
(*            Bei NotOnBorder geben ApplLineNr und ApplColNr die Position   *)
(*            im Applikationsbereich des Fensters an.                      *)
  END WindowManager.
```

```
(************************************************************)
(*                                                        *)
(*                   W M G l o b a l                      *)
(*                                                        *)
(*------------------------------------------------------- *)
(*                                                        *)
(*     Autor :  F. Erdtmann                               *)
(*                                                        *)
(*                                                        *)
(*     Aufgabe :  Konstanten und Typen des Moduls         *)
(*                WindowManager                           *)
(*                                                        *)
(*                                                        *)
(*                                                        *)
(************************************************************)

DEFINITION MODULE WMGlobal;
  EXPORT QUALIFIED MaximumNumberOfWindows, MaximumVerticalSize,
     MaximumHorizontalSize, WindowNumber, WindowName,
     WorkingAreaVerticalSize, WorkingAreaHorizontalSize,
     WindowVerticalSize, WindowHorizontalSize, FrameTypes, Border,
     Attribute, SetOfAttributes, TerminationKey, MouseButton,
     MouseDisplayed;

                 (* Konstanten *)

  CONST
     MaximumNumberOfWindows = 15;
     MaximumVerticalSize = 25;
     MaximumHorizontalSize = 80;

                 (* Typen *)

  TYPE
     WindowNumber = [0..MaximumNumberOfWindows];
     WindowName = ARRAY [0..10] OF CHAR;
     WorkingAreaVerticalSize = [1..MaximumVerticalSize];
     WorkingAreaHorizontalSize = [1..MaximumHorizontalSize];
     WindowVerticalSize = [1..MaximumVerticalSize];
     WindowHorizontalSize = [1..MaximumHorizontalSize];
     FrameTypes = (NoFrame, Dotted, DottedWithTitle, SimpleLine,
       SimpleLineWithTitle, DoubleLine, DoubleLineWithTitle);
     Border = (NotOnBorder, North, West, East, South);
     Attribute = (Blinking, NotBlinking, Bright, NotBright,
       BlackForeground, BlueForeground, CyanForeground, RedForeground,
       BrownForeground, WhiteForeground, BlackBackground, BlueBackground,
       CyanBackground, RedBackground, BrownBackground, WhiteBackground);
     SetOfAttributes = SET OF Attribute;
     TerminationKey = (Return, End, Escape, CursorUp, CursorDown, Home,
       Insert, Delete, F1, F2, F3, F4, F5, Click, Overflow);
     MouseButton = (Left, Right);
  VAR
     MouseDisplayed : BOOLEAN;
  END WMGlobal.
```

```
(*****************************************************************)
(*                                                             *)
(*            M e n u W i n d o w                               *)
(*                                                             *)
(*-----------------------------------------------------------*)
(*                                                             *)
(*    Autor : W. Schäfer                                       *)
(*                                                             *)
(*                                                             *)
(*    Aufgabe :  Der Modul exportiert Ressourcen,              *)
(*               um ein Menü anzuzeigen und in                 *)
(*               einem Menü eine Alternative zu                *)
(*               selektieren. Voraussetzung für den            *)
(*               Aufruf aller Ressourcen ist, daß ein          *)
(*               Menüfenster mit dem entsprechenden Namen *)
(*               eröffnet ist.                                 *)
(*****************************************************************)

DEFINITION MODULE MenuWindow;

  FROM WMGlobal IMPORT WindowName;
  FROM MEGlobal IMPORT MaxAlternativeLength, AlternativeLength,
      ListOfAlternatives, PListOfAlternatives;

  EXPORT QUALIFIED MEDisplayMenu, MEWriteMenuTitle, MESelectAlternative;

  PROCEDURE MEDisplayMenu(Altlist : PListOfAlternatives);
(* Bedeutung: Der Parameter definiert einen Anker auf eine Liste von Alterna-
   tiven. Diese werden untereinander im Menuefenster angezeigt.          *)

  PROCEDURE MESelectAlternative(VAR Alt : ARRAY OF CHAR; VAR Select :
        BOOLEAN);
(* Bedeutung: Falls der Benutzer mit der Maus in das Menuefenster laeuft, wird
   ein Balken ueber die Alternative gelegt, auf der die Maus gerade steht. Die
   Maus wird nur durch diesen Balken repraesentiert. Erfolgt ein Mausclick im
   Fenster, wird die durch den Balken gekennzeichnete Alternative zurueckgelie-
   fert und Select auf TRUE gesetzt.                                     *)

  PROCEDURE MEWriteMenuTitle(Title : ARRAY OF CHAR);
(* Bedeutung: Im Menuefenster wird derParameter als Titel ausgegeben.    *)
(* Vorbedingungen: Das Menuefenster wurde mit Title = TRUE eroeffnet.     *)
  END MenuwindowHandler.
```

```
(***************************************************************)
(*                                                           *)
(*                  M E G l o b a l                          *)
(*                                                           *)
(*---------------------------------------------------------*)
(*                                                           *)
(*    Autor :  W. Schäfer                                    *)
(*                                                           *)
(*                                                           *)
(*    Aufgabe :   Konstanten und Typen                       *)
(*                des Moduls MenuWindow                       *)
(*                                                           *)
(*                                                           *)
(*                                                           *)
(***************************************************************)

DEFINITION MODULE MEGlobal;

  EXPORT QUALIFIED MaxAlternativeLength, AlternativeLength,
     ListOfAlternatives, PListOfAlternatives;

              (*  Konstanten  *)

  CONST
    MaxAlternativeLength = 20;

              (*   Typen      *)

  TYPE
    AlternativeLength = [0..MaxAlternativeLength];
    PListOfAlternatives = POINTER TO ListOfAlternatives;
    ListOfAlternatives =
      RECORD
      Altern : ARRAY AlternativeLength OF CHAR;
      NextAlt : PListOfAlternatives;
      END;
  END MEGlobal.
```

```
DEFINITION MODULE AttributedGraph;
(************************************************************************)
(*                                                                    *)
(*                A T T R I B U T E D G R A P H                        *)
(*                                                                    *)
(*               die Schnittstelle des                                *)
(*                                                                    *)
(*                G R A phen - S peichers                             *)
(*                                                                    *)
(*                     ( G R A S )                                     *)
(*                                                                    *)
(*                Version RWTH-3.0                                     *)
(*                                                                    *)
(*                   copyright 1987                                   *)
(*               by Lehrstuhl Informatik III,                         *)
(*                  RWTH Aachen                                       *)
(*                  5100 Aachen                                       *)
(*                  D-Federal Republic of Germany                     *)
(*                                                                    *)
(*------------------------------------------------------------------*)
(*                                                                    *)
(* AUTOREN:                                                           *)
(*    Thomas Brandes, Claus Lewerentz, Andy Schuerr und Ralf Spielmann. *)
(*                                                                    *)
(* WARTUNG:                                                           *)
(*    Andy Schuerr.                                                   *)
(*                                                                    *)
(* LETZTE AENDERUNG:                                                  *)
(*    28.03.88                                                        *)
(*                                                                    *)
(* MODULSTATUS:                                                       *)
(*    Fuer internen Gebrauch freigegeben.                             *)
(*                                                                    *)
(*------------------------------------------------------------------*)
(*                                                                    *)
(* Dieses Modul ist die Schnittstelle des IPSEN-Graphenspeichers.     *)
(* Exportiert werden :                                                *)
(*                                                                    *)
(*    * Operationen zur Verwaltung eines Pools von Graphen,           *)
(*    * Operationen fuer Error-Recovery,                              *)
(*    * Operationen auf einem Graphen,                                *)
(*    * Operationen zur Manipulation temporaerer Knotenmengen und     *)
(*    * Operationen zur Aktivierung von Eventhandling-Mechanismen.    *)
(*                                                                    *)
(*                                                                    *)
(* 1. Verwaltung eines Pools von Graphen.                             *)
(* =========================================                          *)
(*                                                                    *)
(* Verteilte Datenhaltung und Mehrbenutzerbetrieb:                    *)
(*                                                                    *)
(*    Begriffe:                                                       *)
(*                                                                    *)
(*       * Ein GRAPH besteht im wesentlichen aus einer Menge markierter, *)
(*         attributierter Knoten und markierter, gerichteter Kanten   *)
(*         zwischen diesen Knoten.                                    *)
(*       * Ein GRAPHPOOL fasst eine Menge logisch zusammen gehoerender *)
(*         Graphen zu einer Datenbasis zusammen.                      *)
(*                                                                    *)
(*    Modell fuer den Mehrbenutzerbetrieb:                            *)
(*                                                                    *)
(*       Jedes Anwenderprogramm (das GRAS eingebunden hat) kann zu einem *)
(*       Zeitpunkt lesende oder schreibende Rechte bzgl. der Graphen  *)
```

```
(*    genau eines Graphpools besitzen. Die Synchronisation der Zu-     *)
(*    griffe verschiedener Anwenderprogramme auf denselben Graphen     *)
(*    (beliebig viele lesende und genau ein schreibender Zugriff sind  *)
(*    gleichzeitig erlaubt) geschieht durch Checkin/Checkout LOKALER   *)
(*    KOPIEN (lokale Kopie = private Kopie des Anwenderprogrammes)      *)
(*    der Graphen, auf die Zugriffsrechte angemeldet werden. Diese     *)
(*    Zugriffsrechte muessen spaetestens mit dem Ende des Anwender-    *)
(*    programmes wieder zurueckgegeben werden.                         *)
(*    Wird ein Graph neu erzeugt, so kann er von anderen Anwendungen   *)
(*    erst nach dem ersten Schliessen schreibend oder lesend geoeff-   *)
(*    net werden.                                                      *)
(*                                                                     *)
(*  Repraesentation von Graphen und Graphpools im Filesystem:          *)
(*                                                                     *)
(*    Fuer jeden Graphpool wird ein eigenes Directory angelegt, das    *)
(*    sich unter einem, durch die Environment-Variable $GRAS angege-   *)
(*    benem Directory befindet.                                        *)
(*    Jeder Graph wird durch eine entsprechende Datei in dem Graph-    *)
(*    pool-Directory repraesentiert.                                   *)
(*    Die lokalen Kopien von Graphen werden in dem durch die Environ-  *)
(*    mentvariable $TMPGRAS angegebenen Directory als Dateien abge-    *)
(*    legt.                                                            *)
(*                                                                     *)
(* ENVIRONMENT VARIABLES:                                              *)
(*                                                                     *)
(*    * GRAS:     Gibt das Directory an, in dem die Graphpools angelegt *)
(*                werden. Es gibt keinen "default"-Wert fuer diese     *)
(*                Environmentvariable (Bsp. fuer einen korrekten Wert: *)
(*                "/usr/john/gras").                                   *)
(*    * TMPGRAS: Gibt das Directory an, in dem die lokalen Kopien ab-  *)
(*                gelegt werden. Der "default"-Wert ist "/usr/tmp".    *)
(*                Achtung: Benutzer die gleichzeitig mit GRAS arbeiten *)
(*                wollen, muessen verschiedene TMPGRAS-Directories be- *)
(*                sitzen.                                              *)
(*                                                                     *)
(*                                                                     *)
(* 2. Recovery-Mechanismen.                                           *)
(* =========================                                          *)
(*        . . .                                                       *)
(*                                                                     *)
(*                                                                     *)
(* 3. Graphveraendernde Operationen.                                  *)
(* =================================                                  *)
(*                                                                     *)
(*  Begriffe:                                                          *)
(*                                                                     *)
(*    * MARKIERTE KNOTEN repraesentieren die in einem Graphen ge-     *)
(*      speicherten Objekte. Die Markierung dient der Klassifizierung *)
(*      von Knoten.                                                   *)
(*      Ein Knoten wird durch einen von GRAS vergebenen internen      *)
(*      Schluessel eindeutig indentifiziert (Vorschlaege des Anwen-   *)
(*      ders werden angenommen, wenn dadurch die Forderung nach Ein-  *)
(*      deutigkeit nicht verletzt wird).                              *)
(*    * Zusaetzlich zu dem intern vergebenen Schluessel kann ein      *)
(*      Knoten auch ueber einen, vom Anwender (re-) definierbaren     *)
(*      eindeutigen EXTERNEN NAMEN angesprochen werden.               *)
(*    * MARKIERTE KANTEN repraesentieren zweistellige Beziehungen     *)
(*      zwischen den Knoten eines Graphens. Verschiedene Beziehungen  *)
(*      werden durch verschiedene Markierungen unterschieden.         *)
(*    * Zusaetzlich zu den durch markierte Kanten repraesentierten    *)
(*      Beziehungen gibt es eine ausgezeichnete MEMBERSHIP-Beziehung, *)
(*      fuer die eine effizientere Speicherabbildungsfunktion ver-    *)
```

```
(*        wendet werden kann.                                         *)
(*      * Jeder Knoten hat einen UNSTRUKTURIERTEN ATTRIBUTBEREICH     *)
(*        geringer maximaler Laenge, der fuer die Speicherung von     *)
(*        obligaten Attributwerten mit geringem Platzbedarf verwendet *)
(*        werden kann.                                                 *)
(*      * Fuer die Speicherung der Werte von Attributen, die die obigen *)
(*        Anforderungen nicht erfuellen, gibt es fuer jeden Knoten im  *)
(*        Graphen genau einen RAM-FILE. Ein RAM-File besteht aus einer *)
(*        Folge von Saetzen variabler Laenge, die ueber einen Index an- *)
(*        gesprochen werden.                                           *)
(*                                                                     *)
(*                                                                     *)
(* 4. Temporaere Mengen.                                               *)
(* =====================                                               *)
(*                . . .                                                *)
(*                                                                     *)
(*                                                                     *)
(* 5. Eventhandling.                                                   *)
(* =================                                                   *)
(*                . . .                                                *)
(*                                                                     *)
(*                                                                     *)
(* 6. Fehlermeldungen des Graphenspeichers:                            *)
(* ========================================================            *)
(*                . . .                                                *)
(*                                                                     *)

    FROM AGGlobal IMPORT Poolname, Graphnumber, Graphname, Nodenumber,
                         Nodeset, Edgelabel,
                         Nodelabel, ExternalName,
                         RAMRecord, RAMIndexnumber, GraphType,
                         Actionnumber, ActionProc, ActionPriority,
                         Demonnumber, GraphEvent;


(***********************************************************************)
(*                                                                     *)
(* Operationen zur Verwaltung eines Graphpools und der enthaltenen     *)
(* Graphen:                                                            *)
(*                                                                     *)
(***********************************************************************)

    PROCEDURE AGCreateGraphpool(Pool : Poolname; VAR AlreadyExist : BOOLEAN);
       (* Bedeutung:                                                   *)
       (*   Es soll ein Pool, der mehrere Graphen enthalten kann, ange- *)
       (*   legt werden. 'AlreadyExist' gibt an, ob bereits ein Gra-   *)
       (*   phenpool mit dem angegebenen Namen existiert. Falls er     *)
       (*   nicht existiert, wird ein solcher Pool neu kreiert. Der    *)
       (*   Pool wird gleichzeitig eroeffnet.                          *)
       (* Fehlermeldungen:                                             *)
       (*   SYNTAX E. : Illegaler 'Pool'-Name.                         *)
       (*   IS OPEN   : Ein Pool ist noch offen.                       *)


    PROCEDURE AGOpenGraph(GraphName : Graphname; OnlyRead : BOOLEAN;
                          VAR Exist : BOOLEAN; VAR OpenOk : BOOLEAN;
                          VAR Graphnr : Graphnumber);
       (* Bedeutung:                                                   *)
       (*   Innerhalb des aktuell angemeldeten Graphenpools wird ein   *)
       (*   Graph eroeffnet. Dabei gibt 'OnlyRead' an, ob der Graph nur *)
       (*   zum Lesen oder auch zum Schreiben ('OnlyRead'= FALSE ) er- *)
       (*   oeffnet werden soll. Einen Graphen koennen zur Zeit belie- *)
```

```
    (*    big viele Benutzer zum Lesen angemeldet haben, aber nur      *)
    (*    einer zum Schreiben.                                          *)
    (*    Nach Ausfuehrung der Operation gibt 'Exist' an, ob ein sol-  *)
    (*    cher Graph existiert. Falls er existiert, aber nicht ge-     *)
    (*    oeffnet werden kann, da von anderer Seite ein blockierender  *)
    (*    Zugriff vorliegt,  so wird 'OpenOk' auf FALSE gesetzt. An-   *)
    (*    sonsten wird die Nummer zurueckgeliefert, ueber die der Be-  *)
    (*    nutzer den Graphen im folgenden spezifizieren muss.          *)
    (*    Ein blockierender (schreibender) Zugriff auf einen Graphen   *)
    (*    kann auch von einer bereits beendeten Anwendung stammen,     *)
    (*    die den Graphen nicht geschlossen hat (z.B. wegen eines      *)
    (*    Absturzes). Die Blockierung kann mit 'AGCheckGraph' in       *)
    (*    diesem Fall behoben werden.                                  *)
    (* Fehlermeldungen:                                                *)
    (*    SYNTAX E. :    Illegaler 'GraphName'.                        *)
    (*    SIZE ERROR: Es sind zu viele Graphen zur Zeit offen.         *)
    (*    IS OPEN   : Graph mit diesem Namen ist bereits geoeffnet.    *)
    (*    IS CLOSED : Es ist kein Graphpool geoeffnet.                 *)
    (*    LOCKED    : Zu viele Anwendungen auf einem Graphpool.        *)

PROCEDURE AGCloseGraphpool();
    (* Bedeutung:                                                      *)
    (*    Schliessen des aktuell angemeldeten Graphenpools.            *)
    (*    Diese Prozedur darf nur aufgerufen werden, wenn kein Graph   *)
    (*    mehr geoeffnet ist oder GRAS einen "Shutdown" durchfuehren   *)
    (*    soll. In letzterem Fall wird von allen offenen Graphen ein   *)
    (*    Dump erzeugt (der mit 'AGCheckGraph' gelesen werden kann),   *)
    (*    alle offenen Transaktionen abgeschlossen und alle offenen    *)
    (*    Graphen in einem nun hoffentlich konsistenten Zustand ge-    *)
    (*    schlossen.                                                   *)
    (*    Wird das Anwenderprogramm beendet ohne dass der Graphpool    *)
    (*    geschlossen wird (etwa bei einem Absturz), so muessen alle   *)
    (*    zu diesem Zeitpunkt noch offenen Graphen mit 'AGCheckGraph'  *)
    (*    wieder in einen konsistenten Zustand gebracht werden.        *)
    (*    Dazu muss der entsprechende Graphpool mit 'AGOpenGraphpool'  *)
    (*    neu geoeffnet werden.                                        *)
    (* Fehlermeldungen:                                                *)
    (*    IS CLOSED : Es ist kein Graphpool geoeffnet.                 *)
    (*    LOCKED    : Zu viele Anwendungen auf einem Graphpool.        *)

PROCEDURE AGCloseGraph(Graphnr : Graphnumber; Save : BOOLEAN);
    (* Bedeutung:                                                      *)
    (*    Schliessen eines Graphen.                                    *)
    (*    Diese Prozedur darf nur aufgerufen werden, wenn alle         *)
    (*    Transaktionen  zu diesem Graphen abgeschlossen sind.         *)
    (*    Ist 'Save'=FALSE, so werden beim Schliessen des Graphens     *)
    (*    alle Veraenderungen seit dem Oeffnen oder Neuerzeugen ver-   *)
    (*    worfen (beim Neuerzeugen hat dies die Konsequenz, dass der   *)
    (*    Graph nicht mehr existiert).                                 *)
    (* Fehlermeldungen:                                                *)
    (*    IS CLOSED : Es ist kein Graphpool oder 'Graphnr' offen.      *)
    (*    FORBIDDEN : Es gibt noch blockierte aktive Aktionen.         *)
    (*    LOCKED    : Zu viele Anwendungen auf einem Graphpool.        *)

    (*                         . . .                                   *)


(************************************************************************)
(*                                                                    *)
(* Operationen zur Unterstuetzung primitiver Recovery-Massnahmen      *)
(*                                                                    *)
(************************************************************************)
```

```
PROCEDURE AGStartTransaction(Graphnr : Graphnumber);
    (* Bedeutung:                                              *)
    (*    Leitet eine neue Transaktion ein. Diese Transaktion kann   *)
    (*    entweder "normal" beendet werden, dann hat sie keinen Ein- *)
    (*    fluss auf den Zustand des geoeffneten  Graphen, oder aber  *)
    (*    auch abgebrochen werden. In letzterem Fall wird der angege- *)
    (*    bene Graph wieder in den Zustand zurueckversetzt, in dem er *)
    (*    sich zu Beginn der Transaktion befand.                *)
    (*    Ueber Einschraenkungen und Wechselwirkungen dieser Prozedur *)
    (*    mit anderen Prozeduren informieren die oben im Modulkopf *)
    (*    stehenden allgemeinen Bemerkungen.                    *)
    (* Fehlermeldungen:                                        *)
    (*    IS CLOSED : Es ist kein Graphpool oder 'Graphnr' offen.  *)
    (*    FORBIDDEN : Es gibt noch blockierte aktive Aktionen.     *)

    (*                        . . .                             *)


(*************************************************************************)
(*                                                              *)
(* Anfrage- und Modifikationsoperationen auf einzelnen Graphen:  *)
(*                                                              *)
(* Der Effekt dieser Operationen auf geoeffnete Graphen (ausschliess- *)
(* lich der zugehoerigen temporaeren Mengen) kann durch Abbruch von *)
(* von Transaktionen wieder rueckgaengig gemacht werden.         *)
(*                                                              *)
(*************************************************************************)

PROCEDURE AGCreateNode(Graph : Graphnumber; Nodelab : Nodelabel;
        Environment : Nodenumber; VAR Nodenr : Nodenumber);
    (* Bedeutung:                                              *)
    (*    Es wird ein neuer Knoten mit der Markierung 'Nodelab' im  *)
    (*    Graphen 'Graph' angelegt. Bei 'Environment' kann ein Knoten *)
    (*    angegeben werden, in dessen naeherer Umgebung dieser neue *)
    (*    Knoten anzusiedeln ist. 'Nodenr' liefert die Nummer des  *)
    (*    neuen Knotens zurueck, die gleich 'Environment' ist, wenn *)
    (*    diese Nummer noch nicht als Knotennummer im Graphen     *)
    (*    existiert.                                            *)
    (*    Der Parameter 'Environment' steuert also die physikalische *)
    (*    Ablage von Knoten (letztendlich im Dateisystem) und dient *)
    (*    dazu, die zwischen Haupt- und Sekundaerspeicher zu ueber- *)
    (*    tragenden Datenmengen zu minimieren.                  *)
    (* Fehlermeldungen:                                        *)
    (*    IS CLOSED : Der Graph ist nicht geoeffnet.            *)

PROCEDURE AGCreateNodeWithName(Graph : Graphnumber; Nodelab : Nodelabel;
        Name : ExternalName; Environment : Nodenumber; VAR Nodenr : Nodenumber);
    (* Bedeutung:                                              *)
    (*    Wie bei 'AGCreateNode' wird ein Knoten erzeugt, der   *)
    (*    einen Namen erhaelt, ueber den er direkt ansprechbar ist. *)
    (*    Dieser Name darf aus beliebigen ASCII-Zeichen ungleich 'OC' *)
    (*    aufgebaut sein und wird durch 'OC' terminiert. Die letzte *)
    (*    signifikante Position des Namens ist 'MaxNamePos' (siehe *)
    (*    'AGGlobal.def').                                      *)
    (* Fehlermeldungen:                                        *)
    (*    IS CLOSED : Der Graph ist nicht geoeffnet.            *)
    (*    EXISTENT  : Es gibt bereits einen Knoten mit diesem Namen. *)

PROCEDURE AGCreateEdgeAndNode(Graph : Graphnumber;
        Sourcenode : Nodenumber; Edgelab : Edgelabel; Nodelab : Nodelabel;
        VAR Nodenr : Nodenumber);
    (* Bedeutung:                                              *)
```

```
    (*    Es wird eine neue Kante vom Knoten 'Sourcenode' mit der      *)
    (*    Kantenmarkierung 'Edgelab' zu einem neuen Knoten mit der      *)
    (*    Markierung 'Nodelab' im Graphen angelegt.                     *)
    (*    'Nodenr' liefert die Nummer des neuen Knotens zurueck.        *)
    (*    Der neu erzeugte Knoten wird in der physikalischen Nachbar-   *)
    (*    schaft des Knotens 'SourceNode' abgelegt.                     *)
    (* Fehlermeldungen:                                                 *)
    (*    NOT FOUND : Der Knoten 'Sourcenode' existiert nicht.          *)
    (*    IS CLOSED : Der Graph ist nicht geoeffnet.                    *)

PROCEDURE AGDeleteNode(Graph : Graphnumber; Node : Nodenumber);
    (* Bedeutung:                                                       *)
    (*    Der angegebene Knoten wird geloescht, ohne dass die ein-      *)
    (*    oder auslaufenden Kanten oder die externen Namen oder sein    *)
    (*    File-Attribut mitgeloescht werden.                            *)
    (*    A C H T U N G :  Diese Ressource ist ein Relikt, das in       *)
    (*                     neuen Anwendungen  n i c h t  verwendet      *)
    (*                     werden sollte.                               *)

PROCEDURE AGDeleteNodeAndEdges(Graph : Graphnumber; Node : Nodenumber);
    (* Bedeutung:                                                       *)
    (*    Der angegebene Knoten wird zusammen mit allen ein- und aus-   *)
    (*    laufenden Kanten geloescht.                                   *)
    (* Fehlermeldungen:                                                 *)
    (*    NOT FOUND : Der Knoten 'Node' existiert nicht.                *)
    (*    IS CLOSED : Der Graph ist nicht geoeffnet.                    *)


PROCEDURE AGShowLabelOfNode(Graph : Graphnumber; Node : Nodenumber;
                            VAR Nodelab : Nodelabel);
    (* Bedeutung:                                                       *)
    (*    Zu dem angegebenen Knoten wird seine Knotenmarkierung zu-     *)
    (*    rueckgegeben.                                                 *)
    (*    Falls der Knoten nicht existiert, so wird fuer 'Nodelab'      *)
    (*    der Wert 'UndefinedNodelabel' zurueckgeliefert.               *)
    (* Fehlermeldungen:                                                 *)
    (*    IS CLOSED : Der Graph ist nicht geoeffnet.                    *)

PROCEDURE AGCreateEdge(Graph : Graphnumber; Sourcenode : Nodenumber;
    Targetnode : Nodenumber; Edgelab : Edgelabel);
    (* Bedeutung:                                                       *)
    (*    Es wird eine Kante mit der Markierung 'Edgelab', die vom      *)
    (*    Knoten 'Sourcenode' zum Knoten 'Targetnode' fuehrt, neu an-   *)
    (*    gelegt.                                                       *)
    (*    Kanten der Kategorie Composite koennen nur bei der Erzeu-     *)
    (*    gung eines neuen Knotens als einlaufende Kante in diesen      *)
    (*    erzeugt werden.                                               *)
    (* Fehlermeldungen:                                                 *)
    (*    NOT FOUND : 'Sourcenode' oder 'Targetnode' existiert nicht.   *)
    (*    IS CLOSED : Der Graph ist nicht geoeffnet.                    *)

PROCEDURE AGDeleteEdge(Graph : Graphnumber; Sourcenode : Nodenumber;
                       Targetnode : Nodenumber; Edgelab : Edgelabel);
    (* Bedeutung:                                                       *)
    (*    Die Kante mit der Markierung 'Edgelab' zwischen den angege-   *)
    (*    benen Knoten 'Sourcenode' und 'Targetnode' wird geloescht.    *)
    (*    Kanten der Kategorie Composite koennen nur zusammen mit den   *)
    (*    Knoten, die sie verbinden, geloescht werden.                  *)
    (* Fehlermeldungen:                                                 *)
    (*    NOT FOUND : Eine solche Kante gibt es nicht.                  *)
    (*    IS CLOSED : Der Graph ist nicht geoeffnet.                    *)
```

```
     PROCEDURE AGTestAndShowSourcenode(Graph : Graphnumber;
                                       Targetnode : Nodenumber;
                                       Edgelab : Edgelabel;
                                       VAR Sourcenrs : SHORTCARD ;
                                       VAR Sourcenode : Nodenumber);
     (* Bedeutung:                                                      *)
     (*   'Sourcenrs' gibt an, wieviele mit  Edgelab  markierte Kan-    *)
     (*   ten in 'Targetnode' einlaufen. Falls diese Anzahl genau 1     *)
     (*   ist, gibt 'Sourcenode' die Nummer des Startknotens an.        *)
     (* Fehlermeldungen:                                                *)
     (*   IS CLOSED : Der Graph ist nicht geoeffnet.                    *)

     PROCEDURE AGShowAllSourcenodes(Graph : Graphnumber; Targetnode : Nodenumber
                                    Edgelab : Edgelabel;
                                    VAR SourcenodeSet : Nodeset);
     (* Bedeutung:                                                      *)
     (*   Die Knoten, von denen mit 'Edgelab' markierte Kanten nach     *)
     (*   'Targetnode' laufen, werden als Menge von Knotennummern       *)
     (*   zurueckgegeben.                                               *)
     (*   Die Menge 'SourcenodeSet' muss eine zuvor erzeugte Menge      *)
     (*   sein.                                                         *)
     (* Fehlermeldungen:                                                *)
     (*   IS CLOSED : Der Graph ist nicht geoeffnet.                    *)
     (*   UNKNOWN   : Die Menge 'SourcenodeSet' wurde nicht erzeugt.    *)


     PROCEDURE AGTestIncomingEdge(Graph : Graphnumber; Targetnode : Nodenumber;
                                  Edgelab : Edgelabel) : BOOLEAN;
     (* Bedeutung:                                                      *)
     (*   Es wird ueberprueft, ob in den Knoten Targetnode mindestens *)
     (*   eine mit Edgelab markierte Kante einlaeuft.                   *)
     (* Fehlermeldungen:                                                *)
     (*   IS CLOSED : Der Graph ist nicht geoeffnet.                    *)


     (*                         . . .                                   *)

(***************************************************************************)
(*                                                                        *)
(* Operationen fuer das EventHandling.                                    *)
(*                                                                        *)
(***************************************************************************)

     (*                         . . .                                   *)


(***************************************************************************)
(*                                                                        *)
(* Operationen auf temporaeren Mengen :                                   *)
(*    A C H T U N G :                                                     *)
(*    Das Ruecksetzen von Transaktionen betrifft die temporaeren          *)
(*    Mengen nicht. Diese werden also nicht wieder in ihren vor-          *)
(*    maligen Zustand zurueckversetzt.                                    *)
(*                                                                        *)
(***************************************************************************)

     (*                         . . .                                   *)


     END AttributedGraph.
```

```
(*****************************************************************)
(*                                                             *)
(*            E d i t o r O p e r a t i o n s                   *)
(*                                                             *)
(*-----------------------------------------------------------*)
(*                                                             *)
(*    Autor :  W. Schäfer                                      *)
(*                                                             *)
(*                                                             *)
(*    Aufgabe : Der Modul exportiert alle moeglichen           *)
(*              Graphmodifikationen des Editors. Bei jeder*)
(*              Modifikation wird die ks. Syntax uebr -        *)
(*              prueft.                                         *)
(*                                                             *)
(*****************************************************************)

DEFINITION MODULE EditorOperations;

  FROM AGGlobal IMPORT Graphname, Graphnumber, Nodenumber;
  FROM MGGlobalAttributes IMPORT TaskInfo;

  EXPORT QUALIFIED EOCreateNewModuleGraph, EOOpenModuleGraph,
      EOCloseModuleGraph, EOInsertTypeDeclaration,
      EOExtendTypeDeclaration, EOInsertVariableDeclaration,
      EOExtendVariableDeclaration, EOInsertProcCall, EOExtendProcCall,
      EOInsertVarIdentifier, EOExtendVarIdentifier,
      EODeleteVarIdentifier, EOEnterVarIdentifier,
      EOInsertProcDeclaration, EOExtendProcDeclaration,
      EOInsertWhileStatement, EOExtendWhileStatement,
      EOInsertAssignmentStatement, EOExtendAssignmentStatement,
      EOInsertIfStatement, EOExtendIfStatement, EOInsertForStatement,
      EOExtendForStatement, EOExtendVariable, EOExtendIdentifier,
      EOExtendSimpleExpression, EOExtendPlusExpression,
      EOExtendLowerExpression, EOExtendMultTerm, EODeleteModule,
      EODeleteStatementList, EODeleteDeclarationList,
      EODeleteVariableDeclarationList, EODeleteTypeDeclarationList,
      EODeleteVariableDeclaration, EODeleteTypeDeclaration,
      EODeleteVariable, EODeleteIdentifier, EODeleteIdentifierList,
      EODeleteProcDeclaration, EODeleteWhileStatement,
      EODeleteIfStatement, EODeleteElsifPartList, EODeleteElsifPart,
      EODeleteAssignmentStatement, EODeleteSimpleExpression,
      EODeletePlusSimpleExpression, EODeleteLowerExpression,
      EODeleteMultTerm, EODeleteMinusSign, EODeletePlusSign;

  PROCEDURE EOCreateNewModuleGraph(Graph : Graphname; VAR GNumber :
      Graphnumber; VAR ActEdInc : Nodenumber);
(* Bedeutung:                                                  *)
(*   Es wird ein neuer Modulgraph, d.h. der Startgraph angelegt. Die *)
(*   Nummer des Graphens unter der er angelegt wird, wird zurueckgeliefert. *)
(*   Ausserdem wird die Knotennummer des Wurzelknotens eines aktuellen *)
(*   Inkrements zurueckgeliefert. Das ist hier immer der gesamte Modul. *)

  PROCEDURE EOOpenModuleGraph(Graph : Graphname; VAR GNumber :
      Graphnumber);
(* Bedeutung:                                                  *)
(*   Ein bereits existierender Modulgraph wird zum Lesen und Schreiben er- *)
(*   eroeffnet. Die Nummer, unter der er angelegt worden ist, wird zurueck- *)
(*   geliefert.                                                 *)
```

```
PROCEDURE EOCloseModuleGraph(GNumber : Graphnumber);
(* Bedeutung:                                                       *)
(* Der angegebene Modulgraph wird geschlossen.                      *)

PROCEDURE EODeleteModule(Graph : Graphnumber; VAR ActEdInc :
    Nodenumber; VAR MessageNr : CARDINAL) : BOOLEAN;
(* Bedeutung:                                                       *)
(* Der angegebene Modulgraph wird geloescht, falls alle enthaltenen *)
(* Teile geloescht werden duerfen. s.EODeleteTypeDeclaration        *)

PROCEDURE EODeleteDeclarationList(Graph : Graphnumber; VAR
    ActEdInc : Nodenumber; VAR MessageNr : CARDINAL) : BOOLEAN;
(* Bedeutung:
    Falls kein Bezeichner mehr verwendet wird, wird die gesamte
    Deklarationsliste geloescht und die Funktion erhaelt den Wert TRUE.
    Sonst erhaelt sie den Wert FALSE und eine Fehlernummer wird zurueck -
    geliefert, die die entsprechende Fehlermeldung in der Nachrichtendatei
    angibt.                                                          *)

PROCEDURE EODeleteVariableDeclarationList(Graph : Graphnumber;
  VAR ActEdInc : Nodenumber; VAR MessageNr : CARDINAL; VAR Succ :
    BOOLEAN) : BOOLEAN;
(* Bedeutung:
    Analog DeleteDeclarationList. Der zusatzliche Parameter Succ gibt an,
    ob das in der Liste nachfolgende Inkrement nach dem Loeschen das aktuelle
    geworden ist (Succ = TRUE) oder das vorhergehende (Succ = FALSE).   *)

PROCEDURE EODeleteTypeDeclarationList(Graph : Graphnumber; VAR
    ActEdInc : Nodenumber; VAR MessageNr : CARDINAL; VAR Succ :
    BOOLEAN) : BOOLEAN;
(* Bedeutung:
    Analog DeleteVariableDeclarationList                             *)

PROCEDURE EODeleteStatementList(Graph : Graphnumber; VAR ActEdInc :
    Nodenumber);
(* Bedeutung:
    Eine gesamte Anweisungsliste wird ohne weitere Uberpruefung
    geloescht.                                                      *)

PROCEDURE EOInsertTypeDeclarationGraph : Graphnumber; VAR
    ActEdInc : Nodenumber; CmdMode : BOOLEAN);
(* Bedeutung:                                                       *)
(* Vor dem mit ActEdInc angegebenen Inkrement wird eine Typdeklaration *)
(* eingetragen. Ist CmdMode TRUE, erfolgt eine implizite Kommandoakti- *)
(* vierung, d.h. neues aktuelles Inkrement wird der Typbezeichner, der *)
(* neu eingetragenen Typdeklaration. Dieser wird in ActEdInc zurueckge- *)
(* liefert.                                                         *)

PROCEDURE EOExtendTypeDeclaration(Graph : Graphnumber; VAR
    ActEdInc : Nodenumber; CmdMode : BOOLEAN);
(* Bedeutung:                                                       *)
(* Analog SYInsertTypeDeclaration. Die neue Typdeklaration wird nach dem *)
(* aktuellen Inkrement eingetragen.                                 *)
```

```
PROCEDURE EODeleteTypeDeclaration(Graph : Graphnumber; VAR
        ActEdInc : Nodenumber; VAR MessageNr : CARDINAL; VAR Succ :
        BOOLEAN) : BOOLEAN;
```
(* Bedeutung: *)
(* Die durch ActEdInc angegebene Typdeklaration wird geloescht, falls sie *)
(* in ihrem Gueltigkeitsbereich nirgendwo mehr angewendet wird. In der   *)
(* Variablen   ActEdInc wird das neue aktuelle Inkrement zurueckgelie-   *)
(* fert. Wird sie noch angewendet,   *)
(* wird sie nicht geloescht,sondern eine Fehlernummer   *)
(* und FALSE zurueckgeliefert.   *)
(* Succ erhalet den Wert TRUE, wenn nach dem Loeschen das nachfolgende   *)
(* Listenelement das aktuelle geworden ist. Ansonsten ist Succ FALSE.   *)

```
PROCEDURE EOExtendIdentifier(Graph : Graphnumber; VAR ActEdInc :
        Nodenumber; Ident : ARRAY OF CHAR; CmdMode : BOOLEAN; VAR
        MessageNr : CARDINAL) : BOOLEAN;
```
(* Bedeutung: *)
(* Es wird fuer das aktuelle Inkrement der uebergebene Identifier als   *)
(* Attribut eingetragen. Wird die kontextsensitive Syntax verletzt, wird *)
(* er nicht eingetragen, sondern eine Fehlermeldung und FALSE zurueck-   *)
(* geliefert. Die Prozedur traegt die Identifier fuer die linke und   *)
(* rechte Seite einer Typdeklaration, die rechte Seite der Variablen-   *)
(* deklaration, die Prozedurdeklaration und alle Identifier im Anwei-   *)
(* sungsteil.   *)

```
PROCEDURE EODeleteIdentifierList(Graph : Graphnumber; VAR
        ActEdInc : Nodenumber; VAR MessageNr : CARDINAL) : BOOLEAN;
```
(* Bedeutung: *)
(* Die durch ActEdInc angegebene Typdeklaration wird geloescht, falls sie *)
(* in ihrem Gueltigkeitsbereich nirgendwo mehr angewendet wird. In der   *)
(* Variablen   ActEdInc wird das neue aktuelle Inkrement zurueckgelie-   *)
(* fert. Wird noch ein Identifier angewendet,   *)
(* wird sie nicht geloescht,sondern eine Fehlernummer   *)
(* und FALSE zurueckgeliefert.   *)
(* Succ erhalet den Wert TRUE, wenn nach dem Loeschen das nachfolgende   *)
(* Listenelement das aktuelle geworden ist. Ansonsten ist Succ FALSE.   *)

```
PROCEDURE EODeleteIdentifier(Graph : Graphnumber; VAR ActEdInc :
        Nodenumber; VAR Succ : BOOLEAN; VAR MessageNr : CARDINAL) : BOOLEAN;
```
(* Bedeutung:
   Analog DeleteTypeDeclaration   *)

```
PROCEDURE EOInsertProcDeclaration(Graph : Graphnumber; VAR
        ActEdInc : Nodenumber; CmdMode : BOOLEAN);
```
(* Bedeutung:
   Analog InsertTypeDeclaration   *)

```
PROCEDURE EOExtendProcDeclaration(Graph : Graphnumber; VAR
        ActEdInc : Nodenumber; CmdMode : BOOLEAN);
```
(* Bedeutung:
   Analog ExtendTypeDeclaration   *)

```
PROCEDURE EOInsertVariableDeclaration(Graph : Graphnumber; VAR
        ActEdInc : Nodenumber; CmdMode : BOOLEAN; UsedAs : TaskInfo);
```
(* Bedeutung:
   Analog InsertTypeDeclaration. Der Parameter UsedAs wird benoetigt, um
   Deklarationen, die von Werkzeugen eingetragen werden, zu unterscheiden
   von Deklarationen, die der Benutzer eingegeben hat. Ist
   UsedAs = Modula-2, wurde die Deklaration vom Benutzer eingetragen. Ist
   UsedAs # Modula-2 wurde sie von einem Werkzeug eingetragen.   *)

```
PROCEDURE EOExtendVariableDeclaration(Graph : Graphnumber; VAR
      ActEdInc : Nodenumber; CmdMode : BOOLEAN; UsedAs : TaskInfo);
(* Bedeutung:
   Analog InsertVariableDeclaration. Die neue Variablendeklaration wird nur
   nach dem aktuellen Inkre ent eingetragen.                              *)

PROCEDURE EODeleteVariableDeclaration(Graph : Graphnumber; VAR
      ActEdInc : Nodenumber; VAR MessageNr : CARDINAL; VAR Succ :
      BOOLEAN) : BOOLEAN;
(* Bedeutung:                                                             *)
(*   Die durch ActEdInc angegebene Typdeklaration wird geloescht, falls sie *)
(*   in ihrem Gueltigkeitsbereich nirgendwo mehr angewendet wird. In der    *)
(*   Variablen    ActEdInc wird das neue aktuelle Inkrement zurueckgelie-   *)
(*   fert. Wird sie noch verwendet,                                         *)
(*   wird sie nicht geloescht, sondern eine Fehlernummer                    *)
(*   und FALSE zurueckgeliefert.                                            *)
(*   Succ erhaelt den Wert TRUE, wenn nach dem Loeschen das nachfolgende     *)
(*   Listenelement das aktuelle geworden ist. Ansonsten ist Succ FALSE.     *)

  PROCEDURE EOInsertVarIdentifier(Graph : Graphnumber; VAR ActEdInc :
        Nodenumber; CmdMode : BOOLEAN);
(* Bedeutung:                                                             *)
(*   Vor dem aktuellen Inkrement wird ein weiterer Variablenidentifier ein-*)
(*   tragen. Ist CmdMode TRUE, wird der neu eingetragene Knoten das aktuel-*)
(*   le Inkrement.                                                         *)

  PROCEDURE EOExtendVarIdentifier(Graph : Graphnumber; VAR ActEdInc :
        Nodenumber; CmdMode : BOOLEAN);
(* Bedeutung:                                                             *)
(*   Hinter dem aktuellen Inkrement wird ein weiterer Variablenidentifier  *)
(*   eingetragen. Ist CmdMode TRUE, wird der neu eingetragene Knoten das   *)
(*   aktuelle Inkrement.                                                   *)

  PROCEDURE EODeleteVarIdentifier(Graph : Graphnumber; VAR ActEdInc :
        Nodenumber; CmdMode : BOOLEAN; VAR MessageNr : CARDINAL;
      VAR Succ : BOOLEAN) : BOOLEAN;
  (* Bedeutung:
     Analog DeleteTypeDeclaration                                        *)

  PROCEDURE EOEnterVarIdentifier(Graph : Graphnumber; VAR ActEdInc :
        Nodenumber; VarIdent : ARRAY OF CHAR; VAR MessageNr : CARDINAL) :
        BOOLEAN;
(* Bedeutung:                                                             *)
(*   Zu dem aktuellen Inkrement wird der uebergebene Bezeichner eingetra-  *)
(*   gen. Es wird ueberprueft, ob er bereits deklariert ist. Falls ja,     *)
(* wwird FALSE zurueckgeliefert und eine Fehlermeldung. Ansonsten wird er *)
(*   eingetragen.                                                          *)

  PROCEDURE EOInsertIfStatement(Graph : Graphnumber; VAR ActEdInc :
        NodenumberCmdMode; Nodenumber : BOOLEAN; UsedAs : TaskInfo);
  (* Bedeutung:
     Analog InsertVariableDeclaration                                    *)

  PROCEDURE EOExtendIfStatement(Graph : Graphnumber; VAR ActEdInc :
        NodenumberCmdMode; Nodenumber : BOOLEAN; UsedAs : TaskInfo);
  (* Bedeutung:
     Analog ExtendVariableDeclaration                                    *)
```

```
PROCEDURE EODeleteIfStatement(Graph : Graphnumber; VAR ActEdInc :
    Nodenumber; VAR Succ : BOOLEAN);
(* Bedeutung: Das uebergebene aktuelle Inkrement, ein IF-statement wird
   geloescht. Wird das nachfolgende Inkrement in der Anweisungsliste das
   neue aktuelle Inkrement nach dem Loeschen, erhaelt Succ den Wert
   TRUE, sonst FALSE.                                                    *)

PROCEDURE EOInsertWhileStatement(Graph : Graphnumber; VAR
     ActEdInc : NodenumberCmdMode; Nodenumber : BOOLEAN);
(* Bedeutung:
   Analog InsertTypeDeclaration                                         *)

PROCEDURE EOExtendWhileStatement(Graph : Graphnumber; VAR
     ActEdInc : NodenumberCmdMode; Nodenumber : BOOLEAN);
(* Bedeutung:
   Analog ExtendTypeDeclaration                                         *)

PROCEDURE EODeleteWhileStatement(Graph : Graphnumber; VAR
     ActEdInc : Nodenumber; VAR Succ : BOOLEAN);
(* Bedeutung:
   Analog DeleteIfStatement                                             *)

PROCEDURE EOInsertAssignmentStatement(Graph : Graphnumber; VAR
     ActEdInc : NodenumberCmdMode; Nodenumber : BOOLEAN; UsedAs :
     TaskInfo);
(* Bedeutung:
   Analog InsertVariableDeclaration                                     *)

PROCEDURE EOExtendAssignmentStatement(Graph : Graphnumber; VAR
     ActEdInc : NodenumberCmdMode; Nodenumber : BOOLEAN; UsedAs :
     TaskInfo);
(* Beeutung:
   Analog ExtendVariableDeclaration                                     *)

PROCEDURE EODeleteAssignmentStatement(Graph : Graphnumber; VAR
     ActEdInc : Nodenumber; VAR Succ : BOOLEAN);
(* Bedeutung:
   Analog DeleteIfStatement                                             *)

PROCEDURE EOExtendSimpleExpression(Graph : Graphnumber; ActNode :
    Nodenumber; Expr : ARRAY OF CHAR);
(* Bedeutung:
   Der durch ActNode gegebene aktuelle Knoten wird durch das Graph -
   inkrement fuer ein SimpleExpression ersetzt. Am Wurzelknoten
   wird als Attribut der in Expr uebergebene String eingetragen.        *)

PROCEDURE EODeleteSimpleExpression(Graph : Graphnumber; VAR
    ActEdInc : Nodenumber; VAR Succ : BOOLEAN);
(* Bedeutung:
   Das Graphinkrment fuer ein SimpleExpression wird geloescht und durch
   einen mit Expr markierten Knoten ersetzt. Dieser wird in ActEdInc
   zurueckgeliefert. Succ hat die uebliche Bedeutung.                   *)

PROCEDURE EOExtendPlusExpression(Graph : Graphnumber; ActNode :
    Nodenumber; Expr : ARRAY OF CHAR);
(* Bedeutung:
   Analog ExtendSimpleExpression                                        *)

PROCEDURE EODeletePlusSi pleExpression(Graph : Graphnumber; VAR
    ActEdInc : Nodenumber; VAR Succ : BOOLEAN);
(* Bedeutung:
   Analog DeletePlusSimpleExpression                                    *)
```

```
PROCEDURE EOExtendLowerExpression(Graph : Graphnumber; ActNode :
    Nodenumber; Expr : ARRAY OF CHAR);
(* Bedeutung:
   Analog ExtendSimpleExpression                                        *)

PROCEDURE EODeleteLowerExpression(Graph : Graphnumber; VAR
    ActEdInc : Nodenumber; VAR Succ : BOOLEAN);
(* Bedeutung:
   Analog DeleteSimpleExpression                                        *)

PROCEDURE EOExtendMultTerm(Graph : Graphnumber; ActNode : Nodenumber);
(* Bedeutung:
   Das Graphinkrement fuer einen MultTerm wird eingetragen, d.h. der
   aktuelle Knoten durch dieses Graphinkrement ersetzt.                 *)

PROCEDURE EODeleteMultTerm(Graph : Graphnumber; VAR ActEdInc :
    Nodenumber; VAR Succ : BOOLEAN);
(* Bedeutung:
   Das Graphinkrement fuer MultTerm wird geloescht und durch einen
   Knoten ersetzt, der mit MultTerm markiert ist. Dieser wird in
   ActEdInc zurueckgeliefert.                                           *)

PROCEDURE EOExtendVariable(Graph : Graphnumber; ActNode : Nodenumber;
    Variable : ARRAY OF CHAR);
(* Bedeutung:
   Analog ExtendSimpleExpression                                        *)

PROCEDURE EODeleteVariable(Graph : Graphnumber; VAR ActEdInc :
    Nodenumber; VAR Succ : BOOLEAN);
(* Bedeutung:
   Das Graphinkrement fuer eine Variable wird geloescht und durch einen
   mit Var markierten Knoten ersetzt. Dieser wird in ActEdInc
   zurueckgeliefert.                                                    *)

PROCEDURE EODeletePlusSign(Graph : Graphnumber; VAR ActEdInc :
    Nodenumber);
(* Bedeutung:
   Analog DeleteMultTerm                                                *)

PROCEDURE EODeleteMinusSign(Graph : Graphnumber; VAR ActEdInc :
    Nodenumber);
(* Bedeutung: Analog DeleteMultTerm                                     *)

PROCEDURE EOExtendProcCall(Graph : Graphnumber; ActEdInc : Nodenumber;
    CmdMode : BOOLEAN; UsedAs : TaskInfo);
(* Bedeutung:
   Analog InsertIfStatement                                             *)

PROCEDURE EOInsertProcCall(Graph : Graphnumber; ActEdInc : Nodenumber;
    CmdMode : BOOLEAN; UsedAs : TaskInfo);
(* Bedeutung:
   Analog ExtendIfStatement                                             *)
PROCEDURE EODeleteProcCall(Graph : Graphnumber; VAR ActEdInc :
    Nodenumber; VAR Succ : BOOLEAN);
(* Bedeutung:
   Analog DeleteIfStatement                                             *)


END EditorOperations.
```

```
(****************************************************************)
(*                                                            *)
(*                   M 2 P a r s e r                          *)
(*                                                            *)
(*------------------------------------------------------------*)
(*                                                            *)
(*    Autor  :  U. Schleef                                    *)
(*                                                            *)
(*                                                            *)
(*    Aufgabe :  Der Modul realisiert einen                   *)
(*               multiple entry parser für Modula-2.          *)
(*               Eingabe ist ein Textdokument mit dem          *)
(*               Quelltext eines Inkrementes.                 *)
(*               Ausgabe ist ein CommandBatch, der die        *)
(*               Editoroperationsaufrufe zur Erzeugung        *)
(*               entsprechenden Graphinkrementes enthält.     *)
(*                                                            *)
(****************************************************************)

DEFINITION MODULE M2Parser;

  FROM TextDocument IMPORT TextDocu, TextPosition, SizeOfTextline;
  FROM AGGlobal IMPORT Graphnumber, Nodenumber;

  EXPORT QUALIFIED MPInitParser, MPAnalyse, MPReportError;

          (*    Prozeduren   *)

  PROCEDURE MPInitParser(ModuleGraph : Graphnumber);
  (* Effekt:                                                    *)
  (* Die Prozedur initialisiert den Parser und ist vor der ersten   *)
  (* Analyse eines Quelltextes aufzurufen.                      *)

  PROCEDURE MPAnalyse(SourceText : TextDocu; VAR ActInc : Nodenumber) :
        BOOLEAN;
  (* Effekt:                                                    *)
  (* Die Prozedur fuehrt die (kontextfreie) Syntaxanalyse fuer den in  *)
  (* dem Textdokument SourceText vorgefundenen Quelltext durch und  *)
  (* erzeugt dabei einen CommandBatch, der die zum Aufbau des ent-  *)
  (* sprechenden Graphinkrementes notwendigen Editoroperationsaufrufe  *)
  (* enthaelt. Handelt es sich bei ActInc um ein bereits expandiertes  *)
  (* Graphinkrement, so wird dieses vor der Analyse geloescht.  *)
  (* Ist der Quelltext syntaktisch nicht korrekt, bricht die Analyse  *)
  (* ab und die Prozedur liefert FALSE zurueck.                 *)

  PROCEDURE MPReportError(VAR ErrorNumber : CARDINAL; VAR Position :
        TextPosition; VAR Length : SizeOfTextline; VAR FatalError :
        BOOLEAN);
  (* Effekt:                                                    *)
  (* Die Prozedur liefert Nummer und Position eines Syntaxfehlers,  *)
  (* falls die Analyse vorzeitig abgebrochen wurde. Erhaelt der Para-  *)
  (* meter FatalError den Wert TRUE, kann der Fehler nicht behoben  *)
  (* werden.                                                    *)

END M2Parser.
```

```
(***************************************************************)
(*                                                           *)
(*                V i e w M a n a g e r                      *)
(*                                                           *)
(*---------------------------------------------------------*)
(*                                                           *)
(*    Autor :  G. Engels / U. Schleef                        *)
(*                                                           *)
(*                                                           *)
(*    Aufgabe :  Dieser Modul exportiert Ressourcen zur      *)
(*               Verwaltung der Ausgabe verschiedener ex-    *)
(*               terner Darstellungen eines Ausschnitts      *)
(*               aus einem Modulgraphen.                     *)
(*               Der Modul ViewTable ist bisher noch         *)
(*               nicht implementiert. Diese Tabelle ist      *)
(*               im Code dieses Moduls verkapselt.           *)
(*                                                           *)
(***************************************************************)

DEFINITION MODULE ViewManager;

   FROM AGGlobal IMPORT Graphnumber, Nodenumber;
   FROM WMGlobal IMPORT WindowName;
   FROM TWGlobal IMPORT TextwindowHorizontalSize, TextwindowVerticalSize;
   FROM INGlobal IMPORT InputwindowHorizontalSize,
      InputwindowVerticalSize;
   FROM MWGlobal IMPORT MessagewindowHorizontalSize,
      MessagewindowVerticalSize;
   FROM MEGlobal IMPORT AlternativeLength;
   FROM GlobalCommand IMPORT Scrolldirection;
   FROM TextDocument IMPORT TextDocu;

   EXPORT QUALIFIED VMSetSpecificIncrementInActView,
      VMSetSpecificIncrementInMessageView,
      VMResetSpecificIncrementInActView,
      VMResetSpecificIncrementInMessageView, VMDisplayActIncrement,
      VMDisplayAndConfirmRelativeMessageViewMessage,
      VMDisplayIncrementInMessageView, VMGetGraphAndIncrement,
      VMGetTextDocu, VMGetWindowNameOfActView,
      VMGetWindowNameOfMessageView, VMMouseClick, VMScroll,
      VMGetIncPosition, VMOpenActView, VMCloseActView, VMOpenMessageView,
      VMCloseMessageView, VMOpenRelativeIncInput,
      VMOpenRelativeIncMessage, VMDisplayRelativeIncStaticMessage,
      VMOpenRelativeIncMenu, VMOpenRelativeMessageViewMessage,
      VMDisplayRelativeMessageViewStaticMessage,
      VMOpenRuntimeInputOutput, VMCloseRuntimeInputOutput,
      VMReadInRuntimeIO, VMWriteInRuntimeIO,
      VMDisplayAndConfirmRelativeIncMessage,
      VMDisplayAndConfirmRelativeMessageViewMessage, VMActualizeActView,
      VMTypeInIncrement, VMReadInIncrement, VMInputSimpleIncrement;

   PROCEDURE VMSetSpecificIncrementInActView(ActGraph : Graphnumber;
         MarkInc : Nodenumber);
      (* Das durch MarkInc angegebene Inkrement wird im aktuellen  *)
      (* Textfenster besonders hervorgehoben. Es wird davon aus-   *)
      (* gegangen, dass das zum Modulgraphen gehoerende Textfen-   *)
      (* ster bereits eroeffnet ist und ein aktuelles Inkrement    *)
      (* dargestellt wird. Ausserdem muss MarkInc innerhalb dieses *)
      (* aktuellen Inkrements liegen.                              *)
```

```
PROCEDURE VMSetSpecificIncrementInMessageView(ActGraph : Graphnumber;
        MarkInc : Nodenumber);
    (* Das durch MarkInc angegebene Inkrement wird im aktuellen   *)
    (* Nachrichtentextfenster besonders hervorgehoben. Es wird    *)
    (* davon ausgegangen, dass das zum Graphen gehoerende Nach-   *)
    (* richtentextfenster bereits eroeffnet ist und MarkInc       *)
    (* innerhalb des im Nachrichtenfenster dargestellten Inkre-   *)
    (* liegt.                                                      *)

PROCEDURE VMResetSpecificIncrementInActView(ActGraph : Graphnumber;
        MarkInc : Nodenumber);
    (* Das durch die Ressource VMSetSpecificIncrementInActView    *)
    (* hervorgehobene Inkrement MarkInc wird wieder normal dar-   *)
    (* gestellt.                                                   *)

PROCEDURE VMResetSpecificIncrementInMessageView(ActGraph :
        Graphnumber; MarkInc : Nodenumber);
    (* Das durch die Ressource VMSetSpecificIncrementInMessageView*)
    (* hervorgehobene Inkrement MarkInc wird wieder normal dar-   *)
    (* gestellt.                                                   *)

PROCEDURE VMDisplayActIncrement(ActGraph : Graphnumber; ActInc :
        Nodenumber; WithOpts : BOOLEAN; WithAdd : BOOLEAN);
    (* Zu dem durch ActGraph angegebenen Modulgraphen wird zu     *)
    (* einer Umgebung von ActInc Quelltext erzeugt und im bereits *)
    (* geoeffneten ActView ausgegeben. Der Quelltext zu ActInc    *)
    (* wird besonders hervorgehoben. Falls WithOpts TRUE ist,     *)
    (* werden innerhalb der Quelltextdarstellung zu ActInc auch   *)
    (* alle Platzhalterknoten erzeugt und ausgegeben. Falls       *)
    (* WithAdd TRUE ist, werden auch alle Testumgebungsangaben    *)
    (* mit ausgegeben.                                             *)

PROCEDURE VMDisplayIncrementInMessageView(ActGraph : Graphnumber;
        ActInc : Nodenumber; WithOpts : BOOLEAN; WithAdd : BOOLEAN);
    (* Zu dem durch ActGraph angegebenen Modulgraphen wird zu     *)
    (* einer Umgebung von ActInc Quelltext erzeugt und im bereits *)
    (* geoeffneten MessageView ausgegeben. Falls WithOps TRUE ist,*)
    (* werden innerhalb der Quelltextdarstellung zu ActInc auch   *)
    (* alle Platzhalterknoten erzeugt und ausgegeben. Falls       *)
    (* WithAdd TRUE ist, werden auch alle Testumgebungsangaben    *)
    (* mit ausgegeben.                                             *)

PROCEDURE VMMouseClick(ActTextWind : WindowName; ActRelLine :
        TextwindowVerticalSize; ActRelCol : TextwindowHorizontalSize;
        VAR ActGraph : Graphnumber; VAR ActInc : Nodenumber);
    (* Zu der vom Benutzer mit Hilfe einer Maus in einem Text-    *)
    (* fenster angeklickten Position wird in ActInc die Knoten-   *)
    (* nummer des zugehoerigen Inkrements ActInc in ActGraph      *)
    (* zurueckgegeben.                                             *)

PROCEDURE VMScroll(ActTextWind : WindowName; ActDirec :
        Scrolldirection);
    (* Der in ActTextWind dargestellte Quelltext wird in der      *)
    (* durch ActDirec angegebenen Richtung gescrollt.             *)

PROCEDURE VMGetGraphAndIncrement(ActTextWind : WindowName; VAR
        ActGraph : Graphnumber; VAR ActInc : Nodenumber);
    (* In ActGraph und ActInc wird der dem Textfenster            *)
    (* ActTextWind zugeordnete Graph und Inkrement uebergeben.    *)
```

```
PROCEDURE VMGetTextDocu(ActTextWind : WindowName; VAR ActText :
      TextDocu);
   (* Die Prozedur liefert das dem Textfenster ActTextWind      *)
   (* zugeordnete Textdokument in ActText zurueck.              *)

PROCEDURE VMGetIncPosition(ActTextWind : WindowName; ActGraph :
      Graphnumber; ActInc : Nodenumber; VAR StartLine :
      TextwindowVerticalSize; VAR StartCol : TextwindowHorizontalSize;
    VAR EndLine : TextwindowVerticalSize; VAR EndCol :
      TextwindowHorizontalSize);
   (* Die Prozedur liefert die Position des zum Inkrement ActInc *)
   (* gehoerenden Quelltexts im Textfenster ActTextWind zurueck. *)

PROCEDURE VMGetWindowNameOfActView(ActGraph : Graphnumber; VAR
      ActTextWind : WindowName);
   (* Die Prozedur liefert den Namen des Textfensters zurueck,  *)
   (* in dem sich die aktuelle Darstellung des Quelltexts von   *)
   (* ActGraph befindet.                                        *)

PROCEDURE VMGetWindowNameOfMessageView(ActGraph : Graphnumber;
    VAR ActTextWind : WindowName);
   (* Die Prozedur liefert den Namen des Nachrichten-Textfensters*)
   (* zurueck, in dem sich die Darstellung des Quelltexts von   *)
   (* ActGraph befindet.                                        *)

PROCEDURE VMOpenActView(ActGraph : Graphnumber);
   (* Zum Graphen wird ein Textfenster eroeffnet, in dem der    *)
   (* ActView des Graphen ausgegeben werden soll.               *)

PROCEDURE VMCloseActView(ActGraph : Graphnumber);
   (* Das zum ActView gehoerende Textfenster wird geschlossen.  *)

PROCEDURE VMOpenMessageView(ActGraph : Graphnumber; RelInc :
      Nodenumber);
   (* Zum Graphen wird ein zweites Nachrichten-Textfenster      *)
   (* eroeffnet, in dem zum Graphen ActGraph Quelltext ausge-   *)
   (* geben werden soll. Dieses zweite Nachrichtenfenster wird  *)
   (* der Naehe der Darstellung von RelInc ueber dem eigentli-  *)
   (* chen Textfenster eroeffnet.                               *)

PROCEDURE VMCloseMessageView(MGraph : Graphnumber);
   (* Das Nachrichten-Textfenster wird geschlossen.             *)

PROCEDURE VMOpenRelativeIncInput(ActGraph : Graphnumber; RelInc :
      Nodenumber; InpWind : WindowName; Height :
      InputwindowVerticalSize; Width : InputwindowHorizontalSize;
      Frame : BOOLEAN);
   (* Auf dem Textfenster zur Darstellung des ActView wird in   *)
   (* der Naehe der Darstellung von RelInc ein Eingabefenster   *)
   (* eroeffnet.                                                *)

PROCEDURE VMOpenRelativeIncMessage(ActGraph : Graphnumber; RelInc :
      Nodenumber; MessWind : WindowName; Height :
      MessagewindowVerticalSize; Width : MessagewindowHorizontalSize;
      ConfirmRequ : BOOLEAN);
   (* Auf dem Textfenster zur Darstellung des ActView wird in   *)
   (* der Naehe der Darstellung von RelInc ein Nachrichten-     *)
   (* fenster eroeffnet.                                        *)
```

```
PROCEDURE VMDisplayRelativeIncStaticMessage(ActGraph : Graphnumber;
      RelInc : Nodenumber; MessWind : WindowName; MessNr : CARDINAL;
      ConfirmRequ : BOOLEAN);
  (* Auf dem Textfenster zur Darstellung des ActView wird in    *)
  (* der Naehe der Darstellung von RelInc ein statisches         *)
  (* Nachrichtenfenster eroeffnet und die entsprechende Meldung *)
  (* ausgegeben.                                                  *)

PROCEDURE VMOpenRelativeIncMenu(ActGraph : Graphnumber; RelInc :
      Nodenumber; NrAltern : CARDINAL; MaxAltLength : CARDINAL;
      Title : BOOLEAN);
  (* Auf dem Textfenster zur Darstellung des ActView wird in    *)
  (* der Naehe der Darstellung von RelInc ein Menufenster        *)
  (* eroeffnet.                                                   *)

PROCEDURE VMOpenRelativeMessageViewMessage(ActGraph : Graphnumber;
      RelInc : Nodenumber; MessWind : WindowName; Height :
      MessagewindowVerticalSize; Width : MessagewindowHorizontalSize;
      ConfirmRequ : BOOLEAN);
  (* Auf dem Textfenster zur Darstellung des MessageView wird   *)
  (* in der Naehe der Darstellung von RelInc ein Nachrichten-    *)
  (* fenster eroeffnet.                                          *)

PROCEDURE VMDisplayRelativeMessageViewStaticMessage(ActGraph :
      Graphnumber; RelInc : Nodenumber; MessWind : WindowName;
      MessNr : CARDINAL; ConfirmRequ : BOOLEAN);
  (* Auf dem Textfenster zur Darstellung des MessageView wird   *)
  (* in der Naehe der Darstellung von RelInc ein statisches      *)
  (* Nachrichtenfenster eroeffnet und die entsprechende Meldung *)
  (* ausgegeben.                                                  *)

PROCEDURE VMOpenRuntimeInputOutput();
  (* Auf dem Bildschirm wird ein Laufzeit-Ein-/Ausgabefenster   *)
  (* eroeffnet.                                                   *)

PROCEDURE VMCloseRuntimeInputOutput();
  (* Auf dem Bildschirm wird das Laufzeit-Ein-/Ausgabefenster   *)
  (* geschlossen.                                                 *)

PROCEDURE VMReadInRuntimeIO(ActGraph : Graphnumber; ActNode :
      Nodenumber);
  (*   Im Laufzeit-Ein-/Ausgabefenster wird ein Wert fuer die   *)
  (*   durch ActNode angegebene Variable eingelesen und im Lauf- *)
  (*   zeitdatenbereich abgelegt. Realisierung der Read-Prozedur *)

PROCEDURE VMWriteInRuntimeIO(ActGraph : Graphnumber; ActNode :
      Nodenumber);
  (*   Der Wert der durch ActNode angegebenen Variablen wird im *)
  (*   Laufzeit-Ein-/Ausgabefenster ausgegeben. Realisierung der *)
  (*   Write-Prozedur                                            *)

PROCEDURE VMDisplayAndConfirmRelativeIncMessage(ActGraph :
      Graphnumber; ActNode : Nodenumber; MessNr : CARDINAL; VAR
      Break : BOOLEAN);
  (*  Es wird ein Nachrichtenfenster auf dem ActView geoeffnet  *)
  (*  und nach Bestaetigung durch den Benutzer wieder geschlos- *)
  (*  sen.                                                        *)
```

```
PROCEDURE VMDisplayAndConfirmRelativeMessageViewMessage(ActGraph :
      Graphnumber; ActNode : Nodenumber; MessNr : CARDINAL; VAR
      Break : BOOLEAN);
 (* Es wird ein Nachrichtenfenster auf dem MessageView ge-      *)
 (* oeffnet und nach Bestaetigung durch den Benutzer wieder     *)
 (* geschlossen.                                                 *)

PROCEDURE VMActualizeActView(MGraph : Graphnumber);
 (*                                                              *)

PROCEDURE VMTypeInIncrement(ActTextwindow : WindowName;
      ActTextDocu : TextDocu; ActGraph : Graphnumber; VAR ActInc :
      Nodenumber) : BOOLEAN;
 (* Effekt:                                                      *)
 (* Die Prozedur ermoeglicht die textorientierte Bearbeitung des *)
 (* Inkrementes ActInc in ActGraph.                              *)
 (* Die Prozedur liefert FALSE zurueck, falls der Benutzer die   *)
 (* Bearbeitung abbricht.                                        *)

PROCEDURE VMReadInIncrement(ActGraph : Graphnumber; VAR ActInc :
      Nodenumber) : BOOLEAN;
 (* Effekt:                                                      *)
 (* Die Prozedur liest den Quelltext eines Inkrementes aus einer *)
 (* MSDOS-Datei und erzeugt an der Stelle ActInc in ActGraph das *)
 (* entsprechende Graphinkrement.                                *)
 (* Die Prozedur liefert FALSE zurueck, falls der Einlesesvorgang *)
 (* abgebrochen wird.                                            *)

PROCEDURE VMInputSimpleIncrement(Inputwindow : WindowName;
      Default : ARRAY OF CHAR; ActGraph : Graphnumber; VAR
      ActNode : Nodenumber) : BOOLEAN;
 (* Effekt:                                                      *)
 (* Die Prozedur liest den Quelltext eines Inkrementes in Inputwindow *)
 (* ein und erzeugt an der Stelle ActNode in ActGraph das entsprechen-*)
 (* de Graphinkrement.                                           *)
 (* Die Prozedur liefert FALSE zurueck, falls der Benutzer die Ein- *)
 (* gabe abbricht.                                               *)

END ViewManager.
```

```
(************************************************************)
(*                                                        *)
(*         S t r u c t u r a l C m d I n p u t            *)
(*                                                        *)
(*------------------------------------------------------*)
(*                                                        *)
(*    Autor :  W. Schäfer                                 *)
(*                                                        *)
(*                                                        *)
(*    Aufgabe :   Der Modul exportiert Ressourcen, um     *)
(*                ein Kommando einzulesen und eine        *)
(*                Kommandogruppe sowie den Anfangsbuch -  *)
(*                staben der aktuellen Kommandogruppe     *)
(*                abzufragen.                             *)
(*                Der Modul verkapselt die Darstellung  der*)
(*                Kommandogruppen und den Übergang zwischen*)
(*                Kommandoeingabe durch Menüs und durch   *)
(*                Kurzbezeichnungen.                      *)
(************************************************************)

DEFINITION MODULE StructuralCmdInput;

   FROM AGGlobal IMPORT Nodenumber, Graphnumber;
   FROM GlobalCommand IMPORT ExecutionState, InternalCmdName,
       Scrolldirection;
   FROM WMGlobal IMPORT WindowName;
   FROM TWGlobal IMPORT TextwindowVerticalSize, TextwindowHorizontalSize;
   FROM GlobalCommand IMPORT Scrolldirection;
   FROM AGGlobal IMPORT Nodenumber;

   EXPORT QUALIFIED CommandGroup, Inputtype, PossibleInput,
       InternalCommandName, SCReadNextCommand,
       SCFirstLetterOfActualCommandGroup, SCGetCommandGroup;

   TYPE
     InternalCommandName = [0..256];
     CommandGroup = (Editor, Analysis, TestingPreparation, Execution);
     Inputtype = (Command, Scroll, Incrselect, Messconf);
     PossibleInput =
       RECORD
         CASE Inp : Inputtype OF
           Command :
           Cmd : InternalCommandName;
         : Scroll :
           Direct : Scrolldirection;
           NameScroll : WindowName;
         : Incrselect :
           Line : TextwindowVerticalSize;
           Col : TextwindowHorizontalSize;
           NameSelect : WindowName;
         : Messconf :
           Messname : WindowName;
         END;
       END;
```

```
PROCEDURE SCReadNextCommand(Graph : Graphnumber; ActIncrement :
      Nodenumber; ListOfCommands : ARRAY OF InternalCommandName;
    VAR CmdInp : PossibleInput);
```
(* *Bedeutung: Zu dem aktuellen Inkrement ActIncrement in dem
               Graphen Graph wird ein gültiges Kommando eingelesen.
               Anhand der übergebenen Liste aller gültigen Kommandos
               kann festgestellt werden, ob das eingelesene Kommando
               ein gültiges ist.
               Der interne Kommandoname wird zurueckgeliefert. Außer-
               dem wird, wenn ein Mausklick erfolgte, das Fenster und die
               Koordinaten der Mausposition zurueckgeliefert bzw. es wird
               die Bestätigung eines Nachrichtenfensters mitgeteilt.* *)

```
PROCEDURE SCFirstLetterOfActualCommandGroup() : CHAR;
```
(* *Bedeutung: Die Prozedur liefert den ersten Buchstaben der gerade
               aktuellen Kommandogruppe zurueck.* *)

```
PROCEDURE SCGetCommandGroup(FirstLetter : CHAR; VAR CmdGroup :
    ARRAY OF CHAR);
```
(* *Bedeutung: Die Prozedur liefert zu dem uebergebenen Buchstaben, der
               der erste einer Kommandogruppe sein muß, die Bezeichnung
               der Kommandogruppe zurück.* *)
```
END StructuralCmdInput.
```

Leitfäden der angewandten Informatik

Fortsetzung

Schicker: **Datenübertragung und Rechnernetze**
3. Aufl. 299 Seiten. Kart. DM 42,—

Schmidt et al.: **Digitalschaltungen mit Mikroprozessoren**
2. Aufl. 208 Seiten. Kart. DM 28,80

Schmidt et al.: **Mikroprogrammierbare Schnittstellen**
223 Seiten. Kart. DM 36,—

Schneider: **Problemorientierte Programmiersprachen**
226 Seiten. Kart. DM 32,—

Schreiner: **Systemprogrammierung in UNIX**
Teil 1: Werkzeuge. 315 Seiten. Kart. DM 52,—
Teil 2: Techniken. 408 Seiten. Kart. DM 58,—

Singer: **Programmieren in der Praxis**
2. Aufl. 176 Seiten. Kart. DM 34,—

Specht: **APL-Praxis**
192 Seiten. Kart. DM 28,80

Vetter: **Aufbau betrieblicher Informationssysteme
mittels konzeptioneller Datenmodellierung**
5. Aufl. 455 Seiten. Kart. DM 58,—

Vetter: **Strategie der Anwendungssoftware-Entwicklung**
400 Seiten. Kart. DM 56,—

Weck: **Datensicherheit**
326 Seiten. Geb. DM 48,—

Wingert: **Medizinische Informatik**
272 Seiten. Kart. DM 29,80

Wißkirchen et al.: **Informationstechnik und Bürosysteme**
255 Seiten. Kart. DM 34,—

Wolf/Unkelbach: **Informationsmanagement in Chemie und Pharma**
244 Seiten. Kart. DM 38,—

Zehnder: **Informatik-Projektentwicklung**
223 Seiten. Kart. DM 38,—

Zehnder: **Informationssysteme und Datenbanken**
5. Aufl. 276 Seiten. Kart. DM 42,—

Zöbel/Hogenkamp: **Konzepte der parallelen Programmierung**
235 Seiten. Kart. DM 38,—

Preisänderungen vorbehalten

 **B. G. Teubner Stuttgart**